职业教育智能制造领域高素质技术技能人才培养系列教材
安徽省高等学校省级质量工程项目"高水平高职教材建设"教材

S7-1200 PLC应用技术项目教程

主　编　王烈准　孙吴松
副主编　徐巧玲　金　何
参　编　刘自清　江玉才　程　艳
主　审　王晓勇

机械工业出版社

本书以职业岗位能力需求为依据，从工程实际应用出发，较为系统地介绍了西门子 S7-1200 PLC 的基本结构、安装接线、工作原理、指令系统、模拟量控制、通信、程序设计及应用。内容包括：认识 S7-1200 PLC、S7-1200 PLC 基本指令的编程及应用、S7-1200 PLC 顺序控制的编程及应用、S7-1200 PLC 函数块与模拟量的编程及应用、S7-1200 PLC 通信的编程及应用共五个项目。

本书为理论与实践一体化教材，以西门子 S7-1200 PLC 中的 CPU1214C AC/DC/Rly 为代表，将 S7-1200 PLC 的相关指令安排在 16 个任务及知识拓展中介绍，目标明确，针对性强，很好地实现了知识学习与实践操作有机融合。

本书可作为高职高专电气自动化技术、机电一体化技术、工业过程自动化技术、工业机器人技术、智能控制技术等相关专业教学用书，也可作为相关工程技术人员的 PLC 培训和自学的参考书。

为方便教学和自学，本书配有电子课件（PPT）、复习与提高解答和模拟试卷及参考答案等，凡选用本书作为授课教材的教师，均可登录机械工业出版社教育服务网（www.cmpedu.com）或来电索取。咨询电话：010-88379375。

图书在版编目（CIP）数据

S7-1200 PLC 应用技术项目教程 / 王烈准，孙吴松主编. — 北京：机械工业出版社，2022.4（2025.1 重印）
职业教育智能制造领域高素质技术技能人才培养系列教材
ISBN 978-7-111-70316-7

Ⅰ. ①S… Ⅱ. ①王… ②孙… Ⅲ. ①PLC 技术 - 程序设计 - 高等职业教育 - 教材　Ⅳ. ①TM571.61

中国版本图书馆 CIP 数据核字（2022）第 039981 号

机械工业出版社（北京市百万庄大街 22 号　邮政编码 100037）
策划编辑：高亚云　王宗锋　责任编辑：高亚云
责任校对：樊钟英　王明欣　封面设计：马精明
责任印制：李　昂
唐山三艺印务有限公司印刷
2025 年 1 月第 1 版第 9 次印刷
184mm×260mm・17 印张・432 千字
标准书号：ISBN 978-7-111-70316-7
定价：47.00 元

电话服务　　　　　　　　网络服务
客服电话：010-88361066　机　工　官　网：www.cmpbook.com
　　　　　010-88379833　机　工　官　博：weibo.com/cmp1952
　　　　　010-68326294　金　书　网：www.golden-book.com
封底无防伪标均为盗版　　机工教育服务网：www.cmpedu.com

  S7-1200是西门子公司的新一代小型PLC，自2009年上市以来，经历了V1.0、V2.0、V3.0和V4.0四次主要硬件版本的更新升级，目前功能已经非常强大。S7-1200 PLC集成了以太网接口，具有强大的集成工艺功能、灵活性和可扩展性，且通信简便，因此在自动化领域得到了广泛的应用。

  本书根据智能制造领域从业人员对PLC技术应用的需求，结合"可编程控制器系统应用编程"职业技能等级标准要求编写而成。全书以西门子S7-1200 PLC应用为主线，选择16个典型任务为载体，围绕每一个任务实施的需要编排相关知识点，使知识与技能融为一体。硬件上以苏州捷贝西自动化有限公司西门子S7-1200可编程控制器实训装置为平台，同时，教材编写组与苏州捷贝西自动化有限公司相关技术人员共同开发了与教材内容配套的相关挂件，针对性很强，非常适合目前高等职业教育教、学、做一体化及混合式教学的需要。

  本书的突出特点是采用模块化的结构，以项目导向、任务驱动编排内容，通过任务实施组织相关知识和技能训练，凸显了职业教育的特色。在内容编排上，每一任务内容均按"任务导入→知识链接→任务实施→任务考核→知识拓展→任务总结"逻辑组织，为更好地方便学习者复习和巩固，每一项目都安排了梳理与总结、复习与提高。

  本书分为五个项目，包括认识S7-1200 PLC、S7-1200 PLC基本指令的编程及应用、S7-1200 PLC顺序控制的编程及应用、S7-1200 PLC函数块与模拟量的编程及应用、S7-1200 PLC通信的编程及应用。

  本书获2021年安徽省高等学校省级质量工程项目"高水平高职教材建设（2021gspjc043）"立项，是六安职业技术学院与六安江淮电机有限公司合作开发的课证融通教材，也是基于混合式教学改革的特色教材。本书由六安职业技术学院王烈准、孙吴松主编，南京工业职业技术大学王晓勇主审。具体编写分工为：安徽六安技师学院程艳编写了项目二的任务六，六安江淮电机有限公司刘自清编写了项目四；六安职业技术学院金何编写了项目一，江玉才编写了项目二的任务一及任务二，徐巧玲编写了项目二的任务三～任务五，孙吴松编写项目三，王烈准编写了项目五，并负责全书的设计、统稿和定稿工作。在本书编写过程中，编者参阅了大量相关教材和西门子公司相关技术资料，在此对相关人员一并表示衷心的感谢！

  由于编者水平有限，书中难免有不足之处，敬请读者批评指正。编者电子邮箱：1759722391@qq.com。

编　者

目录

前言

项目一　认识 S7-1200 PLC ······ 1
　　任务一　S7-1200 PLC 安装与接线 ······ 1
　　任务二　博途 STEP7 软件安装与硬件组态 ······ 28
　　梳理与总结 ······ 41
　　复习与提高 ······ 42

项目二　S7-1200 PLC 基本指令的编程及应用 ······ 44
　　任务一　三相异步电动机起停的 PLC 控制 ······ 44
　　任务二　三相异步电动机正反转循环运行的 PLC 控制 ······ 64
　　任务三　三相异步电动机 Y-△ 减压起动单按钮实现的
　　　　　　 PLC 控制 ······ 80
　　任务四　流水灯的 PLC 控制 ······ 88
　　任务五　8 站小车呼叫的 PLC 控制 ······ 99
　　任务六　抢答器的 PLC 控制 ······ 110
　　梳理与总结 ······ 121
　　复习与提高 ······ 122

项目三　S7-1200 PLC 顺序控制的编程及应用 ······ 128
　　任务一　三种液体混合的 PLC 控制 ······ 128
　　任务二　四节传送带的 PLC 控制 ······ 143
　　任务三　十字路口交通信号灯的 PLC 控制 ······ 158
　　梳理与总结 ······ 173
　　复习与提高 ······ 173

项目四　S7-1200 PLC 函数块与模拟量的编程及应用 ······ 176
　　任务一　两台三相异步电动机起保停的 PLC 控制 ······ 176
　　任务二　三相异步电动机变频调速的 PLC 控制 ······ 192
　　梳理与总结 ······ 207
　　复习与提高 ······ 207

项目五　S7-1200 PLC 通信的编程及应用 ······ 210
　　任务一　两组流水灯正反向运行 PLC 控制的
　　　　　　 Modbus RTU 通信 ······ 210
　　任务二　两台三相异步电动机 PLC 控制的 S7 通信 ······ 233
　　任务三　两台三相异步电动机反向运行 PLC 控制的 TCP 通信 ······ 247
　　梳理与总结 ······ 264
　　复习与提高 ······ 265

参考文献 ······ 268

项目一

认识 S7-1200 PLC

教学目标	知识目标	1. 熟悉 PLC 的结构及工作过程 2. 了解 PLC 的工作原理 3. 掌握 S7-1200 PLC 安装与接线的方法 4. 掌握博途软件的使用方法
	能力目标	1. 能正确安装 PLC，并完成电源及信号的接线 2. 会使用博途编程软件进行设备组态并编译下载
	素质目标	1. 培养刻苦勤奋、诚实守信、持之以恒的学习态度 2. 了解国内外 PLC 发展历史，增强为国效力信念，激发行业热情
教学重点		PLC 的安装与接线、博途软件的使用
教学难点		PLC 的工作原理
参考学时		8 学时

◆ 任务一 S7-1200 PLC 安装与接线

一、任务导入

西门子 S7-1200 小型 PLC 具有集成 PROFINET 接口、强大的集成工艺功能、灵活的可扩展性简单便捷的通信功能，被广泛地应用于汽车、电子、电池、物流、包装、暖通、智能楼宇和水处理等领域。

本任务围绕 S7-1200 PLC 安装与接线，介绍 PLC 的产生、定义、应用领域、特点、硬件组成、工作原理及安装与接线。

二、知识链接

（一）认识 PLC

1. PLC 的产生与发展

（1）PLC 的产生　在可编程序控制器出现之前，在工业电气控制领域中，继电-接触器控制占主导地位，应用广泛。但是传统的继电-接触器控制存在体积大、可靠性低、查找和排除故障困难等缺点，特别是其接线复杂、不易更改，对生产工艺变化的适应性差。

1968 年美国通用汽车公司（GM）为了适应汽车型号不断更新、生产工艺不断变化的需要，实现小批量、多品种生产，希望能有一种新型工业控制器，它能做到尽可能减少重新设计和更新电气控制系统及接线，以降低成本，缩短周期。于是就设想将计算机功能强大、灵活、通用性好等优点与继电－接触器控制系统简单易懂、价格便宜等优点结合起来，制成一种通用控制装置，而且这种装置采用面向控制过程、面向问题的"自然语言"进行编程，使不熟悉计算机的电气控制人员也能很快掌握使用。

当时，GM公司提出以下十项设计标准：

① 编程简单，可在现场修改程序。
② 维护方便，采用插入式模块结构。
③ 可靠性高于继电－接触器控制装置。
④ 体积小于继电－接触器控制装置。
⑤ 成本可与继电－接触器控制装置竞争。
⑥ 可将数据直接送入管理计算机。
⑦ 可直接用115V交流电压输入。
⑧ 输出为交流115V、2A以上，能直接驱动电磁阀、接触器等。
⑨ 通用性强，扩展方便。
⑩ 能存储程序，存储器容量可以扩展到4KB。

1969年，美国数字设备公司（DEC）研制出第一台PLC——PDP-14，并在美国通用汽车自动装配线上试用，获得成功。这种新型的电控装置由于优点多、缺点少，很快就在美国得到了推广应用。1971年日本从美国引进这项技术并研制出日本第一台PLC，1973年德国西门子公司研制出欧洲第一台PLC，我国1974年开始研制，1977年开始工业应用。

（2）PLC的发展　经过了几十年的更新发展，PLC越来越被工业控制领域的企业和专家所认识和接受，在美国、德国、日本等工业发达国家已经成为重要的产业之一。生产厂家不断涌现、品牌不断翻新，产量产值大幅上升，而价格则不断下降，使得PLC的应用范围持续扩大，从单机自动化到工厂自动化，从机器人、柔性制造系统到工业局部网络，PLC正以迅猛的发展势头渗透到工业控制的各个领域。从1969年第一台PLC问世至今，它的发展大致可以分为以下几个阶段：

1970—1980年：PLC的结构定型阶段。在这一阶段，由于PLC刚诞生，各种类型的顺序控制器不断出现（如逻辑电路型、1位机型、通用计算机型、单板机型等），但迅速被淘汰。最终以微处理器为核心的现有PLC结构形成，取得了市场的认可，得以迅速发展推广。PLC的原理、结构、软件、硬件趋向统一与成熟，PLC的应用领域由最初的小范围、有选择使用，逐步向机床、生产线扩展。

1980—1990年：PLC的普及阶段。在这一阶段，PLC的生产规模日益扩大，价格不断下降，PLC被迅速普及。各PLC生产厂家产品的价格和品种开始系列化，并且形成了I/O点型、基本单元加扩展块型、模块化结构型这三种延续至今的基本结构模型。PLC的应用范围开始向顺序控制的全部领域扩展。比如三菱公司本阶段的主要产品有F、F1、F2小型PLC系列产品，K/A系列中、大型PLC产品等。

1990—2000年，PLC的高性能与小型化阶段。在这一阶段，随着微电子技术的进步，PLC的功能日益增强，PLC的CPU运算速度大幅度上升、位数不断增加，使得适用于各种特殊控制的功能模块不断被开发，PLC的应用范围由单一的顺序控制向现场控制拓展。此外，PLC的体积大幅度缩小，出现了各类微型化PLC。三菱公司本阶段的主要产品有FX小型 PLC 系列产品，AIS/A2US/Q2A 系列中、大型 PLC 系列产品等。

2000 年至今：PLC 的高性能与网络化阶段。在本阶段，为了适应信息技术的发展与工厂自动化的需要，PLC 的各种功能不断进步。一方面，PLC 的 CPU 运算速度和位数继续提高的同时，开发了适用于过程控制、运动控制的特殊功能与模块，使 PLC 的应用范围开始涉及工业自动化的全部领域。另一方面，PLC 的网络与通信功能得到迅速发展，PLC 不仅可以连接传统的输入/输出设备，还可以通过各种总线构成网络，为工厂自动化奠定了基础。

国内 PLC 应用市场仍然以国外产品为主，如西门子的 S7-200 SMART 系列、S7-1200 系列、S7-1500 系列、S7-300 系列、S7-400 系列，三菱的 FX_{3S}、FX_{3G}、FX_{3U}、FX_{5U} 系列、Q 系列，欧姆龙的 CP1、CJ1、CJ2、CS1、C200H 系列等。

国产 PLC 以中小型为主，具有代表性的产品有：无锡信捷电气有限公司生产的 XC、XD、XG 及 XL 系列，深圳市矩形科技有限公司生产的 N80、N90 及 CMPAC 系列，南大傲拓科技江苏股份有限公司生产的 NJ200 小型 PLC、NJ300 中型 PLC、NJ400 中大型 PLC、NA2000 智能型 PLC 等，深圳市汇川技术股份有限公司生产的 HU 系列小型 PLC（H2U 系列、H3U、H5U 系列）、AM600 系列中型 PLC 等，多种产品已具备了一定的规模并在工业产品中获得了应用。

目前，PLC 的发展趋势主要体现在规模化、高性能、多功能、模块智能化、网络化、标准化等几个方面。

1）产品规模向大、小两个方向发展。大型化是指大中型 PLC 向大容量、智能化和网络化发展，使之能与计算机组成集成控制系统，对大规模、复杂系统进行综合性的自动控制。现已有 I/O 点数达 14336 点的超级型 PLC，它使用 32 位微处理器，多 CPU 并行工作，具有大容量存储器，功能强。小型 PLC 由整体结构向小型模块化结构发展，使配置更加灵活，为了市场需要已经开发了各种简易、经济的超小型、微型 PLC，最小配置的 I/O 点数为 8～16 点，以适应单机或小型自动控制系统的需要。

2）向高性能、高速度、大容量方向发展。PLC 的扫描速度是衡量 PLC 性能的一个重要指标。为了提高 PLC 的处理能力，要求 PLC 具有更好的响应速度和更大的存储容量。目前，有的 PLC 的扫描速度可达每千步程序用时 0.1ms 左右。在存储容量方面，有的 PLC 最高可达几十兆字节。为了扩大存储容量，有的公司已使用了磁泡存储器或硬盘。

3）向模块智能化方向发展。分级控制、分布控制是增强 PLC 控制功能、提高处理速度的一个有效手段。智能模块是以微处理器和存储器为基础的功能部件，它们可独立于主机 CPU 工作，分担主机 CPU 的处理任务，主机 CPU 可随时访问智能模块、修改控制参数，这样有利于提高 PLC 的控制速度和效率，简化设计，减少编程工作量，提高动作可靠性、实时性，满足复杂的控制要求。为满足各种控制系统的要求，目前已开发出许多功能模块，如高速计数模块、模拟量调节（PID 控制）模块、运动控制（步进、伺服、凸轮控制等）模块、远程 I/O 模块、通信和人机接口模块等。

4）向网络化方向发展。加强 PLC 的联网能力是实现分布式控制、适应工业自动化控制和计算机集成控制系统发展的需要。PLC 的联网与通信主要包括 PLC 与 PLC 之间、PLC 与计算机之间以及 PLC 与远程 I/O 之间的信息交换。随着 PLC 和其他工业控制计算机组网构成大型控制系统以及现场总线的发展，PLC 将向网络化和通信的简便化方向发展。

5）向标准化方向发展。生产过程自动化要求在不断提高，PLC的能力也在不断增强，过去不开放的、各品牌自成一体的结构显然不适合，为提高兼容性，在通信协议、总线结构、编程语言等方面需要一个统一的标准。国际电工委员会为此制定了国际标准IEC61131。该标准由通用信息、装置要求和试验、程序设计语言、用户指南、通信、功能安全、模糊控制编程、编程语言的执行和应用指南等十部分组成。几乎所有的PLC生产厂家都表示支持IEC61131标准，并向该标准靠拢。

2. PLC的定义

随着微处理器、计算机和数字通信技术的飞速发展，计算机控制已扩展到了几乎所有的工业领域。现代社会要求制造业对市场需求做出迅速反应，生产出小批量、多品种、多规格、低成本和高质量的产品，为了满足这一要求，生产设备和自动生产线的控制系统必须具有极高的可靠性和灵活性，PLC（Programmable Logic Controller，可编程序控制器）正是顺应这一要求出现的，它是以微处理器为基础的通用工业控制装置。

PLC的应用面广、功能强大、使用方便，已经成为当代工业自动化的主要装置之一，在工业生产的许多领域得到了广泛的使用，在其他领域（例如民用和家庭自动化）的应用也得到了迅速的发展。

PLC是在电气控制技术和计算机技术的基础上开发出来的，并逐渐发展成为以微处理器为核心，将自动化技术、计算机技术、通信技术融为一体的新型工业控制装置。

国际电工委员会（IEC）在1987年的PLC标准草案第3稿中，对PLC作了如下定义：

可编程序控制器是一种数字运算操作的电子系统，专为在工业环境下应用而设计。它采用可编程序的存储器，用来在其内部存储执行逻辑运算、顺序控制、定时、计数和算术运算等操作的指令，并通过数字式、模拟式的输入和输出，控制各种类型的机械或生产过程。可编程序控制器及其有关设备都应按易于使工业控制系统形成一个整体、易于扩充其功能的原则设计。

3. PLC的特点

PLC技术之所以高速发展，除了工业自动化的客观需要外，还因为它具有许多独特的优点。它较好地解决了工业领域中普遍关心的可靠性、安全性、灵活性、便捷性、经济性等问题。PLC主要有以下特点：

（1）可靠性高、抗干扰能力强　传统的继电-接触器控制系统使用了大量的中间继电器、时间继电器。由于触点接触不良，容易出现故障。PLC控制用程序代替大量的中间继电器、时间继电器，PLC外部只有输入和输出有关的少量硬件元器件，因触点接触不良造成的故障大为减少。

（2）编程简单、使用方便　目前，大多数PLC采用的编程语言是梯形图语言，它是一种面向生产、面向用户的编程语言。梯形图与继电-接触器控制电路相似，形象、直观，不需要掌握计算机知识，很容易让广大工程技术人员掌握。当生产流程需要改变时，可以现场改变程序，使用方便、灵活。同时，PLC的编程器操作和使用也很简单。这也是PLC获得普及和推广的主要原因之一。

许多PLC还针对具体问题，设计了各种专用编程指令及编程方法，进一步简化了编程。

（3）功能完善、通用性强　现代PLC不仅具有逻辑运算、定时、计数、顺序控制等功能，而且还具有A/D和D/A转换、数值运算、数据处理、PID控制、通信联网等许多功能。同时，由于PLC产品的系列化、模块化，有品种齐全的各种硬件装置供用户选用，可以组成满足各种要求的控制系统。

（4）设计安装简单、维护方便　由于PLC用软件代替了传统电气控制系统的硬件，控制柜的设计、安装接线工作量大为减少。PLC的用户程序大部分可在实验室模拟调试，缩短了应用设计和调试周期。在维修方面，由于PLC故障率极低，维修工作量很小，而且PLC具有很强的自诊断功能，如果出现故障，可根据PLC上的指示或编程软件（在线监视）上提供的故障信息，迅速查明原因，维修极为方便。

（5）体积小、重量轻、能耗低，易于实现机电一体化　复杂的控制系统使用PLC后，可以减少大量的中间继电器和时间继电器，PLC的体积较小，且结构紧凑、重量轻、功能丰富。由于PLC的抗干扰能力强，易于装入设备内部，是实现机电一体化的理想控制设备。

4. PLC 的应用领域

目前，PLC已广泛应用于冶金、石油、化工、建材、机械制造、电子、汽车、轻工、环保及文化娱乐等领域，随着PLC性价比的不断提高，其应用领域不断扩大。从应用类型看，PLC的应用大致可归纳为以下几个方面：

（1）开关量逻辑控制　利用PLC最基本的逻辑运算、定时、计数等功能实现逻辑控制，可以取代传统的继电-接触器控制，应用于单机控制、多机群控制、生产自动线控制等，例如机床、注塑机、印刷机械、装配生产线、电镀流水线及电梯的控制等。这是PLC最基本的应用领域，也是PLC最广泛的应用领域。

（2）运动控制　大多数PLC都有拖动步进电动机或伺服电动机的单轴或多轴位置控制模块，这一功能广泛应用于各种机械设备，如对各种机床、装配机械、机器人等进行运动控制。

（3）模拟量过程控制　模拟量过程控制是指对温度、压力、流量等连续变化的模拟量的闭环控制。大、中型PLC都具有多路模拟量输入/输出模块和PID控制功能，有的小型PLC也有模拟量输入/输出模块。所以PLC可实现模拟量控制，而且具有PID控制功能的PLC可构成闭环控制，用于过程控制。这一功能已广泛应用于锅炉、反应堆、酿酒控制以及闭环位置控制和速度控制等方面。

（4）现场数据处理　当前PLC具有数学运算、数据传输、转换、排序和查表等功能，可进行数据的采集、分析和处理，同时可通过通信接口将这些数据传输给其他智能装置，如计算机数值控制（Computerized Numerical Control，简称CNC）设备，进行处理。

（5）通信联网多级控制　PLC的通信包括PLC与PLC、PLC与上位计算机、PLC与其他智能设备（如变频器、触摸屏等）之间的通信，PLC系统与通用计算机可直接或通过通信处理单元、通信转换单元相连构成网络，以实现信息的交换，并可构成"集中管理、分散控制"的多级分散式控制系统，满足工厂自动化（Factory Automation，简称FA）系统发展的需要。

5. PLC 的分类

（1）按结构形式分　可分为整体式PLC、模块式PLC和叠装式PLC。

1）整体式PLC。整体式PLC是把电源、CPU、存储器、I/O系统都集成在一个单元内，该单元叫作基本单元。一个基本单元就是一台完整的PLC。

控制点数不符合需要时，可再接扩展单元。整体式结构的特点是非常紧凑、体积小、成本低、安装方便。

2）模块式（组合式）PLC。模块式PLC是把PLC系统的各个组成部分按功能分成若干个模块，如 CPU 模块、输入模块、输出模块、电源模块等。其中各模块功能比较单一，模块的种类却日趋丰富。比如一些 PLC，除了一些基本的 I/O 模块外，还有一些特殊功能模块，如温度检测模块、位置检测模块、PID 控制模块、通信模块等。组合式结构 PLC 的特点是 CPU、输入、输出等均为独立的模块。模块尺寸统一，安装整齐，I/O 点选型自由，安装调试、扩展、维修方便。

3）叠装式 PLC。叠装式 PLC 集整体式结构的紧凑、体积小、安装方便和模块式结构的 I/O 点搭配灵活、安装整齐的优点于一身，也由各个单元的组合构成。其特点是 CPU 自成独立的基本单元（由 CPU 和一定的 I/O 点组成），其他 I/O 模块为扩展单元。在安装时不用基板，仅用电缆进行单元间的连接，各个单元可以一个个地叠装，使系统配置灵活、体积小巧。

（2）按功能分　可分为低档 PLC、中档 PLC 和高档 PLC。

1）低档 PLC。具有逻辑运算、定时、计数、移位以及自诊断、监控等基本功能，还可有少量模拟量输入/输出、算术运算、数据传送和比较、通信等功能；主要用于逻辑控制、顺序控制或少量模拟量控制的单机控制系统。

2）中档 PLC。除具有低档 PLC 的功能外，还具有较强的模拟量输入/输出、算术运算、数据传送和比较、数制转换、远程 I/O、子程序调用、通信联网等功能；有些还可增设中断控制、PID 控制等功能，适用于复杂的控制系统。

3）高档 PLC。除具有中档 PLC 的功能外，还增加了带符号算术运算、矩阵运算、位逻辑运算、二次方根运算及其他特殊功能函数的运算、制表及表格传送功能等。高档 PLC 具有更强的通信联网功能，可用于大规模过程控制或构成分布式网络控制系统，实现工厂自动化。

（3）按 I/O 点数分　可分为小型 PLC、中型 PLC 和大型 PLC。

1）小型 PLC。I/O 点数为 256 点以下，存储器容量为 4KB 以下的为小型 PLC。

2）中型 PLC。I/O 点数为 256～2048 点，存储器容量 4～8KB 的为中型 PLC。

3）大型 PLC。I/O 点数为 2048 点以上，存储器容量 8～16KB 的为大型 PLC。

在实际中，一般 PLC 功能的强弱与其 I/O 点数的多少是相互关联的，即 PLC 的功能越强，其可配置的 I/O 点数越多。因此，通常我们所说的小型、中型、大型 PLC，除指其 I/O 点数不同外，同时也表示其对应功能的低档、中档、高档。

（二）S7-1200 PLC 的基本组成与工作原理

1. PLC 的硬件组成

PLC 的硬件主要由 CPU、存储器、输入/输出（I/O）接口电路、电源、通信接口、扩展接口等部分组成，如图 1-1 所示。

（1）中央处理器单元（CPU）　CPU 是 PLC 的核心，主要由控制器、运算器、寄存器及它们之间的地址总线、数据总线和控制总线构成。此外，还有外围芯片、总线接口及有关电路。

CPU 中的控制器控制 PLC 工作，由它读取指令，解释并执行命令。工作的时序（节奏）则由振荡信号控制。

CPU 中的运算器用于完成算术或逻辑运算，在控制器的指挥下工作。

CPU 中的寄存器参与运算，并存储运算的中间结果。它也是在控制器的指挥下工作。

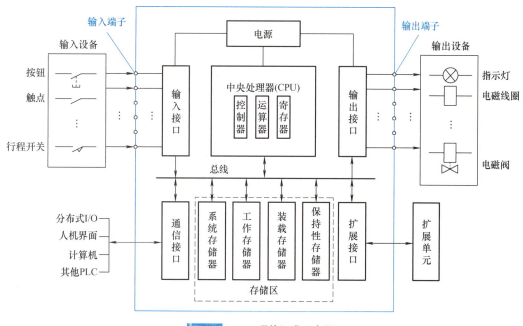

图 1-1 PLC 硬件组成示意图

在 PLC 中，CPU 按系统程序赋予的功能，指挥 PLC 有条不紊地进行工作，归纳起来主要有以下几个方面：

① 接收并存储从编程器或计算机输入的用户程序和数据。

② 诊断电源、PLC 内部电路的工作故障和编程中的语法错误等。

③ 通过输入接口接收现场的状态和数据，并存入输入映像寄存器或数据寄存器中。

④ 从存储器逐条读取用户程序，经过解释后执行。

⑤ 根据执行的结果，更新有关标志位的状态和输出映像寄存器的内容，通过输出单元实现输出控制。

⑥ 响应中断和各种外围设备（如编程器、打印机等）的任务处理请求。

（2）存储器　PLC 的内部存储器分为系统程序存储器和用户程序及数据存储器。系统程序存储器用于存放系统程序（或监控程序）、调用管理程序以及各种系统参数等。系统程序相当于个人计算机的操作系统，能够完成 PLC 设计者规定的各种工作。系统程序由 PLC 的生产厂家设计并固化在 ROM（只读存储器）中，用户不能读取。用户程序及数据存储器主要存放用户编制的应用程序及各种暂存数据和中间结果，使 PLC 完成用户要求的特定功能。

PLC 使用以下三种物理存储器：

① 随机存储器（RAM）。用户可以用可编程序装置读出 RAM 中的内容，也可以将用户程序写入 RAM，因此 RAM 又叫读/写存储器。它是易失性的存储器，电源中断后，储存的信息将会丢失。

RAM 的工作速度高，价格便宜，改写方便。在关断 PLC 的外部电源后，可用锂电池保存 RAM 中的用户程序或某些数据。锂电池可用 2～5 年。需要更换锂电池时，由 PLC 发出信号，通知用户。现在仍有部分 PLC 采用 RAM 来存储用户程序。

② 只读存储器（ROM）。ROM 的内容只能读出，不能写入。它是非易失性的，电源消

失后，仍能保存储存的内容。ROM 一般用来存放 PLC 的系统程序。

③ 可电擦除可编程序的只读存储器（EEPROM）。它是非易失性的，但是可以用编程装置对其编程，兼有 ROM 的非易失性和 RAM 的随机存取等优点，但是将信息写入所需的时间比 RAM 长得多。EEPROM 用来存放用户程序以及需要长期保存的重要数据。

用户程序是随 PLC 的控制对象而定的，是由用户根据被控对象生产工艺的要求而编写的应用程序。为了便于读出、检查和修改，用户程序一般存于 CMOS 静态 RAM 中，用锂电池作为后备电源，以保证系统掉电时不会丢失信息。为了防止干扰对 RAM 中程序的破坏，当用户程序经过运行调试，确认正确后，不需要改变，可将其固化在 EPROM 中，现在也有许多 PLC 直接采用 EEPROM 作为用户存储器。

（3）输入/输出接口电路 输入/输出接口电路是 PLC 与被控对象（机械设备或生产过程）联系的桥梁。现场信号经输入接口传送给 CPU，CPU 的运算结果、发出的命令经输出接口送到有关设备或现场。输入/输出信号分为数字量、模拟量，这里仅对数字量进行介绍。

① 数字量输入接口电路。数字量输入接口是连接外部数字量输入器件的接口，数字量输入器件包括按钮、选择开关、数字拨码开关、行程开关、接近开关、光电开关、继电器触点和传感器等。输入接口的作用是把现场数字量（高、低电平）信号变成 PLC 内部处理的标准信号。

S7-1200 CPU 输入端采用直流输入，其直流输入接口电路如图 1-2 所示，图中只画出了一路输入信号电路，输入电流为数毫安，1M 是输入点各个内部输入电路的公共端。

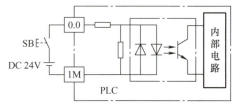

图 1-2　直流输入接口电路（漏型）

当图 1-2 中的外部触点接通时，光耦合器中两个反并联的发光二极管中的一个亮，光电晶体管饱和导通；外部触点断开时，光耦合器中的发光二极管熄灭，光电晶体管截止，信号经内部电路传送给 CPU 模块。图 1-2 中电流从输入端流入，称为漏型输入；若将图中的电源反接，电流从输入端流出，则称为源型输入。

② 数字量输出接口电路。数字量输出接口是 PLC 控制执行机构动作的接口，数字量输出执行机构包括接触器线圈、电磁阀、电磁铁、指示灯和智能装置等设备。数字量输出接口的作用是将 PLC 内部的标准状态信号转换为现场执行机构所需的数字量信号。

S7-1200 CPU 的数字量输出电路的功率元件有驱动直流负载的场效应晶体管型（MOSFET），以及既可以驱动交流负载又可以驱动直流负载的继电器型，负载电源由外部提供。输出电路一般分为若干组，对每一组的总电流也有限制。

图 1-3a 是继电器输出接口电路，继电器同时起隔离和功率放大作用，每一路只给用户提供一对常开触点。继电器输出电路的可用电压范围广、导通压降小、承受瞬时过电压和瞬时过电流的能力较强，但是动作速度较慢。如果系统输出量的变化不是很频繁，建议优先选用继电器输出型的 CPU 或输出模块。普通的白炽灯的工作温度在千度以上，冷态电阻比工作时的电阻小得多，其浪涌电流是工作电流的十多倍。因此可以驱动 AC 220V、2A 电阻负载的继电器输出点只能驱动 200W 的白炽灯。频繁切换的灯负载应使用浪涌抑制器。

图 1-3b 是场效应晶体管输出接口电路。输出信号送给内部电路中的输出锁存器，再经

光耦合器送给场效应晶体管，后者的饱和导通状态和截止状态相当于触点的接通和断开。图中的稳压管用来抑制关断过电压和外部的浪涌电压，以保护场效应晶体管，场效应晶体管输出电路的工作频率可达 100kHz。图中电流从输出端流出，称为源型输出。场效应晶体管输出电路用于直流负载，它的反应速度快、寿命长，过载能力稍差。

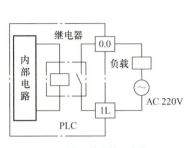

a) 继电器输出接口电路　　b) 场效应晶体管输出接口电路

图 1-3　数字量输出接口电路

PLC 的 I/O 接口所能接受输入信号个数和输出信号的个数称为 PLC 输入/输出（I/O）点数。I/O 点数是选择 PLC 的重要依据之一。当 I/O 点数不够时，可通过 PLC 的 I/O 扩展接口对系统进行扩展。

（4）电源　PLC 使用 220V 单相交流电源或 24V 直流电源。内部开关电源为各模块提供 5V、12V、24V 等直流电源。对于小型整体式 PLC，此电源一方面可为 CPU、I/O 单元及扩展单元提供直流 5V 工作电源，另一方面可为外部输入元件提供直流 24V 电源，驱动 PLC 负载的直流电源一般由用户提供。模块式 PLC 通常采用单独的电源模块供电。

（5）通信接口　PLC 配有各种通信接口，这些通信接口一般都带有通信处理器。PLC 通过通信接口可与监视器、打印机、其他 PLC、计算机、变频器等设备实现通信。PLC 与监视器连接，可将控制过程图像显示出来；与打印机连接，可将过程信息、系统参数等输出打印；与其他 PLC 连接，可组成多机系统或连成网络，实现更大规模的控制；与计算机连接，可组成多级分布式控制系统，实现控制与管理相结合。

（6）扩展接口　扩展接口用于系统扩展输入、输出点数及串行通信功能，这种扩展接口实际为总线形式，可配接信号模块、通信模块等。

2. PLC 的软件组成

PLC 的软件由系统程序和用户程序组成。

系统程序由 PLC 制造厂商设计编写的，并存入 PLC 的系统存储器中，用户不能直接读写与更改。系统程序相当于 PLC 的操作系统，主要功能是时序管理、存储空间分配、系统自检和用户程序编译等。

用户程序是用户根据控制要求，按系统程序允许的编程规则，用厂家提供的编程语言编写的程序。

PLC 编程语言是多种多样的，对于不同生产厂家、不同系列的 PLC 产品采用的编程语言的表达方式也不相同，但基本上可归纳两种类型：一是采用字符表达方式的编程语言，如指令表等；二是采用图形符号表达方式的编程语言，如梯形图等。

1994 年 5 月，国际电工委员会（IEC）公布了 PLC 的常用的 5 种语言：梯形图（Ladder Diagram，LAD）、指令表（Instruction List，IL）、顺序功能图（Sequential Function Chart，SFC）、功能块图（Function Block Diagram，FBD）及结构化文本（Structured Text，ST）。

S7-1200 PLC 使用的编程语言是梯形图、功能块图和结构化控制语言三种。

（1）梯形图（LAD） 梯形图是一种图形化编程语言，它使用基于电路图的表示法，是目前使用最多的 PLC 编程语言。梯形图是在继电 - 接触器控制系统电路图的基础上发展而来的，它是借助类似于继电器的常开触点、常闭触点、线圈及串并联等术语和符号，根据控制要求连接而成的表示 PLC 输入/输出之间逻辑关系的图形，在简化的同时还增加了许多功能强大、使用灵活的基本指令和扩展指令等，同时结合计算机的特点，使编程更加容易，但实现的功能却大大超过传统继电 - 接触器控制系统。梯形图如图 1-4 所示，梯形图具有以下特点：

1）梯形图由触点、线圈和用方框表示的指令框组成。触点代表逻辑输入条件，例如外部的开关、按钮和内部条件等。线圈通常代表逻辑运算的结果，常用来控制外部的负载和内部的标志位。指令框用来表示定时器、计数器或者通信等指令。

2）梯形图中触点只有常开和常闭，触点可以是 PLC 输入端子连接的按钮、开关等过程映像输入的触点，也可以是 PLC 内部位存储器的触点或定时器、计时器等的状态。

3）梯形图中触点可以任意串、并联。

4）内部继电器、寄存器等均不能直接驱动外部负载，只能作为中间运算结果。

（2）功能块图（FBD） 功能块图也是一种图形化编程语言。功能块图使用类似于数字电路的图形逻辑符号来表示控制逻辑，国内较少使用功能块图语言。图 1-5 是图 1-4 中梯形图对应的功能块图。功能块图中，用类似于与门（带有逻辑符号"&"）、或门（带有符号">=1"）等方框表示逻辑关系，方框的左边为逻辑运算的输入变量，右边为输出变量，输入、输出的小圆圈表示"非"运算，方框被"导线"连接在一起，信号自左向右流动。指令框用来表示一些复杂的功能，例如数学运算等。

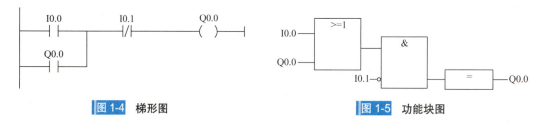

图 1-4 梯形图　　　　　　　　图 1-5 功能块图

（3）结构化控制语言（Structured Control Language，SCL） 结构化控制语言是一种基于 PASCAL 的高级编程语言。这种语言基于 IEC1131-3 标准。该语言除了包括 PLC 的典型元素（例如输入、输出、定时器或存储器位）外，还包括高级编程语言中的表达式、赋值运算和运算符。SCL 提供了简便的指令进行程序控制，例如创建程序分支、循环或跳转。SCL 尤其适用于下列领域：数据管理、过程优化、配方管理和数学计算、统计任务。

3. S7-1200 PLC 的工作原理

S7-1200 PLC 的 CPU 中运行着操作系统和用户程序。操作系统处理底层系统级任务，并执行用户程序的周期调用，其固化在 CPU 模块中，用于执行与用户程序无关的 CPU 功能以及组织 CPU 所有任务的执行顺序。操作系统的任务包括：

1)启动。
2)更新过程映像输入和过程映像输出。
3)调用用户程序。
4)检查中断并调用中断 OB(组织块)。
5)检测并处理错误。
6)管理存储区。
7)与编程设备和其他设备通信。

用户程序工作在操作系统平台,完成特定的自动化任务。用户程序是下载到 CPU 的数据块和程序块。用户程序的任务包括:

1)启动的初始化工作。
2)进行数据处理,I/O 数据交换和工艺相关的控制。
3)对中断的响应。
4)对异常和错误的处理。

(1)CPU 的工作模式 S7-1200 CPU 有三种工作模式,即停止(STOP)模式、启动(STARTUP)模式和运行(RUN)模式。

在停止(STOP)模式下,CPU 处理所有通信请求(如果有的话)并执行自诊断,但不执行用户程序,过程映像也不会自动更新。只有在 CPU 处于停止模式时,才能下载程序。

在启动(STARTUP)模式下,执行一次启动组织块(如果存在的话),在运行模式的启动阶段,不处理任何中断事件。

在运行(RUN)模式下,重复执行扫描周期,即重复执行程序循环组织块 OB1。中断事件可能会在程序循环阶段的任何点发生并处理。处于运行模式下时,无法下载任何项目。

在 CPU 内部的存储器中,设置了一片区域来存放输入信号和输出信号的状态,它们被称为过程映像输入区和过程映像输出区。CPU 从 STOP 切换到 RUN 模式时,CPU 先进入启动阶段,将执行下列操作(如图 1-6 所示各阶段的符号):

阶段 A:将物理输入的状态复制到过程映像输入区(I)。

阶段 B:将过程映像输出区(Q)初始化为零、上一值或替换值,将 PB(PROFIBUS)、PN(PROFINET)和 AS-i(Actuator Sensor Interface)输出设为零。

阶段 C:将非保持性 M 存储器和数据块初始化为其初始值,并启用组态的循环中断事件和时钟事件。执行启动 OB。

阶段 D:(整个启动阶段)将中断事件保存到中断队列,以便在 RUN 模式进行处理。

阶段 E:启用将过程映像输出区(Q)到物理输出的写入操作。

启动阶段结束后,CPU 进入 RUN 模式,为了使 PLC 的输出及时响应各种输入信号,CPU 反复地分阶段处理各种不同的任务。CPU 在 RUN 模式时执行以下任务(如图 1-6 所示各阶段的序号):

① 将过程映像输出区(Q)写入物理输出。
② 将物理输入的状态复制到过程映像输入区(I)。
③ 执行程序循环 OB。
④ 执行自检诊断。
⑤ 在扫描周期的任何阶段处理中断和通信。

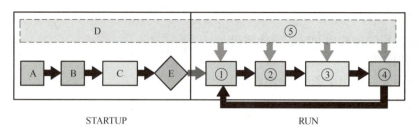

图 1-6　S7-1200 CPU 启动和运行机制示意图

S7-1200 CPU 模块上没有切换工作模式的选择开关，只能用博途 STEP7 编程软件"在线"菜单命令下的"启动 CPU""停止 CPU"选项，或工具栏上的"启动 CPU"图标、"停止 CPU"图标，来更改当前 CPU 的工作模式。也可以在程序中包含退出程序（STP）指令，以使 CPU 切换到 STOP 模式，这样就可根据程序逻辑停止程序的执行。

（2）PLC 的工作过程　PLC 执行程序的过程分为三个阶段，即输入采样阶段、程序执行阶段、输出刷新阶段，如图 1-7 所示。

① 输入采样阶段。PLC 在输入采样阶段，以扫描工作方式按顺序对所有输入端的输入状态进行采样，并将各输入状态存入输入映像区中的相应单元内，此时输入映像区被刷新。输入采样结束后，进入程序执行和输出刷新阶段，在这两个阶段，即使输入状态发生变化，输入映像区的内容也不会改变，输入状态的变化只有在下一个扫描周期的输入采样阶段才能被采样到。

② 程序执行阶段。在程序执行阶段，PLC 对程序按顺序进行扫描执行。若程序用梯形图表示，PLC 将按照从左到右、从上至下的顺序逐点扫描，并分别从输入映像区和输出映像区中读出输入、输出的状态（0 或 1），运算、处理用户程序，再将运算的结果存入输出映像区。对于输出映像区来说，其内容会随程序执行的过程而变化。

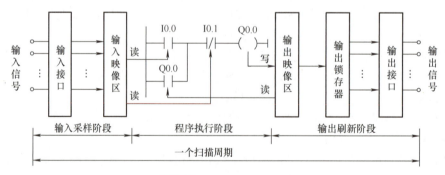

图 1-7　PLC 的工作过程

③ 输出刷新阶段。当所有程序执行完毕后，进入输出刷新阶段。在这一阶段，PLC 将输出映像区中所有输出继电器的状态（接通/断开）转存到输出锁存器中，并通过一定方式输出，驱动外部负载。

因此，PLC 在一个扫描周期内，对输入状态的采样只在输入采样阶段。当 PLC 进入程序执行阶段后输入端将被封锁，直到下一个扫描周期的输入采样阶段才对输入状态进行重新采样。这种方式称为集中采样，即在一个扫描周期内，集中一段时间对输入状态进行采样。

在用户程序中如果对输出结果多次赋值,则最后一次有效。在一个扫描周期内,只在输出刷新阶段才对输出状态从输出锁存器中输出,对输出接口进行刷新,在其他阶段里输出状态一直保持在输出锁存器中,这种方式称为集中输出。对于小型 PLC,其 I/O 点数较少,用户程序较短,一般采用集中采样、集中输出的工作方式,虽然在一定程度上降低了系统的响应速度,但使 PLC 工作时大多数时间与外部输入 / 输出设备隔离,从根本上提高了系统的抗干扰能力,增强了系统的可靠性。

而大中型 PLC,其 I/O 点数较多,控制功能强,用户程序较长,为提高系统响应速度,可以采用定期采样、定期输出方式,或中断输入、输出方式以及采用智能 I/O 接口等多种方式。从上述分析可知,当 PLC 输入端的输入信号发生变化到 PLC 输出端对该输入变化做出反应,需要一段时间,这种现象称为 PLC 输入 / 输出响应滞后。对一般的工业控制,这种滞后是完全允许的。应该注意的是,这种响应滞后不仅是由于 PLC 扫描工作方式造成,更主要是 PLC 输入接口的滤波环节带来的输入延迟,以及输出接口中驱动期间的动作时间带来输出延迟,还与程序设计有关。滞后时间是设计 PLC 应用系统时应注意把握的一个参数。

PLC 的工作方式是不断循环的顺序扫描工作方式,每一次扫描所用的时间称为扫描周期。CPU 从第一条指令开始,按顺序逐条地执行用户程序直到用户程序结束,然后返回第一条指令开始新的一轮扫描。PLC 就是这样周而复始地重复上述循环扫描工作的。

(三) 西门子 S7-1200 PLC 基础

1. S7-1200 PLC 的硬件系统

S7-1200 PLC 硬件系统主要由 CPU 模块、信号板、信号模块、通信模块构成,如图 1-8 所示。

S7-1200 系列提供了各种模块和插入式板,用于通过附加 I/O 或其他通信协议扩展 CPU 的功能。

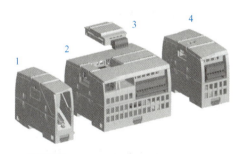

图 1-8　S7-1200 PLC 硬件系统构成

1—通信模块(CM)或通信处理器(CP)　2—CPU　3—信号板(SB)、通信板(CB)或电池板(BB)　4—信号模块(SM)

(1) CPU 模块

S7-1200 PLC 的 CPU 模块将微处理器、电源、数字量输入 / 输出电路、模拟量输入 / 输出电路、PROFINET 以太网接口、高速运动控制功能组合到一个设计紧凑的外壳中。每个 CPU 内可以安装一块信号板,安装后不会改变 CPU 的外形和体积。

微处理器相当于人的大脑,它不断采集输入信号,执行用户程序,刷新系统的输出。

S7-1200 PLC 集成的 PROFINET 以太网接口用于与编程计算机、HMI(人机界面)、其他 PLC 或其他设备通信。此外可通过开放的以太网协议支持与第三方设备的通信。

S7-1200 PLC 目前有 7 种型号 CPU 模块，分别为 CPU1211C、CPU1212C、CPU1214C、CPU1215C、CPU1217C、CPU1214FC、CPU1215FC。

1）CPU 面板。S7-1200 PLC 的 CPU 外形及结构（已拆卸上、下盖板）如图 1-9 所示。这里以 CPU1214C 为例进行介绍，CPU 有 3 个运行状态指示灯，用于提供 CPU 模块的运行状态信息。

① STOP/RUN 指示灯。该指示灯的颜色为纯橙色时指示 STOP 模式，纯绿色时指示 RUN 模式，绿色和橙色交替闪烁指示 CPU 正在起动。

② ERROR 指示灯。该指示灯为红色闪烁状态时指示有错误，如 CPU 内部错误、存储卡错误或组态错误（模块不匹配）等，纯红色时指示硬件出现故障。

③ MAINT 指示灯。该指示灯在每次插入存储器时闪烁。

CPU 模块上的 I/O 状态指示灯用来指示各输入或输出的信号状态。

CPU 模块上提供了一个以太网接口用于实现以太网通信，还提供了两个指示以太网通信状态的指示灯。其中"link"（绿色）点亮表示连接成功，"Rx/Tx"（黄色）点亮指示传输活动。

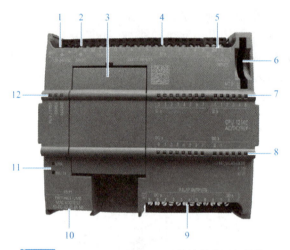

图 1-9　S7-1200 PLC 的 CPU 模块的外形与结构

1—电源端子　2—传感器电源端子　3—信号板盖板（此处用于安装信号板，安装时拆除盖板）　4—数字量输入端子　5—模拟量输入端子　6—存储卡插槽　7—输入状态 LED 指示灯　8—输出状态 LED 指示灯　9—数字量输出端子　10—PROFINET（LAN）接口　11—网络状态 LED 指示灯　12—CPU 运行状态 LED 指示灯

2）CPU 技术性能指标。S7-1200 PLC 是西门子公司 2009 年推出的面向离散自动化系统和独立自动化系统的紧凑型自动化产品，定位在原有的 S7-200 PLC、S7-300 PLC 产品之间。表 1-1 给出了目前 S7-1200 PLC 系列不同型号的 CPU 性能指标。

表 1-1　S7-1200 PLC 系列不同型号的 CPU 的性能指标

型号	CPU 1211C	CPU 1212C	CPU 1214C	CPU 1215C	CPU 1217C
3 种 CPU	DC/DC/DC，AC/DC/Rly，DC/DC/Rly				DC/DC/DC
物理尺寸/（mm×mm×mm）	90×100×75		110×100×75	130×100×75	150×100×75

（续）

型号		CPU 1211C	CPU 1212C	CPU 1214C	CPU 1215C	CPU 1217C
用户存储器	工作存储器 /KB	50	75	100	125	150
	装载存储器 /MB	1		4		
	保持性存储器 /KB	10				
本机集成 I/O	数字量	6 输入 /4 输出	8 输入 /6 输出	14 输入 /10 输出	14 输入 /10 输出	
	模拟量	2 路输入	2 路输入	2 路输入	2 路输入 /2 路输出	
过程映像大小		1024B 输入（I）/1024B 输出（Q）				
位存储器（M）		4096B		8192B		
信号模块扩展		无	最多 2 个（右侧）	最多 8 个（右侧）		
信号板		最多 1 块				
通信模块扩展		最多 3 个（左侧）				
高速计数器		3 路	4 路	6 路	6 路	
		单相：3 个 100kHz	单相：3 个 100kHz、1 个 30kHz	单相：3 个 100kHz、3 个 30kHz	单相：4 个 1MHz、2 个 100kHz	
		正交相位：3 个 80kHz	正交相位：3 个 80kHz、1 个 20kHz	正交相位：3 个 80kHz、3 个 20kHz	正交相位：4 个 1MHz、2 个 100kHz	
脉冲输出		最多 4 路，CPU 本体 100Hz，通过信号板可输出 200Hz（CPU1217C 最多支持 1MHz）				
最大本地 I/O	数字量	14	82	284		
	模拟量	3	19	67	69	
存储卡		SIMATIC 存储卡（选件）				
实时时间保持时间		通常为 20 天，40℃时最少 12 天				
PROFINET		1 个以太网通信接口		2 个以太网通信接口		
布尔运算执行速度		0.08μs/ 指令				
移动字执行速度		1.7μs/ 指令				
实数数学运算执行速度		2.3μs/ 指令				

CPU1211C、CPU 1212C、CPU 1214C、CPU 1215C 四种型号 CPU 根据其电源电压、输入电压和输出电压的不同类型，又分为 DC/DC/DC、DC/DC/Rly、AC/DC/Rly 三种版本，其中 DC 表示直流，AC 表示交流，Rly（Relay）表示继电器，见表 1-2。

表 1-2 S7-1200 CPU 的 3 种版本

版本	电源电压	DI 输入电压	DQ 输出电压	DQ 输出电流
DC/DC/DC	DC 24V	DC 24V	DC 24V	0.5A，MOSFET
DC/DC/Rly	DC 24V	DC 24V	DC 5V～30V，AC 5V～250V	2A，DC 30W/AC 200W
AC/DC/Rly	AC 85～264V	DC 24V	DC 5V～30V，AC 5V～250V	2A，DC 30W/AC 200W

（2）信号板与通信板　信号板与通信板如图 1-10 所示，它们可以在不增加空间的前提下给 CPU 增加数字量或模拟量的 I/O 点数或串行通信接口。安装信号板或通信板时，首先取下 CPU 模块面板上的盖板，然后将信号板或通信板直接插入 S7-1200 CPU 正面的槽内，如图 1-11 所示。信号板或通信板有可拆卸的端子，因此可以很容易地更换信号板或通信板。S7-1200 PLC 使用的几种信号板与通信板见表 1-3。

a) 信号板　　　　b) 通信板

图 1-10　信号板与通信板

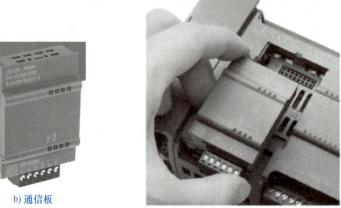

图 1-11　安装信号板

表 1-3　S7-1200 PLC 使用的信号板与通信板

型号（名称）	规格	型号（名称）	规格
SB 1221（数字量输入信号板）	4 点输入，最高计数频率为 200Hz，DI 4×DC 24V，DI 4×DC 5V	SB 1231（模拟量输入信号板）	有一路 12 位（11 位+符号位）的输入，可测量电压或电流（±10V、±5V、±2.5V 或 0～20mA），满量程范围（数据字）：-27648～27648
SB 1222（数字量输出信号板）	4 点输出，最高计数频率为 200Hz，DQ 4×DC 24V，DQ 4×DC 5V	SB 1232（模拟量输出信号板）	一路输出，电压（±10V）或电流（0～20mA），可输出分辨率为 12 位的电压和 11 位的电流，满量程范围（数据字），电压：-27648～27648，电流：0～27648
SB 1223（数字量输入/输出信号板）	2 点数字量输入和 2 点数字量输出，最高计数频率均为 200Hz，DI 2×DC 24V/ DQ 2×DC 24V，DI 2×DC 5V/ DQ 2×DC 5V	CB 1241（RS485 通信板）	提供一个 RS-485 接口，支持 Modbus RTU 主站/从站、自由协议、USS 协议
SB 1231（热电偶信号板和热电阻信号板）	分辨率为 0.1℃/0.1°F，15 位+符号位，可选多种量程的传感器		

（3）信号模块　相对于信号板，信号模块可以为 CPU 模块扩展更多的 I/O 点数，信号模块包括数字量（又称为开关量）输入模块（DI 模块）、数字量输出模块（DQ 模块）、数字量输入/输出模块（DI/DQ 模块）、模拟量输入模块（AI 模块）、模拟量输出模块（AQ 模块）和模拟量输入/输出模块（AI/AQ 模块），它们简称为 SM，信号模块如图 1-12 所示，其性能参数见表 1-4。

图 1-12　信号模块

表 1-4　S7-1200 PLC 信号模块

信号模块	型号	SM 1221 DC	SM 1221 DC		
	订货号	6ES7 221-1BF32-0XB0	6ES7 221-1BH32-0XB0		
数字量输入		DI 8 × DC 24V	DI 16 × DC 24V		
信号模块	型号	SM 1222 DC	SM 1222 DC	SM 1222 Rly	SM 1222 Rly
	订货号	6ES7 222-1BF32-0XB0	6ES7 222-1BH32-0XB0	6ES7 222-1HF32-0XB0	6ES7 222-1HH32-0XB0
数字量输出		DQ 8 × DC 24V 0.5A	DQ 16 × DC 24V 0.5A	DQ 8 × Rly DC 30V/250V AC 2A	DQ 16 × Rly DC 30V/AC 250V 2A
信号模块	型号	SM 1223 DC/DC	SM 1223 DC/DC	SM 1223 DC/Rly	SM 1223 DC/Rly
	订货号	6ES7 223-1BH32-0XB0	6ES7 223-1BL32-0XB0	6ES7 223-1PH32-0XB0	6ES7 223-1PL32-0XB0
数字量输入/输出		DI 8 × DC 24V/ DQ 8 × DC 24V 0.5A	DI 16 × DC 24V/ DQ 16 × DC 24V 0.5A	DI 8 × DC 24V/ DQ 8 × Rly DC 30V/AC 250V 2A	DI 16 × DC 24V/ DQ 16 × Rly DC 30V/AC 250V 2A
信号模块	型号	SM 1231 AI	SM 1231 AI	SM 1231 AI	
	订货号	6ES7 231-4HD32-0XB0	6ES7 231-5ND32-0XB0	6ES7 231-4HF32-0XB0	
模拟量输入		AI 4 × 13bit ±10V、±5V、±2.5V/ 0～20mA	AI 4 × 16bit ±10V、±5V、±2.5V、±1.25V/ 0～20mA、4～20mA	AI 8 × 13bit ±10V、±5V、±2.5V/0～20mA	
信号模块	型号	SM 1232 AQ	SM 1232 AQ		
	订货号	6ES7 232-4HB32-0XB0	6ES7 232-4HD32-0XB0		
模拟量输出		AQ 2 × 14bit ±10V/0～20mA 精度：电压 14bit，电流 13 bit	AQ 4 × 14bit ±10V/0～20mA 精度：电压 14 bit，电流 13 bit		

(续)

信号模块	型号	SM 1231 AI	SM 1231 AI	SM 1231 AI	SM 1231 AI
	订货号	6ES7 231-5QD32-0XB0	6ES7 231-5QF32-0XB0	6ES7 231-5PD32-0XB0	6ES7 231-5PF32-0XB0
热电偶和热电阻模拟量输入		AI 4×16 bit 热电偶 0.1℃/0.1℉ 15 位 + 符号位	AI 8×16 bit 热电偶 0.1℃/0.1℉ 15 位 + 符号位	AI 4×16 bit 热电阻 0.1℃/0.1℉ 15 位 + 符号位	AI 8×16 bit 热电阻 0.1℃/0.1℉ 15 位 + 符号位
信号模块	型号	SM 1234 AI/AQ			
	订货号	6ES7 234-4HE32-0XB0			
模拟量输入/输出		AI 4×13 bit ±10V/0～20mA AQ 2×14 bit ±10V/0～20mA			

信号模块安装在 CPU 模块的右边，扩展能力最强的 CPU 可以扩展 8 块信号模块，以增加数字量和模拟量输入、输出点。

（4）通信模块　S7-1200 PLC 最多可以扩展 3 个通信模块，可以使用工业远程通信模块、PROFIBUS 主站模块和从站模块、点对点通信模块、标识系统和 AS-i 接口模块的通信模块，通信模块如图 1-13 所示。

RS232 和 RS485 通信模块为点对点（PtP）的串行通信提供连接。STEP7 工程组态系统提供了通信或库功能、USS 驱动协议、Modbus RTU 主站及从站协议，用于串行通信的组态和编程。

图 1-13　通信模块

2. S7-1200 PLC 的安装和拆卸

S7-1200 PLC 尺寸较小，易于安装，可以有效地利用空间。S7-1200 PLC 安装时应注意以下几点：

1）可以将 S7-1200 PLC 水平或垂直安装在面板或标准导轨上。

2）S7-1200 PLC 采用自然冷却方式，因此要确保其安装位置的上、下部分与临近设备之间至少留出 25mm 的空间，并且 S7-1200 PLC 与控制柜外壳之间的距离至少为 25mm（安装深度）。

3）当采用垂直安装方式时，其允许的最大环境温度要比水平安装方式降低 10℃，此时要确保 CPU 被安装在最下面。

（1）安装和拆卸 CPU　通过导轨卡夹可以很方便地安装 CPU 到标准导轨或面板上，安装 CPU 模块示意图如图 1-14 所示。首先要将全部通信模块连接到 CPU 上，然后将它们作为一个单元来安装。将 CPU 安装到 DIN 导轨上的步骤如下：

1）安装 DIN 导轨，将导轨按照每隔 75mm 的距离分别固定到安装板上。
2）将 CPU 挂到 DIN 导轨上方。
3）拉出 CPU 下方的 DIN 导轨卡夹，以便将 CPU 安装到导轨上。
4）向下转动 CPU 使其在导轨上就位。
5）推入卡夹将 CPU 锁定到导轨上。

若要准备拆卸 CPU，先断开 CPU 的电源及 I/O 连接器、接线或电缆。应将 CPU 和所有与其相连的通信模块作为一个完整单元拆卸。所有信号模块应保持安装状态，如果信号模块已连接到 CPU，则需要首先缩回总线连接器。拆卸 CPU 模块示意图如图 1-15 所示，拆卸步骤如下。

1）将螺钉旋具放到信号模块上方的小接头旁。

图 1-14　安装 CPU 示意图

2）向下按，使连接器与 CPU 相分离。
3）将小接头完全滑到右侧。
4）拉出 DIN 导轨卡夹，从导轨上松开 CPU。
5）向上转动 CPU 使其脱离导轨，然后从系统中卸下 CPU。

图 1-15　拆卸 CPU 模块示意图

（2）安装和拆卸信号模块　在安装 CPU 后还要安装信号模块（SM）。安装信号模块示意图如图 1-16 所示，操作步骤如下。

1）卸下 CPU 右侧的连接器盖，将螺钉旋具插入盖上方的插槽中，将其上方的盖轻轻撬出并卸下盖，收好以备再次使用。

图 1-16　安装信号模块示意图

2）将 SM 挂到 DIN 导轨上方，拉出下方的 DIN 导轨卡夹，以便将 SM 安装到导轨上。
3）向下转动 CPU 旁的 SM，使其就位，并推入下方的卡夹，将 SM 锁定到导轨上。
4）伸出总线连接器，即为信号模块建立了机械和电气连接。

可以在不卸下 CPU 或其他信号模块处于原位时卸下任何信号模块，拆卸信号模块示意图如图 1-17 所示。若要准备拆卸信号模块，需断开 CPU 的电源并卸下信号模块的 I/O 连接器和接线。其步骤如下。

图 1-17　拆卸信号模块示意图

1）使用螺钉旋具缩回总线连接器。

2）拉出 SM 下方的 DIN 导轨卡夹，从导轨上松开 SM，向上转动 SM 使其脱离导轨。从系统中卸下 SM。

3）用盖子盖上 CPU 的总线连接器。

（3）安装和拆卸通信模块　安装通信模块（CM）时，首先将 CM 连接到 CPU 上，然后再将整个组件作为一个单元安装到 DIN 导轨或面板上。安装通信模块示意图如图 1-18 所示，操作步骤如下。

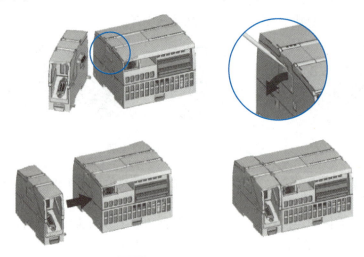

图 1-18　安装通信模块示意图

1）卸下 CPU 左侧的总线盖，将螺钉旋具插入总线盖上方的插槽中，轻轻撬出并卸下盖。

2）将 CM 的总线连接器和接线柱与 CPU 上的孔对齐。

3）用力将两个单元压在一起直到接线柱卡入到位。

4）将组合单元安装到 DIN 导轨或面板上即可。

拆卸 CM 时，确保 CPU 和所有 S7-1200 设备都与电源断开，将 CPU 和 CM 作为一个整体单元从 DIN 导轨或面板上卸下。拆卸通信模块示意图如图 1-19 所示，操作步骤如下。

1）拆除 CPU 和 CM 上的 I/O 连接器和所有接线及电缆。

2）对于 DIN 导轨安装，将 CPU 和 CM 上的下部 DIN 导轨卡夹掰到伸出位置。

3）从 DIN 导轨或面板上卸下 CPU 和 CM。

4）用力抓住 CPU 和 CM，并将它们分开。

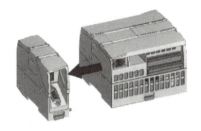

图 1-19　拆卸通信模块示意图

（4）安装和拆卸信号板　安装信号板（SB）时，首先要断开 CPU 的电源，并卸下 CPU 上部和下部的端子板盖子，安装信号板示意图如图 1-20 所示。操作安装步骤：
1）将螺钉旋具插入 CPU 上部接线盒盖背面的槽中。
2）轻轻将盖撬起，并从 CPU 上卸下。
3）将 SB 直接向下放入 CPU 上部的安装位置上。
4）用力将 SB 压入该位置，直到卡入就位。
5）重新装上端子板盖子。

图 1-20　安装信号板示意图

当需要从 CPU 上卸下 SB 时，要断开 CPU 的电源并卸下 CPU 上部和下部的端子板盖板。拆卸信号板示意图如图 1-21 所示，操作步骤如下。

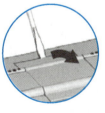

图 1-21　拆卸信号板示意图

1）用螺钉旋具轻轻分离以卸下信号板连接器（如已安装）。
2）将螺钉旋具插入模块上部的槽中。
3）轻轻将模块撬起使其与 CPU 分离。
4）将 SB 直接从 CPU 上部的安装位置中取出。
5）将 SB 盖板重新装到 CPU 上。
6）重新装上端子板盖板。

（5）拆卸与安装端子板连接器　拆卸 S7-1200 PLC 端子板连接器时，要先断开 CPU 的电源。拆卸端子板连接器示意图如图 1-22 所示，操作步骤如下。

1）打开连接器上的盖板。
2）查看连接器的顶部并找到可插入螺钉旋具头的槽。
3）将螺钉旋具插入槽中。
4）轻轻撬起连接器顶部使其与 CPU 分离。连接器从夹紧位置脱离。
5）抓住连接器并将其从 CPU 上卸下。

安装端子板连接器示意图如图 1-23 所示。操作步骤如下。

1）通过断开 CPU 的电源并打开连接器的盖子，准备端子板安装的组件。
2）使连接器与单元上的插针对齐。
3）将连接器的接线边对准连接器座沿的内侧。
4）用力按下并转动连接器直到卡入到位。
5）仔细检查以确保连接器已正确对齐并完全啮合。

图 1-22　拆卸端子板连接器示意图

图 1-23　安装端子板连接器示意图

3. S7-1200 PLC 的接线

S7-1200 PLC 每一型号中有交流和直流两种供电方式，其输出有继电器输出和直流（场效应管）输出两种。PLC 的外部端子包括 PLC 电源端子、供外部传感器用的 DC 24V 电源端子（L+、M）、数字量输入端子（DI）和数字量输出端子（DO）等，分别完成电源、输入信号和输出信号的连接。由于 CPU 模块、输出类型和外部供电方式不同，PLC 外部接线也不尽相同，图 1-24 和图 1-25 分别为 CPU1214C AC/DC/Rly（继电器）型、CPU1214C DC/DC/DC（直流）型的外部接线图，下面以这两个图为例介绍 S7-1200 PLC 的外部接线。

1）电源的接线。S7-1200 PLC CPU 模块上有两组电源端子，分别用于 CPU 的电源输入和接口电路所需的直流电源输出。其中 L1、N 是 CPU 的电源输入端子，采用工频交流电源供电，对电压的要求比较宽松，120~240V 均可使用，接线时要分清端子上的"N"端（中性线）和"⏚"端（接地）。PLC 的供电电路要与其他大功率用电设备分开。采用隔离变压器为 PLC 供电，可以减少外界设备对 PLC 的影响。PLC 的供电电源线应单独从机顶进入控制柜中，不能与其他直流信号线、模拟信号线捆在一起走线，以减少其他控制电路对 PLC 的干扰。L+、M 是 CPU 为输入接口电路提供的内置 DC 24V 传感器电源端子，输入回路一般使用该电源，图 1-24、图 1-25 输入回路外接了一个 DC 24V 电源。当输入回路采用漏型输入时需要去除图 1-24、图 1-25 中标有②的外接 DC 电源，将输入回路的 1M 端子与标有①的内置 DC 24V 电源的 M 端子连接起来，将该电源的 L+ 端子接到输入触点的公共端。源型输入时，将内置 DC 24V 电源的 L+、M 端子分别连接到 1M 端子和输入触点的公共端。

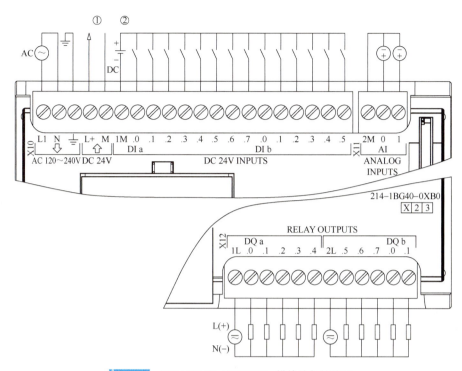

图 1-24　CPU1214C AC/DC/Rly 模块外部接线图

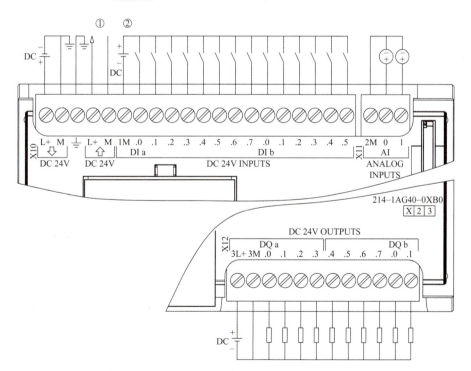

图 1-25　CPU1214C DC/DC/DC 模块外部接线图

说明：两图中的 X11 连接器必须镀金。有关订货号，请参见《S7-1200 可编程控制器系统手册》附录 C "备件"。

① 图 1-24、图 1-25 中为 DC 24V 传感器电源端子，要获得更好的抗噪声效果，即使未使用传感器电源，也可将 "M" 连接到机壳接地。

② 图 1-24、图 1-25 为漏型输入连接，对于源型输入，将 "+" 连接到 "1M"。输入回路一般使用 DC 24V 电源。

2）输入接口器件的接线。CPU1214C AC/DC/Rly 共有 16 点数输入，其中 14 点为数字量输入、2 点为模拟量输入，分布在 CPU 模块的上部，端子编号采用八进制，如图 1-24、图 1-25 所示。输入端子 I0.0～I1.5，公共端为 1M，与 DC 24V 电源相连。当电源的负极与公共端 1M 连接时，为漏型（即 PNP 型）接线，电流从数字量输入端子流入，如图 1-26a 所示；当电源的正极与公共端 1M 连接时，为源型（即 NPN 型）接线，电流从数字量输入端子流出，如图 1-26b 所示。

S7-1200 PLC CPU 模块输入接口的端子可以与开关、按钮等无源信号及各种传感器等有源信号连接。如图 1-27a 所示，开关、按钮等器件都是无源触点器件，当 PLC 输入端 I0.0 所接的开关或按钮闭合时，电流从输入端 I0.0 流入，相应的输入 LED 点亮。图 1-27b 所示为 PLC 输入端与 3 线式 NPN 输出型传感器的接线。将 3 线传感器的棕色线与蓝色线分别与 DC 24V 电源正、负极相连，将黑色信号线与 PLC 的 I0.0 输入端子相连。3 线式 NPN 输出型传感器导通时，黑色信号线和 0V 线相连，相当于低电平，此时电流从输入端 I0.0 流出，该接线方式为源型。图 1-27c 所示为 PLC 输入端与 3 线式 PNP 输出型传感器的接线。分别将 3 线传感器的棕色线与蓝色线与 DC 24V 电源正、负极相连，将黑色信号线与 PLC 的 I0.0 输入端子相连。3 线式 PNP 输出型传感器导通时，黑色信号线和 24V 线相连，相当于高电平，此时电流从输入端 I0.0 流入，该接线方式为漏型。

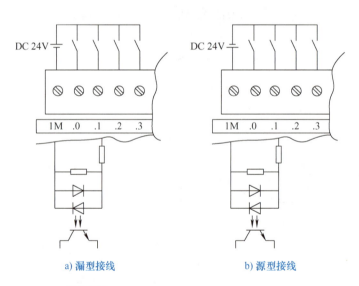

a）漏型接线　　　　b）源型接线

图 1-26　S7-1200 PLC 数字量输入端子接线

3）输出接口器件的接线。S7-1200 PLC 的输出接口有两种类型：继电器输出和直流输出。图 1-24 所示的 CPU 1214C 是继电器输出型，CPU 1214C AC/DC/Rly 共有 10 点输出，分布在 CPU 模块的下方，输出接口分两组，对应的公共端分别为 1L、2L。Q0.0～Q0.4 为第一组，公共端为 1L；Q0.5～Q1.1 为第二组，公共端为 2L。继电器输出是一组公用一个公共端的干节点，可以接交流或直流电源，电压等级最高到 220V，每点的额定电流为 2A。例如，可以接 24V/110V/220V 交直流信号，但要保证一组输出接同样的电源和电压（一组公用一个公共端，如 1L、2L），如图 1-28a 所示，Q0.0～Q0.4 输出端子接 AC 220V 电源，

Q0.5～Q1.1 输出端子接 DC 24V 电源。PLC 输出电路无内置熔断器，为了防止负载短路等故障烧断 PLC 基板配线，每组设置 2A 熔断器。继电器输出型输出点接直流电源时，公共端接电源的正极或负极均可以。

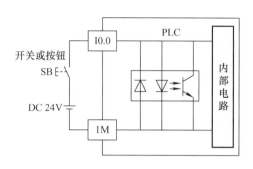

a) 无源触点输入的接线

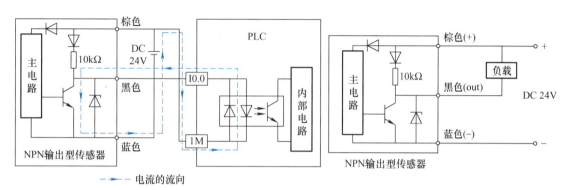

b) NPN 输出型传感器输入的接线(源型)

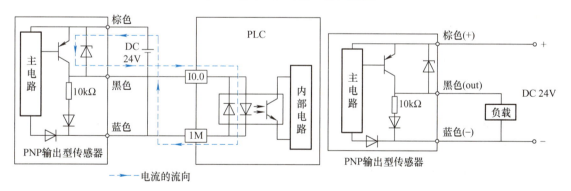

c) PNP 输出型传感器输入的接线(漏型)

图 1-27　无源和有源输入信号的接线

图 1-25 所示的 CPU 1214C 是直流输出型，CPU 1214C DC/DC/DC 共有 10 点输出，分布在 CPU 模块的下方，输出接口分为一组，对应的公共端为 3L+、3M。直流输出只能接 DC 20.4～28.8V 电源，每点的额定电流为 0.5A。如果直流输出端子需要驱动大电流或交流负载，如驱动 AC 220V 接触器线圈，则需要通过中间继电器进行转换，如图 1-28b 所示。

S7-1200 PLC 输出接口连接的器件主要是继电器的线圈、接触器的线圈、电磁阀的线圈、指示灯等。S7-1200 PLC 输入、输出端子编号均采用八进制。

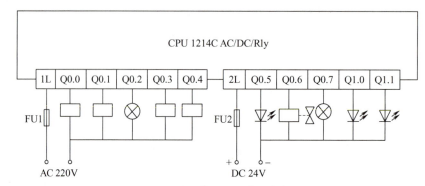

a) 继电器输出PLC的接线方式

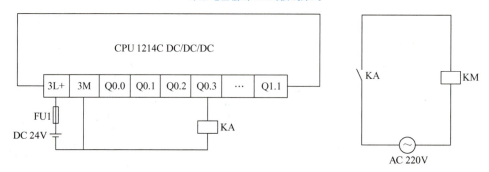

b) 直流输出PLC输出驱动交流负载的接线方式

图 1-28　S7-1200 PLC 数字量输出端子的接线

三、任务实施

（一）任务目标

1）初步认识 S7-1200 PLC 硬件组成。
2）会正确安装 S7-1200 CPU、信号板、信号模块、通信板、通信模块。
3）掌握 S7-1200 PLC 输入电源接线及 I/O 接线方法。

（二）设备与器材

本任务实施所需设备与器材见表 1-5。

表 1-5　所需设备与器材

序号	名称	符号	型号规格	数量	备注
1	常用电工工具		十字螺钉旋具、一字螺钉旋具、尖嘴钳、剥线钳等	1套	表中所列设备、器材的型号规格仅供参考
2	西门子 S7-1200 PLC	CPU	CPU 1214C AC/DC/Rly，订货号：6ES7 214-1AG40-0XB0	1台	
3	通信模块	CM	CM 1241（RS422/485），订货号：6ES7 241-1CH-0XB0	1块	

(续)

序号	名称	符号	型号规格	数量	备注
4	数字量输入/输出模块	SM1223	DI 8/DQ8×DC 24V,订货号：6ES7 223-1BH32-0XB0	1块	表中所列设备、器材的型号规格仅供参考
5	模拟量输出模块	SM1232	AQ2×14BIT,订货号：6ES7 232-4HB32-0XB0	1块	
6	连接导线			若干	

(三) 内容与步骤

1. 任务要求

完成 S7-1200 PLC CPU、信号模块及通信模块的安装,并进行硬件接线。

2. 安装

(1) 安装 CPU

1) 首先在安装板上固定 DIN 导轨,注意固定时每 75mm 处用螺钉拧紧。

2) 将 CPU 挂到 DIN 导轨上方。

3) 拉出 CPU 下方的 DIN 导轨卡夹,以便将 CPU 安装到导轨上。

4) 向下转动 CPU,使其在导轨上就位。

5) 推入卡夹,将 CPU 锁定到导轨上。

(2) 安装数字量输入/输出模块(SM1223)

1) 卸下 CPU 右侧的连接器盖,将螺钉旋具插入盖子上方的插槽中,将其上方的盖子轻轻撬出并卸下盖子,收好以备再次使用。

2) 将 SM1223 挂到 DIN 导轨上方,拉出下方的 DIN 导轨卡夹,以便将其安装到导轨上。

3) 向下转动 CPU 旁的 SM1223,使其就位,并推入下方的卡夹,将 SM1223 锁定到导轨上。

4) 伸出总线连接器,即为信号模块建立了机械和电气连接。

(3) 安装通信模块(CM1241)

1) 卸下 CPU 左侧的总线盖,将螺钉旋具插入总线盖上方的插槽中,轻轻撬出并卸下盖子。

2) 将通信模块的总线连接器和接线柱与 CPU 上的孔对齐。

3) 用力将两个单元压在一起直到接线柱卡入到位。

4) 将组合单元安装到 DIN 导轨或面板上即可。

(4) 安装模拟量输出模块(SM1232)

1) 卸下 SM1223 右侧的连接器盖,将螺钉旋具插入盖上方的插槽中,将其上方的盖轻轻撬出并卸下盖,收好以备再次使用。

2) 将 SM1232 挂到 DIN 导轨上方,拉出下方的 DIN 导轨卡夹,以便将其安装到导轨上。

3) 向下转动 SM1232,使其就位,并推入下方的卡夹,将 SM1232 锁定到导轨上。

4) 伸出总线连接器,即为该信号模块建立了机械和电气连接。

3. 硬件接线

1) 完成电源的接线。

2）完成输入接口的接线。
3）完成输出接口的接线。

四、任务考核

任务考核见表 1-6。

表 1-6　任务实施考核表

序号	考核内容	考核要求	评分标准	配分	得分
1	设备安装	（1）能正确使用电工工具安装 S7-1200 CPU （2）能正确安装信号模块 （3）能正确安装通信模块	（1）DIN 导轨安装位置不合理，扣 10 分 （2）安装螺钉少用，每个扣 5 分 （3）安装 CPU 方法不正确，扣 10 分 （4）信号模块或通信模块与 CPU 连接的位置不正确，每处扣 10 分	50 分	
2	接线	能正确使用电工工具进行连线	（1）连线错一处，扣 5 分 （2）损坏连接线，每根扣 5～10 分	30 分	
3	安全操作	确保人身和设备安全	违反安全文明操作规程，扣 10～20 分	20 分	
4			合计		

五、任务总结

本任务主要介绍了 S7-1200 PLC 的硬件组成、工作原理、编程语言等相关知识。在此基础上进行了 S7-1200 CPU、信号模块、通信模块的安装与接线，从而达到初步认识 S7-1200 PLC 的目标。

任务二　博途 STEP7 软件安装与硬件组态

一、任务导入

博途软件是全集成自动化博途（Totally Integrated Automation Portal）的简称，是业内首个集工程组态、软件编程和项目环境配置于一体的全集成自动化软件，几乎涵盖了所有自动化控制编程任务。借助该工程技术软件平台，用户能够快速、直观地开发和调试自动化控制系统。

博途软件与传统自动化软件相比，无需花费大量的时间集成各个软件包，它采用全新的、统一的软件框架，可在统一开发环境中组态西门子所有的 PLC、HMI 和驱动装置，实现统一的数据和通信管理，可大大降低连接和组态成本。

二、知识链接

（一）博途软件的组成

博途软件主要包括 STEP7、WinCC 和 StartDrive 这 3 个软件，博途软件各产品所具有的功能和覆盖的产品范围如图 1-29 所示。

1. 博途 STEP7 的介绍

博途 STEP7 是用于组态 SIMATIC S7-1200 PLC、S7-1500PLC、S7-300/400 PLC 和 WinAC（软件控制器）系列的工程组态软件。

博途 STEP7 有基本版和专业版两种版本：①博途 STEP7 基本版用于 S7-1200 PLC；②博途 STEP7 专业版用于 S7-1200 PLC、S7-1500PLC、S7-300/400 PLC 和 WinAC。

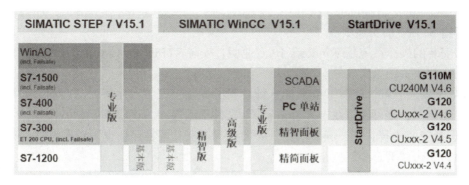

图1-29　博途软件各产品所具有的功能和覆盖产品范围

2. 博途 WinCC 的介绍

博途 WinCC 是组态 SIMATIC 面板、WinCCRuntime 和 SCADA 系统的可视化软件，它还可以组态 SIMATIC 工业 PC（个人计算机）和标准 PC。

博途 WinCC 有以下 4 种版本。

1）博途 WinCC 基本版：用于组态精简面板，博途 WinCC 基本版已经被包含在每款博途 STEP7 基本版和专业版产品中。

2）博途 WinCC 精智版：用于组态所有面板，包括精简面板、精智面板和移动面板。

3）博途 WinCC 高级版：用于组态所有面板，运行 WinCC Runtime 高级版的 PC。

4）博途 WinCC 专业版：用于组态所有面板，运行 WinCC Runtime 高级版和专业版的 PC。

（二）博途 STEP7 软件的安装

1. 计算机硬件和操作系统的配置要求

安装博途 STEP7 对计算机硬件和操作系统有一定的要求，其建议使用的硬件和操作系统配置如下：

（1）硬件配置

处理器：Intel Core i5-6440EQ（最高 3.4 GHz）。

内存：8 GB 或更高。

硬盘：SSD，至少 50 GB 的可用空间。

网络：100 Mbit/s 或更高。

屏幕：15.6" 全高清显示屏（1920×1080 或更高）。

（2）操作系统

1）Windows 10（64 位）。

- Windows 10 Professional Version 1703。
- Windows 10 Enterprise Version 1703。
- Windows 10 Enterprise 2016 LTSB。
- Windows 10 IoT Enterprise 2015 LTSB。

- Windows 10 IoT Enterprise 2016 LTSB。

2）Windows Server（64 位）。

- Windows Server 2012 R2 StDE(完全安装)。 - Windows Server 2016 Standard(完全安装)。

3）Windows 7（64 位）。

- MS Windows 7 Professional SP1。   - MS Windows 7 Enterprise SP1。
- MS Windows 7 Ultimate SP1。

2. 博途 STEP7 的安装步骤

本书安装的操作系统是 Windows 10 专业版，安装 STEP7 Professional V15.1 软件，安装软件之前，建议关闭杀毒软件。

1）启动安装软件。将安装介质插入计算机的光驱，安装程序将自动启动，如果安装程序没有自动启动，则可通过双击"Start.exe"文件手动启动。

2）选择安装语言。在"安装语言"界面选择"安装语言：中文"单选按钮，如图 1-30 所示，然后单击"下一步"按钮。

3）选择程序界面语言。在"产品语言"界面中选择"中文"复选框，如图 1-31 所示。

4）选择要安装的产品。单击图 1-31 中的"下一步"按钮，进入图 1-32 所示界面，在该界面选择安装的产品配置（可以选择的配置有"最小"、"典型"和"用户自定义"）以及安装路径。本书选择"典型"配置安装。

5）许可证条款对话框。单击图 1-32 中的"下一步"按钮，进入图 1-33 所示界面，在"许可证条款"下方方框里的各项条款前单击选择接受。

图 1-30 "安装语言"界面

图 1-31 "产品语言"界面

6）安装信息概览。单击图 1-33 中的"下一步"按钮，进入"概览"界面，如图 1-34 所示。

7）安装启动。单击图 1-34 中的"安装"按钮，进入图 1-35 所示界面，然后单击"安装"按钮，开始安装。

8）许可证传送。当安装完成之后，会出现许可证传送界面，如图 1-36 所示，在该界面中需要对软件进行许可证密钥授权。如果没有软件的许可证，则单击"跳过许可证传送"按钮。

项目一　认识S7-1200 PLC

图1-32　选择安装的产品配置

图1-33　许可证条款

图1-34　"概览"界面

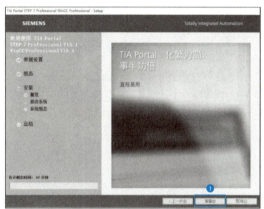

图1-35　"安装"界面

9）安装成功。在跳过许可证传送之后，直到安装成功，将出现图1-37所示界面，单击"重新启动"按钮即可。

图1-36　"许可证传送"界面

图1-37　"安装成功"界面

10）启动软件。如果没有软件的许可证，首次使用博途STEP7软件时，在添加新设备时将会出现图 1-38 所示对话框，此时选中列表框中的"SETP 7 Professional"选项，然后单击"激活"按钮，激活试用许可证后，可以获得 21 天试用期。

也可以用 Automation License Manager 软件传递授权，该软件界面如图 1-39 所示，通过授权后，软件可正常使用。

图 1-38　激活试用许可证密钥

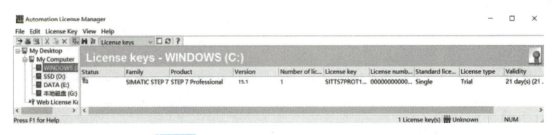

图 1-39　Automation License Manager 软件界面

（三）博途 STEP7 软件的操作界面介绍

博途软件提供了两种优化的视图，即 Portal（门户）视图和项目视图。Portal 视图是面向任务的视图，项目视图是项目各组件、相关工作区和编辑器的视图。

1. Portal 视图

Portal 视图是一种面向任务的视图，初次使用者可以快速上手，并进行具体的任务选择。Portal 视图界面如图 1-40 所示，其功能说明如下。

① 任务选项：为各个任务区提供基本功能，Portal 视图提供的任务选项取决于所安装的产品。

② 所选任务选项对应的操作：选择任务选项后，在该区域可以选择相对应的操作。例如，选择"启动"选项后，可以进行"打开所有项目""创建新项目""移植项目"等操作。

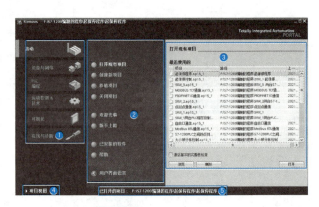

图 1-40　Portal 视图界面

③ 所选操作的选择面板：面板的内容与所选择的操作相匹配，如"打开现有项目"面板显示的是最近使用的项目，可以从中打开任意一个项目。

④ "项目视图"链接：可以使用"项目视图"链接切换到项目视图。

⑤ 当前打开视图的路径：可查看当前打开视图的路径。

2. 项目视图

项目视图是有项目组件的结构化视图，使用者在项目视图中直接访问所有编辑器、参数及数据，并进行高效的组态和编程。项目视图界面如图 1-41 所示，其功能说明如下。

① 标题栏：显示当前打开项目的名称。

② 菜单栏：软件使用的所有命令。

项目一　认识S7-1200 PLC　　33

图 1-41　项目视图界面

③工具栏：包括常用命令或工具的快捷按钮，如新建、打开项目、保存项目和编译等。

④项目树：通过项目树可以访问所有设备和项目数据，也可以在项目树中执行任务，如添加新组件、编辑已存在的组件、打开编辑器和处理项目数据等。

项目中的各组成部分在项目树中采用树型结构显示，分为4个层次：项目、设备、文件夹和对象。项目树的使用方式与Windows的资源管理器相似。作为每个编辑器的子元件，用文件夹以结构化的方式保存对象。

单击项目树右上角的"折叠"图标◀，项目树和下面标有⑤的详细视图消失，同时最左边的垂直条的上端出现"展开"图标▶。单击它将打开项目树和详细视图。可以用类似的方法隐藏和显示右边标有⑩的任务栏。

将鼠标的光标放到相邻的两个窗口的垂直分界线上，出现带双向箭头的光标↔时，按住鼠标的左键移动鼠标，可以移动分界线，以调节分界线两边的窗口大小。可以用同样的方法调节水平分界线。

单击项目树标题栏上的"自动折叠"图标，该图标变为图标（永久展开）。此时单击项目树之外的任何区域，项目树自动折叠（消失）。单击最左边的垂直条上端的"展开"图标▶，项目树随即打开，此时单击项目树标题栏上的图标，该图标变为图标，自动折叠功能被取消。

可以用类似的操作，启动或关闭任务栏或巡视窗口的自动折叠功能。

⑤详细视图：用于显示项目树中已选择的内容。单击详细视图左上角的▼图标或"详细视图"标题，详细视图被关闭，只剩下紧靠"Portal视图"的标题，标题左边的图标变为▶。单击该图标或"详细视图"标题，重新显示详细视图。单击标有⑦的巡视窗口右上角的"折叠"图标▼或"展开"图标▲，可以隐藏或显示巡视窗口。

⑥工作区：在工作区中可以打开不同的编辑器，并对项目树数据进行处理，但是一般只能在工作区显示一个当前打开的编辑器。在最下面标有⑩的编辑器栏中显示被打开的编

辑器。单击它们可以切换工作区显示的编辑器。

单击工具栏上的"垂直拆分编辑器空间"图标▯或"水平拆分编辑器空间"图标▯，可以垂直或水平拆分工作区，同时显示两个编辑器。

在工作区同时打开程序编辑器和设备视图，将设备视图放大到200%或更大，可以将模块上的I/O点拖拽到程序编辑器中指令的地址域，这样不仅能快速设置指令的地址，还能在PLC变量表中创建相应的条目。也可以用上述方法将模块上的I/O点拖拽到PLC变量表中。

单击工作区右上角的"最大化"图标▯，将关闭其他所有的窗口，工作区被最大化。单击工作区右上角的"浮动"图标▯，工作区浮动，用鼠标左键按住浮动的工作区的标题栏并移动鼠标，可以将工作区拖到画面上希望的位置。松开左键，工作区被放在当前所在的位置，这个操作被称为"拖拽"。可以将浮动的窗口拖拽到任意位置。

工作区被最大化或浮动后，单击工作区右上角的"嵌入"图标▯，工作区将恢复原状。图1-41的工作区显示的是硬件与网络编辑器的"设备视图"选项卡，可以组态硬件。选中"网络视图"选项卡，将打开网络视图，可以组态网络。

可以将硬件列表中需要的设备或模块拖拽到工作区的设备视图和网络视图。

⑦巡视窗口：用于显示工作区中已选择对象或执行操作的附加信息。"属性"选项卡用于显示已选择的属性，并可对属性进行设置；"信息"选项卡用于显示所选对象和操作的详细信息，以及编译后的报警信息；"诊断"选项卡显示系统诊断事件和组态的报警事件。

⑧"Portal视图"链接：单击左下角的"Portal视图"链接，可以从当前视图切换到Portal视图。

⑨编辑器栏：显示所有打开的编辑器，帮助用户更快速和高效地工作。要在打开的编辑器之间进行切换，只需单击不同的编辑器即可。

⑩任务卡：根据已编辑或已选择的对象，在编辑器中可以得到一些任务卡并允许执行一些附加操作。例如，从库中或硬件目录中选择对象，将对象拖拽到预定的工作区。

可以单击最右边的竖条上的按钮来切换任务卡显示的内容。图1-41中的任务卡显示的是硬件目录，任务卡下面的"信息"窗格中是在"目录"窗格选中的硬件对象的图形和对它的简要描述。

单击任务卡窗格上的"更改窗格模式"图标▯，可以在同时打开几个窗格和同时只打开一个窗格之间切换。

⑪状态栏：显示当前运行过程中的进度。

（四）博途STEP7软件的使用

这里仅介绍如何使用博途STEP7软件进行硬件设备的组态。

1. 新建项目

打开博途软件，双击桌面上图标，将打开Portal视图，如图1-40所示。在Portal视图中，单击"创建新项目"选项，并在"项目名称"文本框中输入项目名称"设备组态"，选择相应路径，在"作者"文本框输入作者信息，如图1-42所示，然后单击"创建"按钮即可生成新项目，并跳转到"新手上路"界面，如图1-43所示。

在项目视图中创建新项目，只需在菜单栏选择"项目"→"新建"命令，随即弹出"创建新项目"对话框,之后创建过程与 Portal 视图中创建新项目相同。

2. 添加新设备

在图 1-43 界面中,单击右侧窗口的"组态设备"或左侧窗口的"设备与网络"选项,在弹出窗口的项目树中单击"添加新设备",弹出"添加新设备"对话框,在此对话框单击"控制器"按钮,在"设备名称"对应的输入框中输入用户定义的设备名称,也可使用系统指定名称"PLC_1"。在中间的目录树中,依次单击"SIMATIC S7-1200"→"CPU"→"CPU 1214C AC/DC/Rly"各项目前的下拉按钮▶,或依次双击项目名

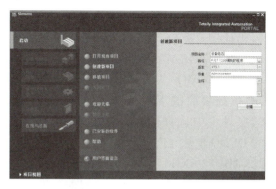

图 1-42 "创建新项目"界面

"SIMATIC S7-1200"→"CPU"→"CPU 1214C AC/DC/Rly",在打开的"CPU 1214C AC/DC/Rly"文件夹里选择与硬件相对应订货号(在此选择订货号为 6ES7 214-1BG40-0XB0)的 CPU,在目录树的右侧将显示选中设备的产品介绍及性能,如图 1-44 所示,单击窗口右下角的"添加"按钮或双击已选择 CPU 的订货号,即可添加一台 S7-1200 PLC 设备。此时在项目树、设备组态的设备视图和网络视图中均可看到已添加的设备。

如无特殊说明,本书各任务及应用举例选配的 S7-1200 PLC 均为 CPU1214C AC/DC/Rly 型(订货号为 6ES7 214-1BG40-0XB0),型号中"AC"表示 CPU 的驱动电源为交流电源,"DC"表示直流输入,"Rly"表示继电器输出。

3. 硬件组态

1)设备组态的任务。设备组态(Configuring,配置/设置,在西门子自动化设备被译为"组态")的任务就是在设备和网络编辑器中生成一个与实际的硬件系统对应的虚拟系统,模块的安装位置和设备之间的通信连接,都应与实际的硬件系统完全相同。在自动化系统启动时,CPU 将比对两系统,如果两系统不一致,将会采取相应的措施。

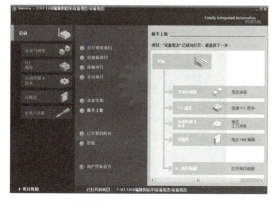

图 1-43 "新手上路"界面

图 1-44 "添加新设备"对话框

此外还应设置模块的参数,即给参数赋值,或称参数化。

2)在设备视图中添加模块。打开项目树中的"PLC_1"文件夹,双击其中的"设备组态",打开设备视图,可以看到 1 号槽中的 CPU 模块,如图 1-45 所示。

在硬件组态时，需要将 I/O 模块或通信模块设置在工作区的机架插槽内，有两种设置硬件对象的方法。

① 用"拖放"的方法设置硬件对象。在图 1-46 所示硬件目录下，依次单击"DI/DQ"→"DI8/DQ8×24V DC"选项前的下拉按钮▶，在打开的文件夹中选择输入/输出均为 8 点的 DI/DQ 模块（这里选订货号为 6ES7 223-1BH32-0XB0），其背景变为深色。此时，所有可以插入该模块的插槽四周出现深蓝色的方框，只能将该模块

图 1-45　设备组态的设备视图

插入这些插槽。用鼠标左键按住该模块不放，移动鼠标，将选中的模块拖到机架中 CPU 右边的 2 号槽，该模块浅色的图标和订货号随着光标一起移动。移动到允许放置该模块的工作区时，光标的形状变为 （允许放置），反之，光标的形状为 （禁止放置）。此时松开鼠标左键，被拖动的模块被放置到工作区；使用同样的方法，在硬件目录下，依次将"通信模块"→"点到点"文件夹下的通信模块"CM1241（RS422/485）"拖动到 CPU 左侧的第 101 号槽（通信模块只允许安装在 CPU 左侧的 101～103 号槽），如图 1-47 所示。

用上述方法将 CPU、HMI 或驱动器等设备拖放到网络视图，可以生成新的设备。

② 用双击的方法放置硬件对象。放置模块还有一个简便的方法，首先用鼠标左键单击机架中需要放置模块的插槽，使它的四周出现深蓝色的边框，用鼠标左键双击目录中要放置的模块，该模块便出现在选中的插槽中。

可以将信号模块插入已经组态的两个模块中间（只能用拖放的方法放置）。插入点右边的模块将向右移动一个插槽的位置，新的模块被插入到空出来的插槽上。

图 1-46　"添加模块"对话框

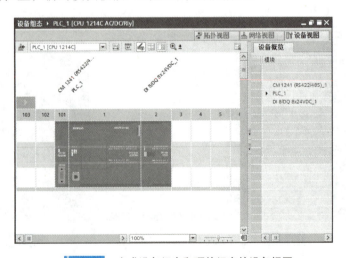

图 1-47　完成设备组态和硬件组态的设备视图

3）删除硬件组件。可以删除设备视图或网络视图中的硬件组件，被删除的组件的地址可供其他组件使用。若删除 CPU，则在项目树中整个 PLC 站都被删除了。

项目一　认识S7-1200 PLC

删除硬件组件后，可能在项目中产生矛盾，即违反插槽规则。选中项目树中的"PLC_1"，单击工具栏上的"编译"图标，对硬件组态进行编译。编译时进行一致性检查，如果有错误将会显示错误信息，应改正错误后重新进行编译。

4）更改设备型号。用鼠标右键单击项目树或设备视图中要更改型号的CPU，在弹出的快捷菜单中单击"更改设备"命令，便打开更改设备对话框，选中该对话框"新设备"列表中用来替换的设备型号及订货号，单击"确定"按钮，设备型号被更改。其他模块也可以使用这种方法更改型号。

5）打开已有项目。用鼠标双击桌面上的图标，在Portal视图的右窗口中选择"最近使用的"列表中项目，或单击"浏览"按钮，在打开的对话框中找到某个项目的文件夹，双击其中标有的文件，打开该项目。或打开软件后，在项目视图中，单击工具栏上的"打开项目"图标或执行"项目"→"打开"菜单命令，双击打开的对话框中列出的最近打开的某个项目，打开该项目。或单击"浏览"按钮，在打开的对话框中找到某个项目的文件夹并打开。

4. 设备组态编译

设备组态及相关硬件组态完成后，单击图1-45工具栏上的"编译"图标，对项目进行编译。如果硬件组态有错误，编译后在设备视图下方巡视窗口中将会出现错误的具体信息，必须改正组态中所有的错误信息才能下载。

5. 项目下载

CPU通过以太网与运行博途软件的计算机通信。计算机直接连接单台CPU时，可以使用标准的以太网电缆，也可以使用交叉以太网电缆，一对一连接时不需要交换机，两台以上的设备通信时则需要交换机。下载前需要对CPU和计算机进行正确的通信设置，否则，将不能下载和上传。

（1）CPU的IP地址设置　在图1-45中双击项目树栏"PLC_1"文件夹下的"设备组态"，打开该PLC的设备视图。选中CPU后再单击巡视窗口的"属性"选项，在"常规"选项卡中选中"PROFINET接口"下的"以太网地址"，可以采用右边窗口默认的IP地址和子网掩码，如图1-48所示，设置的地址在下载后才起作用。

图1-48　设置CPU集成的以太网接口的IP地址

子网掩码的值通常为255.255.255.0，CPU与编程设备的IP地址中的子网掩码应完全相同。同一个子网中各设备的子网内的地址不能重叠。如果在同一个子网中有多个CPU，除了一台CPU可以保留出厂时默认的IP地址外，必须将其他CPU默认的IP地址更改为网络中唯一的IP地址，以免与其他网络用户冲突。

（2）计算机网卡的IP地址设置　用以太网电缆连接计算机和CPU，并接通PLC

电源。如果是 Windows 10 操作系统,依次单击计算机屏幕左下角"开始"图标 → "Windows 系统"→ "控制面板",打开控制面板,单击"查看网络状态和任务",再单击"更改适配器设置",选择与 CPU 连接的网卡(以太网),单击右键,在弹出的下拉列表中选择"属性",打开"以太网属性"对话框,如图 1-49a 所示。在该对话框中,选中"此连接使用下列项目"列表框中的"Internet 协议版本 4(TCP/IPv4)",单击"属性"按钮,打开"Internet 协议版本 4(TCP/IPv4)属性"对话框,单击单选框选中"使用下面的 IP 地址",输入 PLC 以太网端口默认的子网地址"192.168.0.10",如图 1-49b 所示,IP 地址的第 4 个字节是子网内设备的地址,可以在 0～255 范围内取某个值,但是不能与网络中其他设备的 IP 地址重叠。单击"子网掩码"输入框,自动出现默认的子网掩码"255.255.255.0"。一般不用设置网关的 IP 地址。设置结束后,单击各级对话框中的"确定"按钮,最后关闭"网络连接"对话框。

如果是 Windows 7 操作系统,依次单击计算机屏幕左下角"开始"图标 → "控制面板",打开控制面板,单击"查看网络状态和任务",再单击"更改适配器设置",选择与 CPU 连接的网卡(本地连接),单击右键,在弹出的下拉列表中单击"属性",打开与图 1-49a 基本相同的"本地连接属性"对话框。后续的操作与 Windows 10 操作系统的相同。

a)"以太网属性"对话框　　　b)"Internet 协议版本4(TCP/IPv4)属性"对话框

图 1-49　设置计算机网卡的 IP 地址

使用宽带上的互联网时,一般只需要选择图 1-49b 中的"自动获得 IP 地址"即可。

(3)项目下载　完成 IP 地址设置后,在项目树栏选中"PLC_1",单击工具栏上的"下载到设备"图标 (或执行菜单命令"在线"→"下载到设备"),打开"扩展下载到设备"对话框,如图 1-50 所示。在该对话框中,设置 PG/PC 接口的类型为"PN/IE";设置 PG/PC 接口为"以太网网卡名称";设置选择目标设备为"显示所有兼容的设备",单击"开始搜索"按钮,经过一段时间后,在下面的"目标子网中的兼容设备"列表中,出现 S7-1200 CPU 和它的以太网地址。计算机与 PLC 之间的连线由断开变为接通。CPU 所在方框的背景色变为实心的橙色，表示 CPU 进入在线状态，此时"下载到设备"按钮由灰色变为黑色，即有效状态。

如果网络上有多个 CPU，为了确认设备列表中 CPU 对应的硬件，在图 1-50 中选择列表中需要下载的某个 CPU，勾选左边 CPU 下面的"闪烁 LED"复选框，对应的硬件 CPU 上的 LED 指示灯将会闪烁，取消勾选"闪烁 LED"复选框，LED 运行状态指示灯停止闪烁。

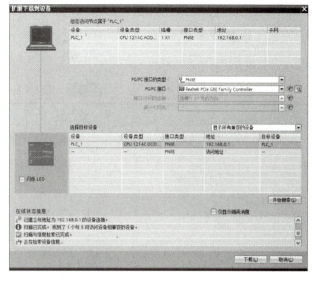

图 1-50　"扩展下载到设备"对话框

选择列表中对应的硬件，"扩展下载到设备"对话框中"下载"按钮由灰色变为黑色，单击该按钮，打开"下载预览"对话框（此时"装载"按钮是灰色的），如图 1-51 所示。将"停止模块"设置为"全部停止"后，单击"装载"按钮，开始下载。

下载结束后，弹出"下载结果"对话框，如图 1-52 所示，选择"启动模块"选择框，单击"完成"按钮，CPU 切换到 RUN 模式，RUN/STOP LED 指示灯变为绿色。

如果在下载完成时没有选择"启动模块"，可以单击工具栏上的"启动 CPU"图标 ，也可以将 PLC 切换到 RUN 模式。

打开以太网接口上面的盖板，通信正常时 Link LED（绿色）亮，Rx/Tx LED（橙色）周期性闪烁。

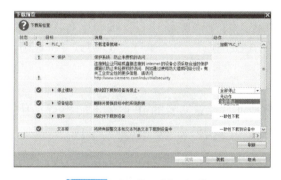

图 1-51　"下载预览"对话框

图 1-52　"下载结果"对话框

三、任务实施

（一）任务目标

1）了解博途 STEP7 软件安装的方法。

2）会使用博途 STEP7 软件组态硬件设备。

3）掌握博途 STEP7 软件组态硬件设备的方法。

（二）设备与器材

本任务实施所需设备与器材见表 1-7。

表 1-7　所需设备与器材

序号	名称	符号	型号规格	数量	备注
1	计算机（安装博途编程软件）			1 台	表中所列设备、器材的型号规格仅供参考
2	西门子 S7-1200 PLC	CPU	CPU1214C AC/DC/Rly，订货号：6ES7214-1BG40-0XB0	1 台	
3	串口通信模块	CM	CM 1241（RS422/485），订货号：6ES7241-1CH-0XB0	1 块	
4	数字量信号模块	SM 1223	DI 8/DQ8×DC 24V，订货号：6ES7223-1BH32-0XB0	1 块	
5	模拟量信号模块	SM 1232	AQ2×14bit，订货号：6ES7232-4HB32-0XB0	1 块	
6	以太网通信电缆			1 根	

（三）内容与步骤

1. 任务要求

使用博途 STEP7 软件进行硬件组态：S7-1200 PLC 1 台（型号为 CPU 1214C AC/DC/Rly，订货号为 6ES7214-1BG40-0XB0）；串口通信模块 1 块 [型号为 CM 1241（RS422/485），订货号为 6ES7241-1CH-0XB0]；数字量信号模块 1 块（型号为 SM 1223 DI8/DQ8×DC 24V，订货号为 6ES7223-1BH32-0XB0）；模拟量信号模块 1 块（模块型号为 SM 1232 AQ2×14bit，订货号为 6ES7232-4HB32-0XB0）。

2. 设备组态

按照上述介绍的方法，打开博途 STEP7 软件，首先创建新项目，项目名称为"设备组态"，然后进入设备视图，依次组态 CPU、DI/DQ 模块（2 号槽）、AQ 模块（3 号槽）、CM1241 模块（101 号槽），完成组态，进行编译。

3. 设置以太网 IP 地址

按照上述方法分别设置 CPU 和计算机的 IP 地址，注意两者的 IP 地址不能相同，但一定要在一个波段内。CPU 与计算机的子网掩码均为"255.255.255.0"。

4. 编译与下载

在项目视图中，选中已组态的所有硬件设备，单击工具栏上的"编译"图标进行设备组态编译，编译完成后，单击工具栏上的"下载到设备"图标（或执行菜单命令"在线"→"下载到设备"）执行下载，弹出"下载结果"对话框，单击该对话框中的"完成"按钮，下载完成。

四、任务考核

任务考核见表 1-8。

项目一 认识S7-1200 PLC

表1-8 任务实施考核表

序号	考核内容	考核要求	评分标准	配分	得分
1	设备组态	（1）打开博途STEP7软件，创建新项目 （2）能按要求组态CPU （3）能正确组态数字量信号模块、模拟量输出模块、串口通信模块等硬件设备	（1）没有按要求打开博途STEP7软件，不会创建新项目，扣10分 （2）组态的CPU型号或订货号与要求不符，扣10分 （3）数字量信号模块、模拟量输出模块、串口通信模块的型号或订货号与要求不符，每项扣2～5分 （4）信号模块或通信模块与CPU连接的位置不正确，每处扣2～5分	50分	
2	以太网地址设置	（1）能正确设置CPU以太网地址 （2）能正确设置计算机的以太网地址	（1）不会设置CPU以太网地址或设置有错误，扣5～12分 （2）不会设置计算机以太网地址或设置有错误，扣5～13分	20分	
3	编译与下载	（1）能正确地进行设备组态的编译操作 （2）能通过编程软件将设备组态下载至CPU	（1）没有按要求进行编译，扣5分 （2）不能有效下载，扣5～10分	10分	
4	安全操作	确保人身和设备安全	违反安全文明操作规程，扣10～20分	20分	
5			合计		

五、任务总结

本任务主要学习博途STEP7软件的安装，学习如何使用软件创建新项目、组态CPU及相关的硬件设备，然后进行组态的编译和下载。在此基础上应学会硬件设备组态的任务操作，从而达到初步会使用编程软件的目标。

梳理与总结

本项目通过S7-1200 PLC安装与接线、博途STEP7软件的安装与硬件组态两个任务的组织与实施，来学习S7-1200 PLC硬件结构、安装接线及博途STEP7编程软件的初步使用，为进一步学习S7-1200 PLC打下基础。

1）PLC的硬件主要由CPU、存储器、输入/输出（I/O）接口电路、电源、外部设备接口等部分组成。软件由系统程序和用户程序组成。

2）PLC的工作方式采用不断循环顺序扫描的工作方式，每一次扫描所用的时间称为扫描周期。其工作过程分为输入采样阶段、程序执行阶段、输出刷新阶段。

3）PLC的常用的5种语言为梯形图（LAD）、指令表（IL）、顺序功能图（SFC）、功能块图（FBD）及结构化文本（ST）。

S7-1200 PLC使用的编程语言有梯形图、功能块图和结构化控制语言三种。

4）博途STEP7编程软件功能非常强大，是学习者学习S7-1200 PLC很重要的工具，是技术人员编程与PLC之间上传下载的纽带和桥梁，支持在线和仿真运行。

复习与提高

一、填空题

1. 按结构形式，PLC可分为_____、_____、_____。按I/O点数，PLC可分为_____、_____、_____。

2. PLC的存储器按用途可以分为_____和_____，通常把存放应用软件的存储器称为_____存储器。

3. 继电–接触器控制电路工作时，属于_____的工作方式；PLC执行梯形图时，采用_____的工作方式。

4. PLC的硬件主要由_____、_____、_____、_____、_____五个部分组成。

5. S7-1200 PLC目前有_____、_____、_____、_____和_____5种不同型号的CPU模块。

6. S7-1200 CPU家族中，有四种型号的CPU，根据其电源电压、输入电压和输出电压的不同类型，又分为_____、_____及_____三种。

7. S7-1200 CPU的信号模块包括_____模块、_____模块、_____模块、_____模块、_____模块和_____模块，它们简称为_____。

8. S7-1200 CPU必须扩展通信模块或通信板才能进行串行通信。S7-1200 PLC最多可以扩展_____个通信模块和_____个通信板，如CM 1241 RS232、CM 1241 RS485、CB 1241 RS485，它们安装在CPU模块的_____和CPU模块的_____。

9. S7-1200 PLC的输出接口电路有_____和_____两种类型。

10. PLC采用的是不间断的_____工作方式，每个工作周期包括_____、_____、和_____三个阶段。

11. CPU 1214C最多可以扩展_____个信号模块、_____个通信模块，信号模块安装在CPU_____侧。通信模块安装在CPU_____侧。

12. CPU 1214C本机上集成有_____点数字量输入、_____点数字量输出、_____路模拟量输入。

13. PLC常用的编程语言有_____、_____、_____、_____、_____。S7-1200 PLC的编程语言有_____、_____和_____三种。

14. 使用博途软件进行设备组态的主要步骤：第一步_____，第二步_____，第三步_____，第四步_____，第五步_____，第六步_____。

15. CPU1214C AC/DC/Rly中，"AC"表示_____，"DC"表示_____，"Rly"表示_____。

16. 梯形图由_____、_____和_____的指令框组成。

17. PLC在执行梯形图程序时，其梯形图的逻辑运算是按_____、_____的顺序进行的。

二、判断题

1. PLC是一种数据运算控制的电子系统，专为在工业环境下应用而设计。它是用可编程序的存储器，通过执行程序，完成简单的逻辑功能。（　　）

2. PLC采用了典型的计算机结构，主要由CPU、RAM、ROM和专门设计的输入/输出

接口电路等组成。   (   )
　　3. PLC 是以"串行"方式进行工作的。   (   )
　　4. PLC 的可靠性高，抗干扰能力强，通用性好，适应性强。 (   )
　　5. PLC 主要由输入部分、输出部分和控制器三部分组成。   (   )
　　6. S7-1200 CPU 1214CAC/DC/Rly 的 PLC 是继电器输出型。 (   )
　　7. S7-1200 CPU 数字量输入接口电路，根据输入信号的不同可以采用直流输入，也可以采用交流输入。   (   )
　　8. S7-1200 CPU 1214C AC/DC/Rly 的 PLC 既可以驱动交流负载，又可以驱动直流负载。   (   )

三、单项选择题

1. 世界上第一台 PLC 诞生于（   ）年。
　A. 1971　　　　　B. 1969　　　　　C. 1973　　　　　D. 1974
2. CPU 1214CAC/DC/Rly 的输入端口点数与输出方式是（   ）。
　A. 14 点，继电器输出　　　　　　B. 10 点，继电器输出
　C. 14 点，场效应管输出　　　　　D. 10 点，场效应管输出
3. S7-1200 PLC CPU 的 "IM" 端口为（   ）。
　A. 输入端口公共端　　　　　　　B. 输出端口公共端
　C. 空端子　　　　　　　　　　　D. 内置电源 0V 端
4. S7-1200 PLC 是（   ）公司研制开发的产品。
　A. 施耐德　　　　B. 欧姆龙　　　　C. 西门子　　　　D. 三菱
5. 对于 CPU 1214C DC/DC/DC PLC，进行硬件接线时，其输出地址的公共端应接在（   ）。
　A. 电源相线　　　B. 电源负极　　　C. 电源中性线　　D. 电源正极
6. 下列编程语言不能用于 S7-1200 编程的是（   ）。
　A. LAD　　　　　B. FBD　　　　　C. ST　　　　　　D. SCL
7. 最先提出关于可编程序控制器十项设计标准的是（   ）。
　A. 三菱公司　　　B. 施耐德公司　　C. 西门子公司　　D. GM 公司
8. 下列不属于 S7-1200 PLC 图形编程语言的是（   ）。
　A. LAD　　　　　B. FBD　　　　　C. SCL　　　　　D. SFC

四、简答题

1. 按结构形式，PLC 可分为哪几种？各有何特点？
2. PLC 主要由哪几部分组成？各部分有何作用？
3. 简述 PLC 的工作过程。
4. CPU 1214C AC/DC/Rly 型 PLC，最多可接多少个输入信号、多少个负载？它适用于控制交流还是直流负载？
5. 简述 CPU 1214C DC/DC/DC 型 PLC：本机上集成的数字量输入/输出点数，模拟量输入路数，最多可以扩展多少块通信模块、多少块信号模块、该型号中"DC/DC/DC"表示的意义。

项目二

S7-1200 PLC 基本指令的编程及应用

教学目标	知识目标	1. 掌握编程元件 I、Q、M 的功能及使用方法 2. 掌握常开/常闭触点、线圈输出指令及置位输出指令、复位输出指令等位逻辑指令的编程及应用 3. 掌握定时器指令、计数器指令的编程及应用 4. 掌握移动值指令、循环移位指令的编程及应用 5. 掌握比较值指令的编程及应用 6. 掌握跳转指令与跳转标签的编程及应用
	能力目标	1. 能正确安装 CPU 模块、数字量信号模块 2. 能合理分配 I/O 地址,绘制 I/O 接线图,并完成输入/输出的接线 3. 会使用博途编程软件组态硬件设备,应用位逻辑指令、基本指令编制梯形图并下载到 CPU 4. 能进行程序的仿真和在线调试
	素质目标	1. 通过基本指令的学习及编程应用,培养脚踏实地、勤于思考的学习精神 2. 在任务实施过程中,逐步培养遵守安全规范、爱岗敬业、团结协作的职业素养
教学重点		常开/常闭触点、线圈输出指令、置位输出指令、复位输出指令、接通延时定时器指令、加计数指令、移动值指令、循环移位指令、比较值指令、跳转指令与跳转标签的编程
教学难点		边沿检测指令、跳转指令与跳转标签、保持型接通延时定时器的编程
参考学时		24~36 学时

任务一 三相异步电动机起停的 PLC 控制

一、任务导入

在"电机与电气控制"课程中我们已经学习了三相异步电动机起停控制,其主要是通过按钮、热继电器、交流接触器等低压电器用导线连成的电路实现的。本任务我们将利用 PLC 实现对电动机的起停控制。

当采用 PLC 控制三相异步电动机起停时,必须将按钮的控制信号送到 PLC 的输入端,经过程序运算,再将 PLC 的输出去驱动接触器 KM 线圈得电,电动机才能运行。那么,如何将输入、输出器件与 PLC 连接,并编写 PLC 控制程序?这就需要用到 PLC 内部的编程元件输入继电器 I、输出继电器 Q 以及相关的位逻辑指令。

二、知识链接

（一）S7-1200 PLC 的存储器及寻址

1. 存储器

S7-1200 PLC 提供了用于存储用户程序、数据和组态的存储器，如装载存储器、工作存储器及系统存储器，各种存储器见表 2-1。

表 2-1　S7-1200 PLC 的存储区

装载存储器	动态装载存储器 RAM
	可保持装载存储器 EEPROM
工作存储器 RAM	用户程序，如逻辑块、数据块
系统存储器 RAM	过程映像 I/O
	位存储器（M）
	临时存储器（L）
	数据块（DB）

（1）装载存储器　装载存储器用于非易失性地存储用户程序、数据和组态。项目被下载到 CPU 后，首先存储在装载存储器中。每个 CPU 都具有内部装载存储器。该内部装载存储器的大小取决于所使用的 CPU。该内部装载存储器可以用外部存储卡替代。如果未插入存储卡，CPU 将使用内部装载存储器；如果插入了存储卡，CPU 将使用该存储卡作为装载存储器。但是，可使用的外部装载存储器的大小不能超过内部装载存储器的大小，即便插入的存储卡有更多空闲空间。该非易失性存储区能够在断电后继续保存。

（2）工作存储器　工作存储器是易失性存储器，用于在执行用户程序时存储用户项目的某些内容。CPU 会将一些项目内容从装载存储器复制到工作存储器中。该易失性存储区将在断电后丢失，而在恢复供电时由 CPU 恢复。

（3）系统存储器　系统存储器是 CPU 为用户程序提供的存储器组件，被划分为若干个地址区域，见表 2-2。使用指令在相应的地址区内对数据直接进行寻址。系统存储器用于存放用户程序的数据操作，例如过程映像输入/输出、位存储器、临时存储器、数据块等。

表 2-2　系统存储器的存储区

存储区名称	描述	强制	保持
过程映像输入（I）	在扫描周期开始时从物理输入复制	无	无
物理输入（I_:P）	立即读取 CPU、SB 和 SM 上的物理输入点	有	无
过程映像输出（Q）	在扫描周期开始时复制到物理输出	无	无
物理输出（Q_:P）	立即写入 CPU、SB 和 SM 上的物理输出点	有	无
位存储器（M）	用于存储用户程序的中间运算结果或标志位	无	支持（可选）
临时存储器（L）	存储块的临时数据，这些数据仅在该块的本地范围内有效	无	无
数据块（DB）	数据存储器，同时也是 FB 的参数存储器	无	是（可选）

1）过程映像输入。过程映像输入的标识符为 I，它是 PLC 接收外部输入信号的窗口。输入端口一般接输入信号的常开触点，也可以是多个常开触点的串并联组合。CPU 仅在每

个扫描周期的循环 OB 执行之前对外围（物理）输入点进行采样，并将这些值写入到过程映像输入。可以按位、字节、字或双字访问过程映像输入。允许对过程映像输入进行读写访问，但过程映像输入通常为只读。

通过在地址后面添加":P"，可以立即读取 CPU、SB 或 SM 的数字量和模拟量输入。使用"I_:P"访问与使用"I"访问的区别是，前者直接从被访问点而非过程映像输入获得数据。"I_:P"访问称为"立即读"访问，因为数据是直接从源而非副本获取的，这里的副本是指在上次更新过程映像输入时建立的副本。

因为物理输入点直接从与其连接的现场设备接收值，所以不允许对这些点进行写访问。即，与可读或可写的"I"访问不同的是，"I_:P"访问为只读访问。

"I_:P"访问也仅限于单个 CPU、SB 或 SM 所支持的输入大小（向上取整到最接近的字节）。例如，如果"2 DI/2 DQ SB"的输入被组态为从 I4.0 开始，则可按"I4.0:P"和"I4.1:P"的形式或者按"IB4:P"的形式访问输入点。不会拒绝"I4.2:P"～"I4.7:P"的访问形式，但没有任何意义，因为这些点未使用。但不允许"IW4:P"和"ID4:P"的访问形式，因为它们超出了与该 SB 相关的字节偏移量。

使用"I_:P"访问不会影响存储在过程映像输入中的相应值。

2）过程映像输出。过程映像输出标识符为 Q，每次循环周期开始时，CPU 将过程映像输出区的数据送给输出模块，再由后者驱动外部负载。

CPU 将存储在过程映像输出中的值复制到物理输出点。可以按位、字节、字或双字访问过程映像输出。过程映像输出允许读访问和写访问。

通过在地址后面添加":P"，可以立即写入 CPU、SB 或 SM 的物理数字量和模拟量输出。使用"Q_:P"访问与使用"Q"访问的区别是，前者除了将数据写入过程映像输出外，还直接将数据写入被访问点（写入两个位置）。"Q_:P"访问有时称为"立即写"访问，因为数据是被直接发送到目标点；而目标点不必等待过程映像输出的下一次更新。

因为物理输出点直接控制与其连接的现场设备，所以不允许对这些点进行读访问。即，与可读或可写的"Q"访问不同的是，"Q_:P"访问为只写访问。

"Q_:P"访问也仅限于单个 CPU、SB 或 SM 所支持的输出大小（向上取整到最接近的字节）。例如，如果"2 DI/2 DQ SB"的输出被组态为从 Q4.0 开始，则可按"Q4.0:P"和"Q4.1:P"的形式或者按"QB4:P"的形式访问输出点。不会拒绝"Q4.2:P"～"Q4.7:P"的访问形式，但没有任何意义，因为这些点未使用。但不允许"QW4:P"和"QD4:P"的访问形式，因为它们超出了与该 SB 相关的字节偏移量。

使用"Q_:P"访问既影响物理输出，也影响存储在过程映像输出中的相应值。

3）位存储器。位存储器的标识符为 M，它是针对控制继电器及数据的位存储区（M 存储器），用于存储操作的中间状态或其他控制信息。可以按位、字节、字或双字访问位存储区。M 存储器允许读访问和写访问。

4）临时存储器。临时存储器用于存储代码块被处理时使用的临时数据。CPU 根据需要分配临时存储器。启动代码块（对于 OB）或调用代码块（对于 FC 或 FB）时，CPU 将为代码块分配临时存储器并将存储单元初始化为 0。

临时存储器与 M 存储器类似，两者的主要区别是 M 存储器在"全局"范围内有效，而临时存储器在"局部"范围内有效。

5）数据块。数据块（Data Block）简称 DB，用于存储各种类型的数据，其中包括操作的中间状态或 FB 的其他控制信息参数，以及许多指令（如定时器和计数器）所需的数据结构。可以按位（例如 DB1.DBX3.5）、字节（DBB）、字（DBW）或双字（DBD）访问数据块存储器。在访问数据块中的数据时，应指明数据块的名称，如 DB1.DBW10。读/写数据块允许读访问和写访问。只读数据块只允许读访问。

数据块关闭后，或有关代码的执行开始或结束后，数据块中存放的数据不会丢失。有以下两种类型的数据块。

全局数据块：存储的数据可以被所有的代码块访问。

背景数据块：存储的数据供指定的功能块（FB）使用，其结构取决于 FB 的界面区的参数。

2. 寻址

西门子 S7-1200 CPU 可以按照位、字节、字和双字对存储单元进行寻址。

二进制数的 1 位（bit）只有 0 和 1 两种不同的取值，可用来表示开关量（或称数字量）的两种不同的状态，如触点的断开和接通、线圈的通电和断电等。如果该位为 1，则表示梯形图中对应的编程元件的线圈"通电"，其常开触点接通，常闭触点断开，反之相反。位数据的数据类型为 Bool（布尔）型。8 位二进制数组成 1 个字节（Byte，B），其中第 0 位为最低位（LSB），第 7 位为最高位（MSB）。两个字节组成 1 个字（Word，W），其中第 0 位为最低位，第 15 位为最高位。两个字组成 1 个双字（Double Word，DW），其中第 0 位为最低位，第 31 位为最高位。位、字节、字、双字构成如图 2-1 所示。

S7-1200 CPU 不同的存储单元都是以字节为单位，示意图如图 2-2 所示。

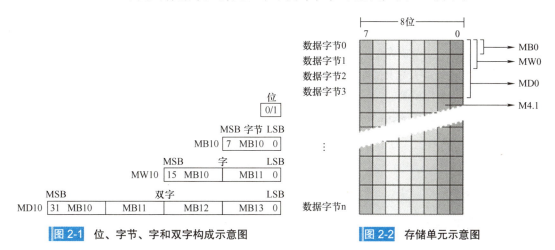

图 2-1 位、字节、字和双字构成示意图　　图 2-2 存储单元示意图

位存储单元的地址由字节地址和位地址组成，如 I1.3，其中区域标识符"I"表示输入（Input）映像区，字节地址为 1，位地址为 3，"."为字节地址与位地址之间的分隔符，这种存取方式称为"字节.位"寻址方式，如图 2-3 所示。

对字节、字和双字数据寻址时需要指明标识符、数据类型和存储区域内的首字节地址。例如字节 MB10 表示由 M10.7～M10.0 这 8 位（高位地址在前，低位地址在后）构成的一个字节，M 为存储器的标识符，B 表示字节，10 为字节地址，即寻址位存储区的第 11 个字节。相邻的两个字节构成一个字，如 MW10 表示由 MB10 和 MB11 组成，M 为位存储区域标识符，W 表示寻址长度为一个字（两个字节），10 为起始字节的地址。MD10 表示由

MB10～MB13 组成的双字，M 为位存储区域标识符，D 表示寻址长度为一个双字（两个字，4 个字节），10 表示寻址单位的起始字节地址。

图 2-3　位寻址举例

（二）过程映像输入（I）和过程映像输出（Q）

1. 过程映像输入（I）

过程映像输入是 S7-1200 CPU 为输入端信号设置的一个存储区，过程映像输入存储器的标识符为 I。每个扫描周期开始时，CPU 会对每个物理输入点进行集中采样，并将采样值写入过程映像输入存储区中，这一过程可以形象地将过程映像输入比作输入继电器，如图 2-4 所示。当外部按钮闭合时，输入继电器 I0.0 的线圈得电，即过程映像输入相对应位写入"1"，程序中对应的常开触点 I0.0 闭合，常闭触点 I0.0 断开；一旦按钮松开，则输入继电器 I0.0 的线圈失电，即过程映像输入相应位写入"0"，程序中对应的常开触点 I0.0 和常闭触点 I0.0 均复位。

需要说明的是，过程映像输入中的数值只能由外部信号驱动，不能由内部指令改写；过程映像输入有无数个常开常闭触点供编程时使用，且在编写程序时，只能出现过程映像输入的触点，不能出现其线圈。

过程映像输入是 PLC 接收外部输入的开关量信号的窗口，可以按位、字节、字或双字 4 种方式来存取。

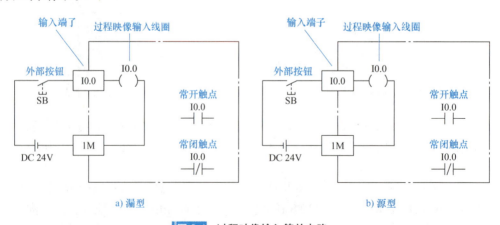

图 2-4　过程映像输入等效电路

2. 过程映像输出（Q）

过程映像输出是 S7-1200 CPU 为输出端信号设置的一个存储区，过程映像输出的标识符为 Q。在每个扫描周期结束时，CPU 会将过程映像输出中的数据传输给 PLC 的物理输出点，再由硬触点驱动外部负载，这一过程可以形象地将过程映像输出比作输出继电器，如图 2-5 所示。每个输出继电器线圈都与相应的输出端子相连，当有驱动信号输出时，输出继电器线圈得电，过程映像输出相应位为"1"状态，其对应的硬触点闭合，从而驱动外部负载，使接触器 KM 线圈得电，反之，则不能驱动外部负载。

需要指出的是，过程映像输出的线圈只能由内部指令驱动，即过程映像输出的数值只能由内部指令写入；过程映像输出有无数个常开常闭触点供编程时使用，在编写程序时，过程映像输出的线圈、触点均能出现，且线圈的通断状态表示程序的最终运算结果。

过程映像输出可以按位、字节、字或双字 4 种方式来存取。

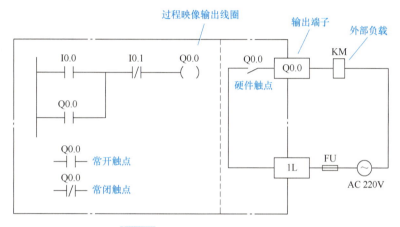

图 2-5 过程映像输出等效电路

（三）位逻辑指令

位逻辑指令用于二进制数的逻辑运算，位逻辑运算的结果简称为 RLO。S7-1200 PLC 的位逻辑指令主要包括触点和线圈指令、置位输出和复位输出指令及边沿检测指令，详见表 2-3。

表 2-3 位逻辑指令

梯形图符号	功能描述	梯形图符号	功能描述
─┤ ├─	常开触点	─┤P├─	扫描操作数的信号上升沿
─┤/├─	常闭触点	─┤N├─	扫描操作数的信号下降沿
─┤NOT├─	取反 RLO	─(P)─	在信号上升沿置位操作数
─( )─	线圈输出	─(N)─	在信号下降沿置位操作数
─(/)─	取反线圈输出	RS 触发器（R, S1, Q）	置位优先型 RS 触发器（复位/置位触发器）
─(S)─	置位输出		
─(R)─	复位输出	SR 触发器（S, R1, Q）	复位优先型 SR 触发器（置位/复位触发器）
─(SET_BF)─	置位位域		
─(RESET_BF)─	复位位域		

(续)

梯形图符号	功能描述	梯形图符号	功能描述
P_TRIG —CLK Q—	扫描 RLO 的信号上升沿	%DB1 R_TRIG —EN ENO— —CLK Q—	检测信号上升沿
N_TRIG —CLK Q—	扫描 RLO 的信号下降沿	%DB2 F_TRIG —EN ENO— —CLK Q—	检测信号下降沿

1. 常开触点与常闭触点

触点分为常开触点和常闭触点。常开触点在指定的位为"1"状态（Ture）时闭合，为"0"状态（False）时断开。常闭触点在指定的位为"1"状态（Ture）时断开，为"0"状态（False）时闭合。常开触点符号中间加"/"表示常闭，触点指令中变量的数据类型为布尔（Bool）型，在编程时触点可以串联也可以并联使用，但不能放在程序段的结束处，两个触点串联将进行"与"运算，两个触点并联进行"或"运算。触点指令的应用如图2-6所示。

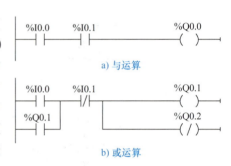

图2-6 触点指令及线圈指令的应用

注意：在使用绝对寻址方式时，绝对地址前面的"%"符号是编程软件自动添加的，无需用户输入。

2. 线圈输出与取反线圈输出指令

线圈输出指令又称为赋值指令，该指令是将输入的逻辑运算结果（RLO）的信号状态（即线圈状态）写入到指定的操作数地址。驱动线圈的触点电路接通时，线圈流过"能流"指定位对应的输出为"1"，反之为"0"，如果是Q区地址，CPU将输出的值传送给对应的过程映像输出。PLC在RUN（运行）模式时，接通或断开连接到相应输出点的负载。线圈输出指令LAD形式为—( )—。

取反线圈输出指令又称为赋值取反指令，取反线圈输出线圈中间有"/"符号，如果有"能流"经过图2-6b中的Q0.2的取反线圈，则Q0.2的输出位为"0"状态，其常开触点断开，反之Q0.2的输出为"1"状态，其常开触点闭合。取反线圈输出指令LAD形式为—(/)—。

线圈输出与取反线圈输出指令可以放在程序段的任意位置，数据类型为Bool型。

（四）程序设计

1. 经验设计法

经验设计法就是依据设计者的经验进行设计的方法。采用经验设计法设计程序时，将生产机械的运动分成各自独立的简单运动，分别设计这些简单运动的控制程序，再根据各自独立的简单运动，设计必要的联锁和保护环节。这种设计方法要求设计者掌握大量的控制系统实例和典型的控制程序。设计程序时，还需要经过反复修改和完善，才能符合控制要求。这种设计方法没有规律可以遵循，具有很大的试探性和随意性，最后的结果因人而异，不是唯一的。经验设计法一般用于较简单的控制系统程序。

2. 梯形图编程的基本规则

1）PLC 过程映像输入/输出、位存储器等软元件的触点在梯形图编程时可多次重复使用。

2）梯形图按自上而下、从左向右的顺序排列。每一逻辑行总是起于左母线，经触点的连接，终止于线圈输出或指令框。触点不能放在线圈的右边。

3）S7-1200 PLC 线圈和指令盒可以直接与左母线相连，也可通过系统存储器字节中的 M1.2 连接。

4）应尽量避免双线圈输出。同一梯形图程序中，同一地址的线圈使用两次及两次以上称为双线圈输出。双线圈输出容易引起误动作或逻辑混乱，因此一定要慎重。

例如图 2-7 所示的梯形图中，设 I0.0 为 ON、I0.1 为 OFF。由于 PLC 是按扫描方式执行程序的，执行第一行时 Q0.0 对应的过程映像输出为 ON，而执行第二行时 Q0.0 对应的过程映像输出为 OFF。本周期扫描执行程序的结果是 Q0.0 的输出状态为 OFF。显然 Q0.0 前面的输出状态无效，最后一次输出才是有效的。

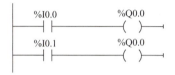

图 2-7　双线圈输出例子

5）在梯形图中，不允许出现 PLC 所驱动的负载（如接触器线圈、电磁阀线圈和指示灯等），只能出现相应的 PLC 过程映像输出的线圈。

（五）编写用户程序

下面以起保停程序为例，介绍如何使用博途软件编制梯形图。

1. 程序编辑器简介

打开博途编程软件，选择"创建新项目"，项目名称为"起保停程序"。在"设备组态"选项卡中选择"添加新设备"，添加控制器"CPU 1214C AC/DC/Rly（订货号为 6ES7 214-1BG40-0XB0）"，在项目视图的项目树中，依次单击"PLC_1"及"程序块"前下拉按钮 ▶，双击"程序块"中的"Main[OB1]"选项，打开主程序视图，如图 2-8 所示，在程序编辑器中创建用户程序。

程序编辑器界面采用分区显示，各个区域可以通过鼠标拖拽调整大小，也可以单击相应的按钮完成浮动、最大/最小化、关闭、隐藏等操作。

图 2-8 中标号为①的区域为设备项目树，在该区域用户可以完成设备的组态、程序的编制、块操作等，因此，此区域为项目的导航区，双击任意目录，右侧将展开目录内容的工作区域。整个项目的设计主要围绕本区域进行。

标号为②的区域为详细视图，单击①区域中的选项，则②区域展示相应的详细视图，如单击"默认变量表"，则详细视图中显示该变量表中的详细变量信息。

标号为③的区域为代码块的接口区，可通过鼠标向上拉动分隔条，将本区域隐藏。

标号为④的区域为程序编辑区，用户程序主要在此区域编辑生成。

标号为⑤的区域是打开的程序块巡视窗口，可以查看属性、信息和诊断。如单击"程序段 1"后，在巡视窗口"属性"中改变编程语言。

标号为⑥的选项按钮对应已经打开的窗口，单击该选项按钮，跳转至相应的界面。即单击图 2-8 最右边垂直条上的"测试""任务"和"库"按钮，可以分别在任务卡中打开测试、任务和库的窗口。

标号为⑦的区域是指令的收藏夹，用于快速访问常用的编程指令。

标号为⑧的区域是任务卡中的指令列表，可以将常用指令拖拽至收藏夹，收藏夹中可以通过单击鼠标右键删除指令。

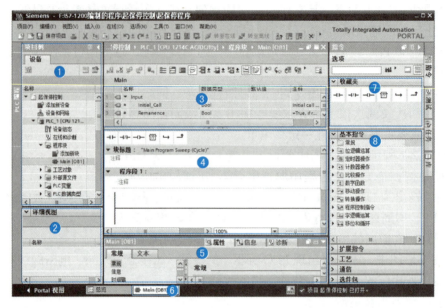

图 2-8　程序编辑器视图

2. 变量表

"变量表"用来声明和修改变量。PLC 变量表包括整个 CPU 范围内有效的变量和符号变量的定义。系统会为项目中使用的每个 CPU 自动创建一个"PLC 变量"文件夹，包含"显示所有变量""添加变量表""默认变量表"。也可以根据要求为每个 CPU 创建多个用户自定义变量表以分组变量。还可以对用户定义的变量表重命名、整理合并为组或删除。

（1）变量表的声明与修改　打开项目树中的"PLC 变量"文件夹，双击其中的"添加新变量表"，在"PLC 变量"文件夹下生成一个新的变量表，名为"变量表_I[0]"，其中"0"表示日前变量表中没有变量，当新增变量时，该值随之改变。双击新生成的"变量表_I[0]"，打开变量表编辑器，在"<新增>"字样的空白处双击，根据起保停控制要求声明变量名称、地址和注释。单击数据类型列隐藏的"数据类型"图标，选择设置变量的数据类型，按钮、指示灯全部为"Bool"类型，如图 2-9 所示。可用的 PLC 变量地址和数据类型可参考 TIA 博途在线帮助。注意，在"地址"列输入绝对地址时，按照 IEC 标准，将为变量添加"%"符号。图 2-9 显示了已经声明的变量，用户还可以在空白行处继续添加新变量，也可以在项目树中的"PLC 变量"文件夹下直接双击打开"显示所用变量"或"默认变量表"，在其中添加声明变量。

使用符号地址可以增加程序的可读性。用户在编程过程中首先用 PLC 变量表声明定义变量的符号地址（名称），然后在程序中使用它们。用户还可以在变量表中修改已经创建的变量，修改后的变量在程序中同步更新。

（2）变量的快速声明　如果用户要创建同类型的变量，可以使用快速声明变量功能。在变量表中单击选中已有的变量"起动按钮 SB1"左边的标签，用鼠标按住左下角的蓝色小正方形不放，向下拖动，在空白行可声明新的变量，且新的变量将继承上一行变量的属性。也可以像 Excel 一样单击选中已有的变量"SB1"，用鼠标按住选中框右下角的黑点向下拖动鼠标，从而快速声明新的变量。

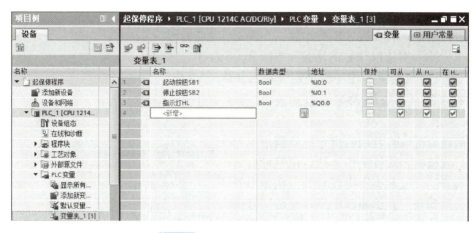

图 2-9　新建变量表和声明变量

（3）设置变量的断电保持功能　单击工具栏上的"保持"图标，可以在打开的对话框设置 M 区从 MB0 开始的具有断电保持功能的字节数。设置后有保持功能的 M 区变量的"保持性"列选择框中出现"√"。将项目下载到 CPU 后，M 区变量的保持功能起作用。

（4）变量表中的变量排序　变量表中的变量可以按照名称、数据类型或者地址进行排序，如单击变量表中的"地址"，该单元出现向上的三角形，各变量按地址的第一个字母升序排序（A～Z）。再单击一次，三角形向下，变量按名称的第一个字母降序排序。可以用同样的方法根据名称和数据类型进行排序。

（5）全局变量与局部变量　在 PLC 变量表中定义的变量可用于整个 PLC 中所有的代码块，具有相同的意义和唯一的名称。在变量表中，可以将输入 I、输出 Q 和位存储器 M 的位、字节、双字等定义为全局变量。全局变量在程序中被自动地添加双引号标识，如"SB1"。

局部变量只能在它被定义的块中使用，而且只能通过符号地址访问，同一变量的名称可以在不同的块中分别使用一次。可以在块的接口区定义块的输入/输出参数（Input、Output 和 Inout 参数）和临时数据（Temp），以及定义函数块（FB）的静态变量（Static）。在程序中，局部变量被自动添加"#"号，如"#起动按钮"。

（6）使用帮助　TIA 博途为用户提供了系统帮助，帮助被称为信息系统，可以通过菜单命令"帮助"中的"显示帮助"，或者选中某个对象，按 <F1> 键打开。另外，还可以通过目录查找到感兴趣的帮助信息。

3. 生成用户程序

首先选择程序段 1 中的水平线，依次单击程序编辑区上工具栏"⊣⊢ ⊣/⊢ ⊣O⊢ 📄 ↳ ↱"中的 ⊣⊢、⊣/⊢ 和 ⊣O⊢ 指令，水平线上出现从左到右串联的常开触点、常闭触点和线圈，此时，触点、线圈上面红色的问号 <??.?> 表示地址未编辑，同时在"程序段 1"的左边出现 ❌ 符号，表示该段程序正在编辑中，或有错误，如图 2-10a 所示。然后选中左母线（最左边竖直线），依次单击工具栏中的 ↳、⊣⊢ 和 ↱，生成一个与上面常开触点并联的常开触点，如

图 2-10b 所示。

在编辑各指令对应操作数时，双击指令上方<??.?>处，在弹出的输入框中单击其右侧的"变量表"图标，在打开的变量表中选择对应操作数的地址；若没有编辑变量表，在弹出的输入框中输入对应操作数的地址（不区分大小写），并重命名变量。程序段编辑完成且正确后，程序段左边的 ⊗ 符号会自动消失，如图 2-10c 所示。

在编程前可以将常用的指令拖放到指令列表栏的"收藏夹"文件夹中，然后用鼠标右键单击已展开的"收藏夹"中任意处，在弹出的下拉列表栏勾选"在编辑器中显示收藏"复选框，这样在编辑器块标题的上方便出现收藏夹中收藏的所有指令对应的工具栏，编程时使用很方便。

在程序编辑过程中，如果需要插入程序段，先选择需要插入程序段的位置，然后单击

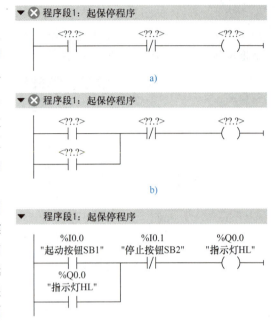

图 2-10 生成的起保停梯形图

程序编辑器工具栏上的"插入程序段"图标，即可插入一程序段；也可以在需要插入程序段的位置单击右键，在弹出的下拉列表栏中单击"插入程序段"，同样可以在该位置下方插入一程序段。若要删除某一程序段，首先单击选中需删除程序段的块标题，然后单击程序编辑器工具栏上的"删除程序段"图标，即可删除该程序段；也可以选中需要删除程序段的块标题，单击右键，在弹出的下拉列表栏中单击"删除"，同样可以删除该程序段。如果程序中需要对操作数的地址格式进行改变，可以单击程序编辑器工具栏上的"绝对/符号操作数"图标，使操作数在不同的地址格式之间切换。

程序编写完成后，需要进行编译。单击工具栏上的"编译"图标或执行"编辑"→"编译"菜单命令，对项目进行编译。如果程序有错误，编译后在编辑器下方巡视窗口中将会出现错误的具体信息，必须改正程序中所有的错误信息才能下载。如果没有编译程序，在下载之前博途编程软件将会自动地对程序进行编译。

用户编写或修改程序后，应进行保存，即使程序块没有编写完整，或者有错误，也可以对其保存，单击工具栏上的"保存项目"图标 保存项目 即可。

4. 程序下载

程序编写完成并编译后，设置好 CPU 和计算机的以太网地址后，在项目树栏选中"PLC_1"，单击工具栏上的"下载到设备"图标（或执行菜单命令"在线"→"下载到设备"），打开"扩展下载到设备"对话框，执行下载操作。

完成程序下载后，将 CPU 切换到 RUN 模式，此时，RUN/STOP LED 指示灯变为绿色。

5. 程序调试与运行

（1）监控程序 PLC 进入运行状态后，很多时候用户需要详细了解 PLC 的实际运行情

况,并且对程序做进一步的调试,此时就需要进入 PLC 在线监视与程序调试阶段。

在菜单栏依次选择"在线"→"转至在线"命令,或者单击工具栏上的"转至在线"图标 转至在线,PLC 即可转为在线预览状态,如图 2-11 所示。当 PLC 转为在线预览状态后,项目树一行就会呈现黄色,项目树栏其他选项由不同的颜色进行标识。选项标识为绿色的 和 图标为正常,否则必须进行诊断或重新下载。

在程序编辑器中,单击工具栏上的"启用/禁用监视"图标,程序进入在线监视状态,如图 2-12 所示。在实际操作时,界面上显示的梯形图中绿色实线表示接通或通电,蓝色虚线表示断开或断电。

当按下"起动按钮 SB1"时,"指示灯 HL1"接通,程序进入运行状态,如图 2-13 所示。

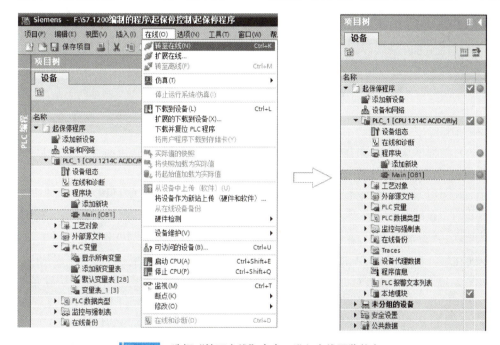

图 2-11 选择"转至在线"命令,进入在线预览状态

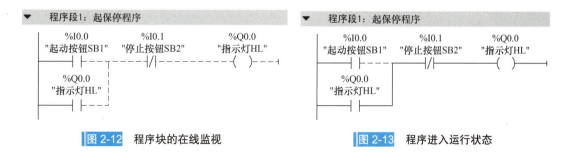

图 2-12 程序块的在线监视　　　　图 2-13 程序进入运行状态

(2)使用监控与强制表　在项目树栏,依次单击"PLC_1[CPU 1214C AC/DC/Rly]"→"监控与强制表"前下拉按钮,在打开的"监控与强制表"中,双击"添加新监控表"选项,将新添加的监控表命名为"PLC 监控表",并进行变量设定,如图 2-14 所示。

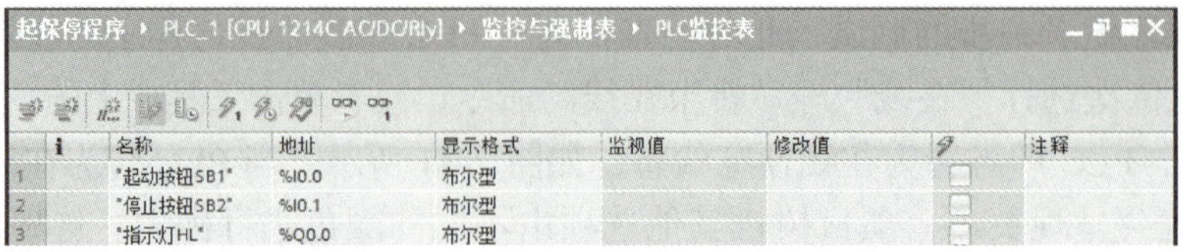

图 2-14　变量设定后的"PLC 监控表"

"PLC 监控表"可以进行在线监视，在"PLC 监控表"中单击工具栏上的"全部监视"图标 ，即可看到最新的各操作数监视值，如图 2-15 所示。

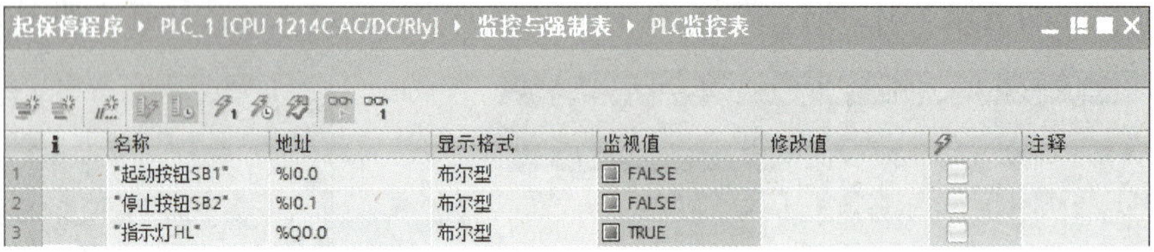

图 2-15　"PLC 监控表"的在线监视

6. 项目上传

（1）上传程序块　为了上传 PLC 中的程序块，首先创建一个新项目，在项目中组态一台 PLC 设备，其型号和订货号与实际的硬件相同。

用以太网电缆连接好编程计算机和 CPU 的以太网口后，在项目树中，单击"PLC_1"文件夹下的"在线和诊断"选项，打开"在线访问"对话框，如图 2-16 所示。在"PG/PC 接口的类型"对应选择框中选择使用的网卡"Realtek PCle GbE Family Controller"，然后单击"转到在线"按钮，再单击工具栏"从设备中上传"图标 ，打开"上传预览"对话框，如图 2-17 所示。勾选对话框中"继续"前面的复选框，然后再单击"从设备中上传"按钮，这样就把 PLC 中的当前程序上传到计算机中，此时，依次打开"PLC_1"→"程序块"→"Main[OB1]"，便可在"Main[OB1]"中查看从 PLC 中读取的程序。

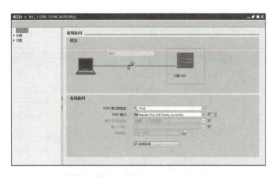

图 2-16　"在线访问"对话框 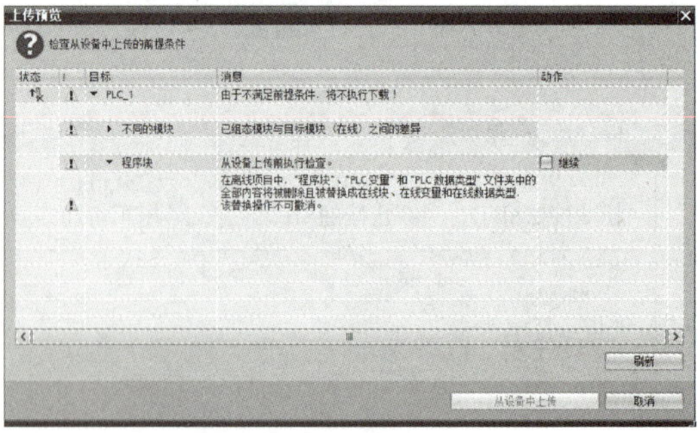　　　　图 2-17　"上传预览"对话框

（2）上传硬件配置　上传硬件配置的操作步骤如下。

1）将 CPU 连接到编程设备上，创建一个新项目。

2）添加一个新设备，但选择"非特定的 CPU1200"，而不是选择具体的 CPU。

3）执行菜单命令"在线"→"硬件检测"，打开"PLC_1 的硬件检测"对话框。选择"PG/PC 接口的类型"为"PN/IE","PG/PC 接口"为"Realtek PCle GbE Family Controller",然后单击"开始搜索"按钮,找到 CPU 后,单击选中"所选接口的兼容可访问节点"列表中的设备,单击右下角的"检测"按钮,此时在设备视图窗口便可看到已上传的 CPU 和所有模块(SM、SB 或 CM)的组态信息。如果已为 CPU 分配了 IP 地址,将会上传该 IP 地址,但不会上传其他设置(如模拟量 I/O 属性),必须在设备视图中手动组态 CPU 的各模块的配置。

7. 程序仿真调试

前面介绍的项目调试是在有 PLC 实物的条件下进行的,如果没有 PLC 实物,程序编好以后可以使用博途提供的 PLCSIM 仿真。将编写好的程序编译并保存后,选中项目树中的"PLC_1",单击工具栏上的"启动仿真"图标,或选择菜单命令"在线"→"仿真"→"启动",启动 S7-PLCSIM,如图 2-18 所示。

打开仿真软件后,出现"扩展到下载设备"对话框,单击"开始搜索"按钮,搜索到下载的设备后,单击"下载"按钮,弹出"下载预览"对话框,如图 2-19 所示。单击"装载"按钮,将程序下载到仿真 PLC,并使其进入 RUN 模式。

单击图 2-18 界面右上角"切换"图标，将 PLCSIM 从精简视图切换到项目视图。在项目视图中,新建项目"QBT_SIM",在 S7-PLCSIM 新的项目视图中打开项目树中的"SIM 表格_1",如图 2-20 所示,在表中手工生成需要仿真的 I/O 点,也可在图 2-20 的"SIM 表格_1"编辑栏空白处单击鼠标右键选择"加载项目标签",从而加载项目的全部标签,如图 2-21 所示。

图 2-18 启动 PLCSIM 软件

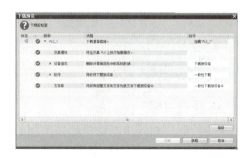

图 2-19 "下载预览"对话框

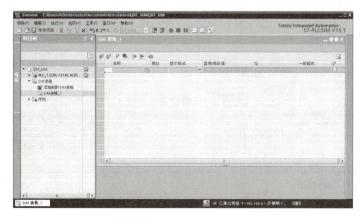

图 2-20 PLCSIM 项目视图

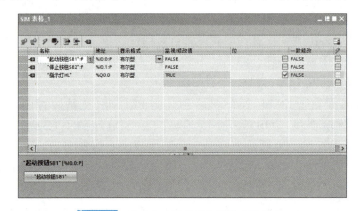

图 2-21 PLCSIM 的 "SIM 表格 _1"

接下来进行仿真，首先用鼠标单击 "SIM 表格 _1" 中 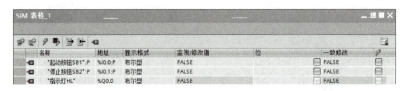 标签，则在 "SIM 表格 _1" 下方出现虚拟按钮 "起动按钮 SB1"，如图 2-22 所示。单击该按钮，观察 "监视/修改值" 中的变量状态，用同样的方法操作 "停止按钮 SB2"，观察 "监视/修改值" 中的 "指示灯 HL1" 是否变为 "FALSE"，从而检验程序是否满足控制要求。

图 2-22 PLCSIM 的仿真按钮及变量状态

三、任务实施

（一）任务目标

1）会绘制三相异步电动机起停控制的 I/O 接线图及主电路图。
2）会 S7-1200 PLC I/O 接线。
3）掌握触点指令和线圈指令的应用。
4）学会用 S7-1200 PLC 位逻辑指令编制电动机起停控制的程序。
5）熟练掌握使用博途软件进行设备组态、编制梯形图程序，并下载至 CPU 调试运行。

（二）设备与器材

本任务实施所需设备与器材见表 2-4。

表 2-4 所需设备与器材

序号	名称	符号	型号规格	数量	备注
1	常用电工工具		十字螺钉旋具、一字螺钉旋具、尖嘴钳、剥线钳等	1 套	表中所列设备、器材的型号规格仅供参考
2	计算机（安装博途编程软件）			1 台	
3	西门子 S7-1200 PLC	CPU	CPU1214C AC/DC/Rly，订货号：6ES7 214-1AG40-0XB0	1 台	

（续）

序号	名称	符号	型号规格	数量	备注
4	三相异步电动机起停控制面板			1个	表中所列设备、器材的型号规格仅供参考
5	三相异步电动机	M	WDJ26, P_N=40W, U_N=380V, I_N=0.3A, n_N=1430r/min, f=50Hz	1台	
6	以太网通信电缆			1根	
7	连接导线			若干	

(三) 内容与步骤

1. 任务要求

三相异步电动机起停控制面板如图 2-23 所示，要求按下起动按钮，电动机直接起动并运行，在运行过程中，若按下停止按钮或电动机出现过载，则电动机立即停止运行。

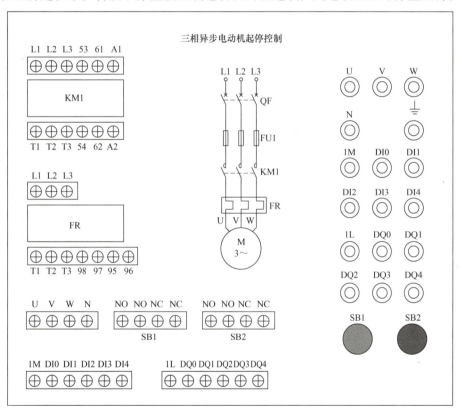

图 2-23　三相异步电动机起停控制面板

2. I/O 地址分配与接线图

根据控制要求确定 I/O 点数，I/O 地址分配见表 2-5。

表 2-5　I/O 地址分配表

输入			输出		
设备名称	符号	I元件地址	设备名称	符号	Q元件地址
起动按钮	SB1	I0.0	接触器	KM1	Q0.0

(续)

输入			输出		
设备名称	符号	I 元件地址	设备名称	符号	Q 元件地址
停止按钮	SB2	I0.1			
热继电器	FR	I0.2			

根据 I/O 地址分配表绘制 I/O 接线图，如图 2-24 所示。

3. 创建工程项目

打开博途编程软件，在 Portal 视图中选择"创建新项目"，输入项目名称"2RW_1"，选择项目保存路径，单击"创建"按钮，创建项目完成。

4. 硬件组态

在 Portal 视图中选择"设备组态"选项卡，然后单击"添加新设备"选项，在打开的"添加新设备"窗口中单击"控制器"按钮，在"设备名称"对应的输入框中输入用户定义的设备名称，也可使用系统指定名称"PLC_1"，在中间的目录树中，依次单击"SIMATIC S7-1200"→"CPU"→"CPU 1214C AC/DC/Rly"各选项前面的下拉按钮▶，或依次

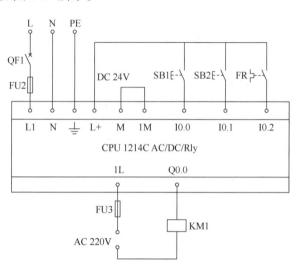

图 2-24　三相异步电动机起停控制 I/O 接线图

双击选项名称"SIMATIC S7-1200"→"CPU"→"CPU 1214C AC/DC/Rly"，在打开的"CPU 1214C AC/DC/Rly"文件夹中选择与硬件相对应订货号的 CPU（在此选择订货号为 6ES7 214-1BG40-0XB0），单击窗口右下角的"添加"按钮，添加新设备完成。

5. 编辑变量表

进入项目视图，在项目树中，依次双击"PLC_1"下"PLC 变量"→"添加新变量表"选项，生成"变量表_1[0]"，双击打开该变量表，根据 I/O 分配表编辑变量表，如图 2-25 所示。

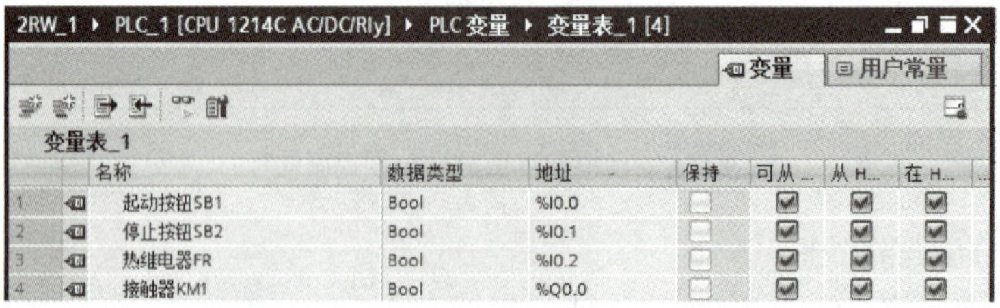

图 2-25　三相异步电动机起停控制变量表

6. 编写程序

在项目树中，依次双击"PLC_1"→"程序块"→"Main[OB1]"，打开程序编辑器，在程序编辑区根据控制要求编写梯形图，如图 2-26 所示。

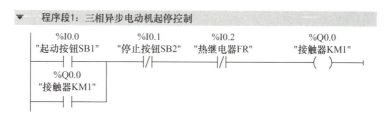

图 2-26 三相异步电动机起停控制梯形图

7. 调试运行

将设备组态及图 2-26 所示的梯形图程序编译后下载到 CPU 中，启动 CPU，将 CPU 切换至 RUN 模式。按图 2-24 所示的 PLC I/O 接线图正确连接输入设备、输出设备，首先进行系统的空载调试，观察交流接触器能否按控制要求动作（即按下起动按钮 SB1 时，KM1 动作，运行过程中，按下停止按钮 SB2，KM1 返回，运行过程结束），在监视状态下，观察 Q0.0 的动作状态是否与 KM1 动作一致，否则，检查电路接线或修改程序，直至交流接触器能按控制要求动作；然后连接电动机（电动机采用星形联结），进行带负载动态调试。

（四）分析与思考

1）在本任务中三相异步电动机过载保护是如何实现的？如果将热继电器过载保护作为 PLC 的硬件条件，试绘制 I/O 接线图，并编制梯形图程序。

2）若将本任务中三相异步电动机连续运行改为点动控制，I/O 接线图及梯形图应如何修改？

四、任务考核

任务考核见表 2-6。

表 2-6 任务实施考核表

序号	考核内容	考核要求	评分标准	配分	得分
1	电路及程序设计	（1）能正确分配 I/O 地址，并绘制 I/O 接线图 （2）设备组态 （3）根据控制要求，正确编制梯形图	（1）I/O 地址分配错误或缺少，每个扣 5 分 （2）I/O 接线图设计不全或有错，每处扣 5 分 （3）CPU 组态与现场设备型号不匹配，扣 10 分 （4）梯形图表达不正确或画法不规范，每处扣 5 分	40 分	
2	安装与连线	根据 I/O 接线图，正确连接电路	（1）连线错一处，扣 5 分 （2）损坏元器件，每只扣 5~10 分 （3）损坏连接线，每根扣 5~10 分	20 分	
3	调试与运行	能熟练使用编程软件编程序下载至 CPU，并按要求调试运行	（1）不能熟练使用编程软件进行梯形图的编辑、修改、转换、写入及监视，每项扣 2 分 （2）不能按照控制要求完成相应的功能，每缺一项扣 5 分	20 分	
4	安全操作	确保人身和设备安全	违反安全文明操作规程，扣 10~20 分	20 分	
5	合计				

五、知识拓展

1. 置位输出、复位输出指令

置位输出指令。S（Set，置位输出）指令将指定的位操作数置位（变为"1"状态并保持）。

复位输出指令。R（Reset，复位输出）指令将指定的位操作数复位（变为"0"状态并保持）。

如果同一操作数的 S 线圈和 R 线圈同时断电（线圈输入端的 RLO 为"0"），则指定操作数的信号状态保持不变。

置位输出指令和复位输出指令最主要的特点是记忆和保持功能。如图 2-27a 中 I0.0 的常开触点闭合，Q0.0 变为"1"状态并保持该状态。即使 I0.0 的常开触点断开，Q0.0 也仍然保持"1"状态，如图 2-27b 所示。I0.1 的常开触点闭合时，Q0.0 变为"0"状态并保持该状态，即使 I0.1 的常开触点断开，Q0.0 也仍然保持为"0"状态。

2. 置位位域、复位位域指令

置位位域指令（SET_BF）将从指定的地址开始的连续若干个位地址置位（变为"1"状态并保持）。如图 2-28 所示，在 I0.0 的上升沿（从"0"状态变为"1"状态），从 Q0.0 开始的 3 个连续的位地址被置位为"1"状态并保持该状态不变。

复位位域指令（RESET_BF）将从指定的地址开始的连续若干个位地址复位（变为"0"状态并保持）。如图 2-28 所示，在 I0.1 的下降沿（从"1"状态变为"0"状态），从 Q0.3 开始的 4 个连续的位地址被复位为"0"状态并保持该状态不变。

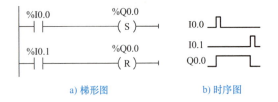

图 2-27　置位输出、复位输出指令的应用　　　图 2-28　置位位域、复位位域指令的应用

3. 置位/复位触发器与复位/置位触发器

置位/复位触发器。图 2-29 中的 SR 方框是置位/复位（复位优先）触发器，其输入/输出关系见表 2-7。在置位（S）和复位（R1）信号同时为"1"时，图 2-29 的 SR 方框上面的输出位 M0.0 被复位为"0"。可选的输出 Q 反映了 M0.0 的状态。

复位/置位触发器。图 2-29 中的 RS 方框是复位/置位（置位优先）触发器，其输入/输

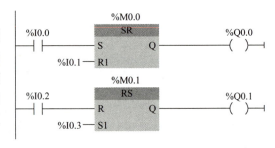

图 2-29　SR 触发器与 RS 触发器的应用

出关系见表 2-7。在置位（S1）和复位（R）信号同时为"1"时，图 2-29 的 RS 方框上面的输出位 M0.1 被置位为"1"。可选的输出 Q 反映了 M0.1 的状态。

由表 2-7 可以看出，两种触发器的区别仅在于表的最下面一行。

表 2-7　SR 触发器与 RS 触发器的功能

SR 触发器			RS 触发器		
S	R1	输出位	S1	R	输出位
0	0	保持前一状态	0	0	保持前一状态
0	1	0	0	1	0
1	0	1	1	0	1
1	1	0	1	1	1

触发器方框上面的 M0.0 和 M0.1 称为标志位，R、S 输入端首先对标志位进行复位和置位，然后再将标志位的状态送到输出端。

【例 2-1】抢答器有 SB1、SB2 和 SB3 三个抢答按钮，抢答成功对应指示灯分别为 HL1、HL2 和 HL3，复位按钮为 SB4。要求：三人可以任意抢答，但谁先按抢答按钮，谁抢答成功，对应的指示灯亮，且每次只允许一人抢答成功，抢答完成后主持人按复位按钮，进入下一问题抢答。程序如图 2-30 所示。

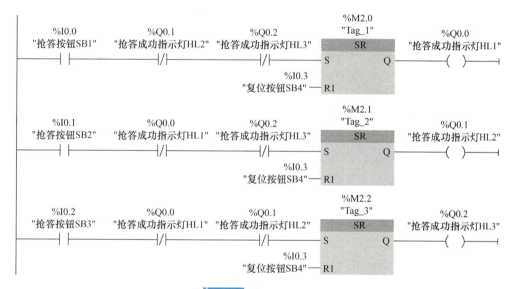

图 2-30　例 2-1 程序

4. 用置位输出、复位输出指令实现的三相异步电动机起停控制

用置位输出、复位输出指令编制的三相异步电动机起停控制的梯形图程序如图 2-31 所示。

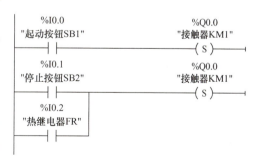

图 2-31　用置位输出、复位输出指令编制三相异步电动机起停控制梯形图程序

六、任务总结

本任务主要介绍了 S7-1200 PLC 的过程映像输入（I）、过程映像输出（Q）两个软继电器的含义与具体用法，以及常开/常闭触点指令、赋值指令等 9 条位逻辑指令的编程。在此基础上使

用相关位逻辑指令通过博途编程软件编写三相异步电动机起停控制的梯形图程序，下载至 CPU，然后进行 I/O 接线并调试运行，从而达到会使用编程软件进行设备组态、编写程序并下载至 CPU 进行调试运行的目标。

◈ 任务二 / 三相异步电动机正反转循环运行的 PLC 控制

一、任务导入

在"电机与电气控制"课程中，已学习了利用低压电器构建的继电 – 接触器控制电路实现对三相异步电动机正反转的控制。本任务要求用 PLC 来实现对三相异步电动机正反转循环运行的控制，即按下起动按钮，三相异步电动机正转 5s、停 2s，反转 5s、停 2s，如此循环 5 个周期，然后自动停止，运行过程中按下停止按钮，电动机立即停止。

要实现上述控制要求，除了使用上一任务介绍的位逻辑指令外，还需要定时器、计数器指令。

二、知识链接

（一）定时器指令

S7-1200 PLC 提供了 4 种 IEC 定时器，见表 2-8。

表 2-8　S7-1200 PLC 的定时器

类型	功能
脉冲定时器（TP）	脉冲定时器可生成具有预设宽度时间的脉冲
接通延时定时器（TON）	接通延时定时器输出 Q 在预设的延时时间到时设置为 ON
关断延时定时器（TOF）	关断延时定时器输出 Q 在预设的延时时间到时设置为 OFF
保持型接通延时定时器（TONR）	保持型接通延时定时器输出 Q 在预设的延时时间到时设置为 ON

定时器的作用类似于继电 – 接触器控制系统中的时间继电器，但种类和功能比时间继电器强大得多。在使用 S7-1200 PLC 的定时器时需要注意，每一个定时器都使用一个存储在数据块中的结构来保存定时器数据。在程序编辑器中放置定时器时即可分配该数据块，可以采用默认设置，也可手动自行设置。在函数块中放置定时器指令后，可以选择多种背景数据块选项，各数据结构的定时器结构名称可以不同。

1. 脉冲定时器

脉冲定时器及其时序图如图 2-32 所示。在图 2-32a 中，"%DB1"表示定时器的背景数据块（此处只显示了绝对地址，也可以设置显示符号地址），"TP"表示脉冲定时器，"PT"（Preset Time）为预设时间值，"ET"（Elapsed Time）为定时开始后经过的时间，称为当前时间值，它们的数据类型为 32 位的 Time，单位为 ms，最大定时时间为 T#24D_20H_31M_23S_647MS，D、H、M、S、MS 分别为日、小时、分、秒和毫秒，可以不给输出 Q 和 ET 指定地址。"IN"为定时器的输入，"Q"为定时器的输出，各参数均可使用 I（仅用于输入参数）、Q、M、D、L 存储区，PT 可以使用常数。定时器指令可以放在程序段的中间或结束处。脉冲定时器的工作原理如下。

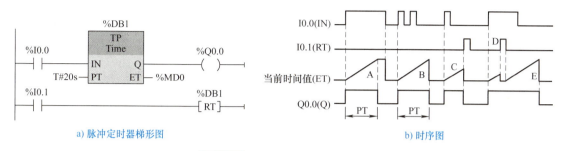

图 2-32 脉冲定时器及其时序图

1）起动：当输入 IN 从"0"变为"1"时，定时器起动，此时输出 Q 也置为"1"，开始输出脉冲。到达 PT 预置的时间时，输出端变为"0"状态（如图 2-32b 波形段 A、B、E 所示）。输入 IN 的脉冲宽度可以小于 Q 端输出的脉冲宽度。在脉冲输出期间，即使输入 IN 发生了变化又出现上升沿（如图 2-32b 波形段 B 所示），也不影响脉冲的输出。到达预设值后，如果输入 IN 为 1，则定时器停止定时且保持当前定时值；如果输入 IN 为 0，则定时器定时时间清零。

2）输出：在定时器定时时间过程中，输出 Q 为"1"，定时器停止定时，不论是保持当前值还是清零当前值，其输出皆为"0"。

3）复位：当图 2-32a 中的 I0.1 为 1 时，执行复位定时器（RT）指令，定时器被复位，如果此时正在定时，且输入 IN 为 0 状态，将使当前时间值清零，输出 Q 也变为 0（如图 2-32b 波形段 C 所示）。如果此时正在定时，且输入 IN 为 1 状态，将使当前时间值清零，输出 Q 保持为 1 状态（如图 2-32b 波形段 D 所示）。如果复位信号 I0.1 变为 0 状态时，输入 IN 变为 1 状态，将重新开始定时（如图 2-32b 波形段 E 所示）。

【例 2-2】按下起动按钮 SB1（I0.0），三相异步电动机直接起动并运行，工作 2.5h 后自动停止，在运行过程中若按下停止按钮 SB2（I0.1），或发生故障（如过载）（I0.2），三相异步电动机立即停止，程序如图 2-33 所示。

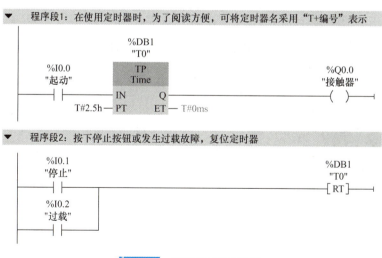

图 2-33 脉冲定时器的应用

S7-1200 PLC 的定时器没有编号，可以用背景数据块的名称来作为它们的标识符，如"IEC_Timer_0_DB_n"（n=1、2…），也可以采用T0、T1等对定时器进行命名，方法是在用鼠标将定时器操作文件夹中的定时器指令拖拽到程序编辑区梯形图相应位置，在弹出的"调用选项"对话框中，将名称改为"Tm"（m=0、1、2…）即可，此时，定时器的常开、常闭触点的文字符号就可以表示为"Tm".Q。

2. 接通延时定时器

接通延时定时器用于将输出 Q 的置位操作延时 PT 指定的一段时间。接通延时定时器及其时序图如图 2-34 所示。在图 2-34a 中，"TON"表示接通延时定时器，"%DB2"为接通延时定时器的背景数据块。接通延时定时器的工作原理如下。

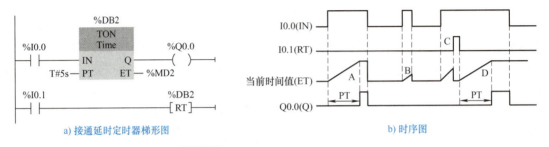

图 2-34　接通延时定时器及其时序图

1）起动：接通延时定时器在输入 IN 的信号由"0"变为"1"时开始定时，定时时间大于等于 PT 指定的设定值时，定时器停止计时且保持为预设值，即定时器的当前时间值 ET 保持不变（如图 2-34b 的波形段 A 所示），只要输入 IN 为"1"，定时器就一直起作用。

2）输出：当定时器的当前时间值等于预设时间值时，则定时时间到，且输入 IN 为 1，此时输出 Q 变为"1"状态。

3）复位：输入 IN 的信号断开时，即 I0.0 由 1 变为 0 时，定时器被复位，定时器当前时间值被清零，输出 Q 变为"0"状态。CPU 第一次扫描时，定时器输出 Q 被清零。如果输入 IN 在未达到 PT 设定的时间变为"0"（如图 2-34b 波形段 B 所示），输出 Q 保持"0"状态不变。I0.1 为"1"状态时，定时器复位线圈 RT 通电（如图 2-34b 波形段 C 所示），定时器被复位，定时器当前时间值被清零，Q 输出端变为"0"状态。当 I0.1 变为 0 状态，如果输入 IN 为"1"状态，将重新开始定时（如图 2-34b 波形段 D 所示）。

【例 2-3】按下起动按钮 SB1（I0.0），三相异步电动机 M1 直接起动并运行，20s 后三相异步电动机 M2 直接起动并运行，在运行过程中若按下停止按钮 SB2（I0.1），M2 立即停止，10s 后 M1 自动停止，程序如图 2-35 所示。

【例 2-4】按下起动按钮 SB（I0.0），信号灯 HL（Q0.0）按亮 3s、灭 2s 的规律闪烁，在闪烁过程中若按下停止按钮 SB2（I0.1），指示灯立即熄灭，程序如图 2-36 所示。

应当指出，如果闪烁电路的通断时间相等，例如周期为 1s 或 2s，可以启用 PLC 时钟存储器字节 MB0，这样就可以在程序中直接使用 M0.5（周期 1s）、M0.7（周期 2s）的常开触点，产生周期是 1s 和 2s 的闪烁程序。

从图 2-36 可以看出，第一个定时器控制亮的时间，第 2 个定时器控制灭的时间，两个定时器的延时时间之和即为闪烁的周期，在实际应用中根据具体要求改变两个定时器的预设时间值就可以满足不同闪烁要求。

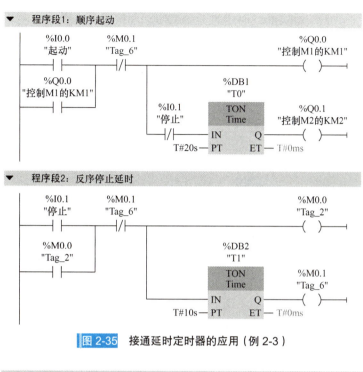

图 2-35 接通延时定时器的应用（例 2-3）

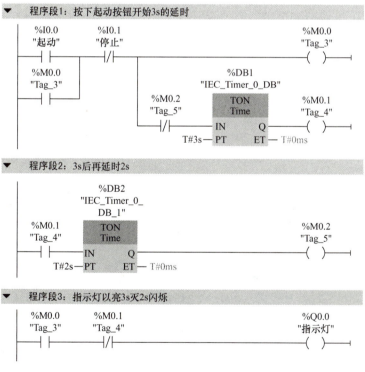

图 2-36 接通延时定时器的应用（例 2-4）

3. 关断延时定时器

关断延时定时器用于将输出 Q 的复位操作延时 PT 指定的一段时间。关断延时定时器及其时序图如图 2-37 所示。在图 2-37a 中，"TOF"表示关断延时定时器，"%DB3"为关断延时定时器的背景数据块。关断延时定时器的工作原理如下。

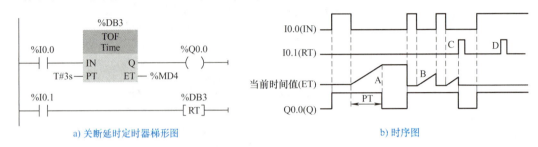

a) 关断延时定时器梯形图　　　　　　　b) 时序图

图 2-37　关断延时定时器及其时序图

1）起动：关断延时定时器的输入 IN 由 "0" 变为 "1" 时，定时器尚未定时且当前定时值清零。当输入 IN 由 "1" 变为 "0" 时，定时器开始定时，当前时间值从 0 开始逐渐增加。当定时器当前时间值达到预设值时，定时器停止计时并保持当前值（如图 2-37b 波形段 A 所示）。

2）输出：当输入 IN 从 "0" 变为 "1" 时，输出 Q 变为 "1" 状态，如果输入 IN 又变为 "0"，则输出继续保持 "1"，直到达到预设的时间。如果当前时间值未达到 PT 设定的值时，输入 IN 又变为 1 状态，输出 Q 将保持 1 状态（如图 2-37b 波形段 B 所示）。

3）复位：当 I0.1 变为 "1" 时，定时器复位线圈 RT 通电。如果输入 IN 为 "0" 状态，则定时器被复位，当前时间值被清零，输出 Q 变为 0 状态（如图 2-37b 波形段 C 所示）。如果复位时输入 IN 为 "1" 状态，则复位信号不起作用（如图 2-37b 波形段 D 所示）。

4. 保持型接通延时定时器

保持型接通延时定时器及其时序图如图 2-38 所示。在图 2-38a 中，"TONR" 表示保持型接通延时定时器，"%DB4" 为保持型接通延时定时器的背景数据块，"R" 表示复位输入端。保持型接通延时定时器的工作原理如下。

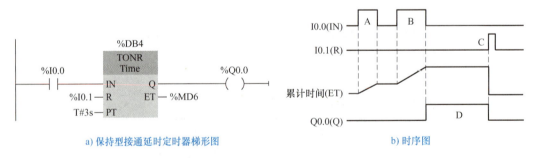

a) 保持型接通延时定时器梯形图　　　　　　　b) 时序图

图 2-38　保持型接通延时定时器及其时序图

1）起动：当保持型接通延时定时器输入 IN 从 "0" 变为 "1" 时，定时器开始定时（如图 2-38b 波形段 A 和 B 所示），当输入 IN 变为 "0" 时，定时器停止计时并保持当前计时值（累计值）。当定时器的输入 IN 又从 "0" 变为 "1" 时，定时器继续计时，当前值继续增加，直到定时器当前值达到预设值时，定时器停止计时，当前值保持不变。

2）输出：当定时器当前值达到预设值时，输出端 Q 变为 "1" 状态（如图 2-38b 波形段 D 所示）。

3）复位：当复位输入 I0.1 为 "1" 时（如图 2-38b 波形段 C 所示），TONR 被复位，它的累计时间变为 0，同时输出 Q 变为"0"状态。

5. 定时器直接启动指令

对于 IEC 定时器指令，还有 4 种简单的直接启动指令：启动脉冲定时器（-(TP)-）、启动接通延时定时器（-(TON)-）、启动关断延时定时器（-(TOF)-）和启动保持型接通延时定时器（-(TONR)-）。

需要注意的是，-(TP)-、-(TON)-、-(TOF)-和-(TONR)-的定时器线圈必须是梯形图（LAD）网络中的最后一条指令。由于系统没有为定时器直接启动指令，配置数据块，因此在使用定时器直接启动指令编程时，首先需要在程序块中新建类型为"IEC_TIMER"的数据块，块的名称可以用默认的名称，用户也可以自行按名称"T0""T1"等来命名，否则，不能编程使用。启动接通延时定时器的应用如图 2-39 所示。

图 2-39 中新建的"IEC_TIMER"数据块的名称为"T0"，程序中最下面的常开触点在输入地址时，单击触点上面的 <??.?>，再单击出现的小方框右边的 图标，单击出现的地址列表中的"T0"，地址域出现"'T0'."，单击地址列表中的"Q"，地址列表消失，地址域出现"T0".Q。

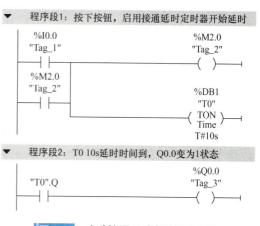

图 2-39 启动接通延时定时器的应用

6. 复位及加载持续时间指令

S7-1200 PLC 有专用的定时器复位指令 RT 和加载持续时间指令 PT，其应用如图 2-40 所示，图中当 I0.2 为"1"时，执行 RT 指令，清除存储在指定定时器背景数据块中的时间数据来重置定时器。当 I0.3 为"1"时，执行加载持续时间指令为定时器设定时间，将接通延时定时器的预设时间值设定为 30s。如果该指令输入逻辑运算结果（RLO）的信号状态为"1"，则每个扫描周期都执行该指令。该指令将指定时间写入指定定时器的结构中。如果在指令执行时指定定时器正在计时，指令将覆盖该指定定时器的当前值，从而改变定时器的状态。

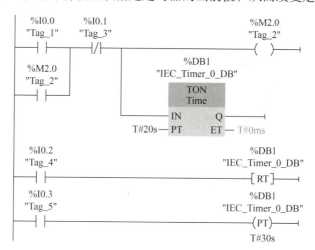

图 2-40 定时器复位及加载持续时间指令的应用

(二)计数器指令

S7-1200 PLC 有三种 IEC 计数器:加计数器(CTU)、减计数器(CTD)和加减计数器(CTUD)。它们属于软件计数器,其最大计数频率受到 OB1 的扫描周期的限制。如果需要频率更高的计数器,可以使用 CPU 内置的高速计数器。

与定时器类似,使用 S7-1200 PLC 的计数器时,每个计数器需要使用一个存储在数据块中的结构来保存计数器数据。在程序编辑器中放置计数器即可分配该数据块,可以采用默认设置,也可以手动自行设置。

使用计数器需要设置计数器的计数数据类型,计数值的数据范围取决于所选的数据类型。如果计数值是无符号整数型,则可以减计数到零或加计数到范围限值。如果计数值是有符号整数型,则可以减计数到负整数限值或加计数到正整数限值。支持的数据类型有短整数 SInt、整数 Int、双整数 DInt、无符号短整数 USInt、无符号整数 UInt、无符号双整数 UDInt。计数器指令可以放在程序段的中间或结束处。

1. 加计数器(CTU)

当加计数输入(CU,Count UP)端输入上升沿脉冲时,计数器当前值就会增加 1,计数器当前值大于等于预设值(PV,Preset Value)时,计数器状态位置 1。当计数器复位(R)端闭合时,计数器状态位复位,计数器当前值清零。当计数器当前值 CV(Count Value)达到指定数据类型的上限值(+32767)时,计数器停止计数。

加计数器及其时序图如图 2-41 所示。在图 2-41a 中,"%DB1"表示计数器的背景数据块,"CTU"表示加计数器,图中计数器数据类型是整数,预设值 PV 为 3,其工作过程如下。

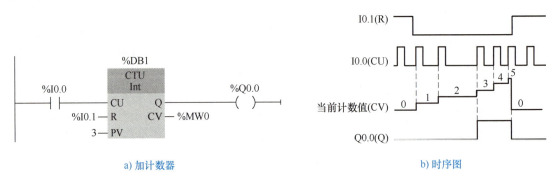

a) 加计数器 b) 时序图

图 2-41 加计数器及其时序图

当复位(R)端信号 I0.1 为 0 时,加计数输入(CU)端信号 I0.0 从 0 到 1(即输入端出现上升沿)时,计数器当前值 CV 加 1,直到 CV 达到指定的数据类型的上限值。此后 CU 输入的状态变化不再起作用,即 CV 的值不再增加。

当计数值 CV 大于等于预设值 3 时,输出 Q 变为 1 状态,反之为 0 状态。第一次执行指令时,计数器的 CV 需清零。

当计数器复位(R)端信号 I0.1 为 1 时,计数器被复位,输出端 Q 变为 0 状态,计数器当前值 CV 被清零。

2. 减计数器(CTD)

减计数器从预设值开始,在每一个减计数输入(CD,Count Down)端上升沿,计数器的当前值就会减1，计数器的当前值等于0时，计数器状态位置1，此后，减计数输入（CD）端每输入一个脉冲上升沿，计数器当前值减1，直到CV达到指定的数据类型的下限值（-32768），计数器停止计数。当装载输入（LD）端闭合时，计数器复位，计数器状态位置0，预设值PV被装载到计数器当前值寄存器中。

减计数器及其时序图如图2-42所示。在图2-42a中，"%DB2"表示计数器的背景数据块，"CTD"表示减计数器，图中计数器数据类型是整数，预设值PV为3，"LD"（LOAD）表示装载输入端，CV为当前计数值，其工作过程如下。

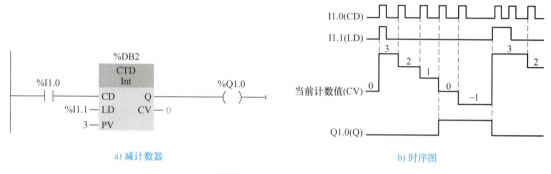

a) 减计数器　　　　　　　　　　　　　　　b) 时序图

图2-42　减计数器及其时序图

当装载输入（LD）端信号I1.1为1时，减计数器CTD的状态位置0，其预设值PV被装载到减计数器当前值寄存器中；当装载输入端信号断开时，计数器减计数输入（CD）端信号I1.0从0到1（即上升沿）时，计数器当前值CV减1，当计数器当前值减为0时，计数器状态位置1，此后，每当CD端输入一脉冲信号上升沿，计数器当前值就减1，直到CV达到指定数据类型的下限值时，计数器停止计数，计数器当前保持不变。

计数器当前值CV小于等于0时，输出Q为"1"状态，反之输出Q为"0"状态。减计数第一次执行指令时，CV值需清零。

3. 加减计数器（CTUD）

加减计数器及其时序图如图2-43所示。在图2-43a中，"%DB3"表示计数器的背景数据块，"CTUD"表示加减计数器，图中计数器的数据类型是双整数，预设值PV为3，其工作原理如下。

在加计数器输入（CU）端的上升沿，加减计数器的当前值CV加1，直到CV达到指定的数据类型的上限值（+2147483647），此时，加减计数器停止计数，CV的值不再增加。

在减计数输入（CD）端的上升沿，加减计数器的当前值CV减1，直到CV达到指定的数据类型的下限值（-2147483648），此时，加减计数器停止计数，CV的值不再减小。

如果同时出现计数脉冲CU和CD的上升沿，CV值保持不变。CV大于等于预设值PV时，输出QU为"1"状态，反之为"0"状态。CV值小于等于0时，输出QD为"1"状态，反之为"0"状态。

装载输入（LD）端为"1"状态时，预设值PV被装入当前值CV，输入QU变为"1"状态，QD被复位为"0"状态。

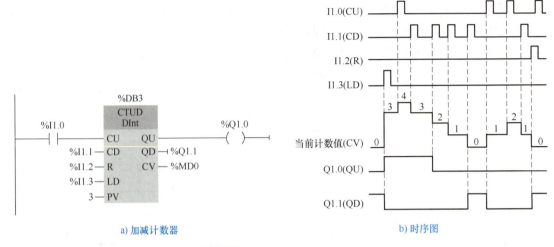

图 2-43 加减计数器及其时序图

复位输入（R）端为"1"状态时，计数器被复位，CU、CD、LD 不起作用，同时当前计数值 CV 被清零，输出 QU 变为"0"状态，QD 被复位为"1"状态。

三、任务实施

（一）任务目标

1）会绘制三相异步电动机正反转循环运行控制的 I/O 接线图。

2）会 S7-1200 PLC I/O 接线。

3）掌握定时器、计数器指令的编程与应用。

4）学会用 S7-1200 PLC 的位逻辑指令、定时器指令及计数器指令编制三相异步电动机正反转循环运行控制的梯形图。

5）熟练掌握使用博途编程软件进行设备组态和梯形图编制，并下载至 CPU 进行调试运行。

（二）设备与器材

本任务实施所需设备与器材见表 2-9。

表 2-9 所需设备与器材

序号	名称	符号	型号规格	数量	备注
1	常用电工工具		十字螺钉旋具、一字螺钉旋具、尖嘴钳、剥线钳等	1 套	表中所列设备、器材的型号规格仅供参考
2	计算机（安装博途编程软件）			1 台	
3	西门子 S7-1200 PLC	CPU	CPU1214C AC/DC/Rly，订货号：6ES7 214-1AG40-0XB0	1 台	
4	三相异步电动机正反转循环运行控制面板			1 个	
5	三相异步电动机	M	WDJ26，P_N=40W，U_N=380V，I_N=0.3A，n_N=1430r/min，f=50Hz	1 台	
6	以太网通信电缆			1 根	
7	连接导线			若干	

（三）内容与步骤

1. 任务要求

按下起动按钮 SB1，三相异步电动机先正转 5s，停 2s，再反转 5s，停 2s，如此循环 5 个周期，然后自动停止。运行过程中，若按下停止按钮 SB2，电动机立即停止。实现上述控制，并且要有必要的保护环节，其控制面板如图 2-44 所示。

2. I/O 地址分配与接线图

根据控制要求确定 I/O 点数，I/O 地址分配见表 2-10。

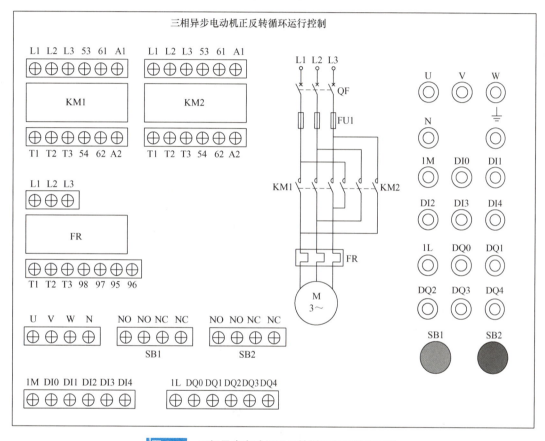

图 2-44 三相异步电动机正反转循环运行控制面板

表 2-10 I/O 地址分配表

输入			输出		
设备名称	符号	I 元件地址	设备名称	符号	Q 元件地址
起动按钮	SB1	I0.0	正转控制接触器	KM1	Q0.0
停止按钮	SB2	I0.1	反转控制接触器	KM2	Q0.1
热继电器	FR	I0.2			

根据 I/O 地址分配表，绘制 I/O 接线图，如图 2-45 所示。

3. 创建工程项目

打开博途编程软件，在 Portal 视图中选择"创建新项目"，输入项目名称"2RW_2"，选择项目保存路径，然后单击"创建"按钮，创建项目完成，并完成项目硬件组态。

4. 编辑变量表

在项目树中，打开"PLC 变量"文件夹，双击"添加新变量表"，生成"变量表_1[0]"，在该变量表中根据 I/O 地址分配表编辑变量表，如图 2-46 所示。

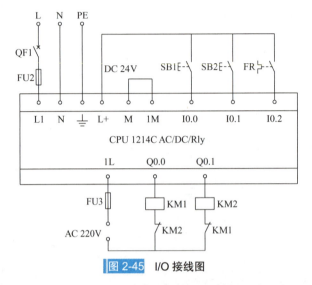

图 2-45　I/O 接线图

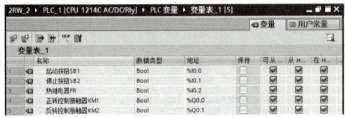

图 2-46　三相异步电动机正反转循环运行控制变量表

5. 编写程序

在项目树中，打开"程序块"文件夹中"Main[OB1]"选项，在程序编辑区根据控制要求编制梯形图，如图 2-47 所示。

6. 调试运行

将设备组态及图 2-47 所示的梯形图程序编译后下载到 CPU 中，启动 CPU，将 CPU 切换至 RUN 模式。按图 2-45 所示的 PLC I/O 接线图正确连接输入设备、输出设备，首先进行系统的空载调试，观察交流接触器能否按控制要求动作（按下起动按钮 SB1 时，KM1 动作，5s 后，KM1 复位，2s 后，KM2 动作，再过 5s，KM2 复位，等待 2s 后，重新开始循环，完成 5 次循环后，自动停止；运行过程中，按下停止按钮 SB2 或电动机出现过载故障，KM1 或 KM2 断电），在运行监视状态下，观察 Q0.0、Q0.1 的动作状态是否与 KM1、KM2 动作一致，否则，检查电路接线或修改程序，直至交流接触器能按控制要求动作；然后连接电动机（电动机按星形连接），进行带负载动态调试。

（四）分析与思考

1）本任务的软硬件互锁保护是如何实现的？

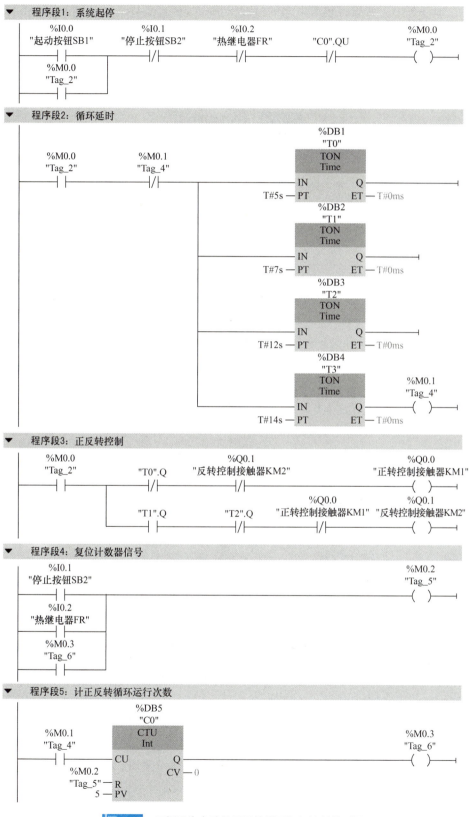

图 2-47 三相异步电动机正反转循环运行控制梯形图

2）在本任务中，如果将热继电器的过载保护作为硬件条件，试绘制 I/O 接线图，并编制梯形图程序。

四、任务考核

任务考核见表 2-11。

表 2-11 任务实施考核表

序号	考核内容	考核要求	评分标准	配分	得分
1	电路及程序设计	（1）能正确分配 I/O 地址，并绘制 I/O 接线图 （2）设备组态 （3）根据控制要求，正确编制梯形图	（1）I/O 地址分配错误或缺少，每个扣 5 分 （2）I/O 接线图设计不全或有错，每处扣 5 分 （3）CPU 组态与现场设备型号不匹配，每处扣 10 分 （4）梯形图表达不正确或画法不规范，每处扣 5 分	40 分	
2	安装与连线	根据 I/O 接线图，正确连接电路	（1）连线错一处，扣 5 分 （2）损坏元器件，每只扣 5～10 分 （3）损坏连接线，每根扣 5～10 分	20 分	
3	调试与运行	能熟练使用编程软件编制程序下载至 CPU，并按要求调试运行	（1）不能熟练使用编程软件进行梯形图的编辑、修改、编译、下载及监视，每项扣 2 分 （2）不能按照控制要求完成相应的功能，每少一项扣 5 分	20 分	
4	安全操作	确保人身和设备安全	违反安全文明操作规程，扣 10～20 分	20 分	
5			合计		

五、知识拓展

（一）定时器的应用

1. 瞬时接通/延时断开电路

该电路要求在输入信号接通后，立即有输出，而输入信号断开后，输出信号延时一段时间后断开。

图 2-48 所示为实现该电路的梯形图及时序图。该电路中接通延时定时器的计时条件是 I0.0 为 OFF 且 Q0.0 为 ON。I0.0 为 ON 时，Q0.0 立即输出且自保持；而当 I0.0 为 OFF 时，Q0.0 此时为 ON，定时器 T1 开始延时。当 T1 延时 5s 后，断开 Q0.0 的自保持电路，Q0.0 变为 OFF。

2. 延时接通/延时断开电路

该电路要求在输入信号接通后，停一段时间后产生输出信号；而输入信号断开后，输出信号延时一段时间才断开。

图 2-49 所示为实现该电路的梯形图及时序图，和瞬时接通/延时断开电路相比，该电路需增加一个输入延时。T1 延时 3s 作为 Q0.0 的起动条件，T2 延时 5s 作为 Q0.0 的关断条件。两个接通延时定时器配合使用，实现该电路的功能。

项目二　S7-1200 PLC基本指令的编程及应用

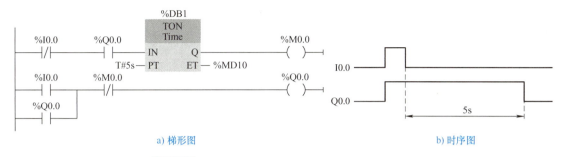

图 2-48　瞬时接通／延时断开电路的梯形图及时序图

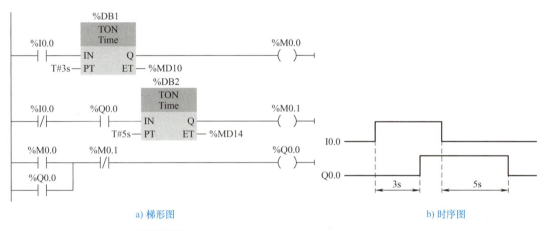

图 2-49　延时接通／延时断开电路的梯形图及时序图

3. 脉冲宽度可控制电路

在输入信号宽度不规范的情况下，要求在每个输入信号上升沿产生一个宽度固定的脉冲，该脉冲宽度可调节。需要说明的是，如果输入信号的两个上升沿之间的间距小于该脉冲宽度，则忽略输入信号的第二个上升沿。

图 2-50 所示为实现该电路的梯形图及时序图。图中使用了上升沿脉冲指令和 S/R 指令，关键是找到起动和关断 Q0.0 的条件，不论 I0.0 的宽度大于还是小于 3s，都可使 Q0.0 的宽度为 3s。定时器 T1 的计时输入逻辑在上升沿之间的间距小于该脉冲宽度时，则输入信号第二个上升沿脉冲无效。T1 在延时时间达到后产生一个信号复位 Q0.0，然后 T1 自身复位。通过调节 T1 设定值的大小，即可控制 Q0.0 的宽度，该宽度不受 I0.0 接通时间长短的影响。

4. 报警电路

报警是电气自动控制中不可缺少的重要环节，标准的报警功能应该是声光报警。当故障发生时，报警指示灯闪烁，报警电铃或蜂鸣器鸣叫。报警人员知道故障发生时，按消铃按钮，把电铃关掉，报警指示灯从闪烁变为常亮。故障消失后，报警灯熄灭。另外，还应设置试灯按钮，用于平时检测报警指示灯和电铃的好坏。

图 2-51 是标准报警电路的梯形图及时序图，图中 I0.0 为故障信号，I0.1 为消铃按钮信号，I0.2 为试灯、试铃按钮信号；Q0.0 为报警灯信号，Q0.1 为报警电铃信号。

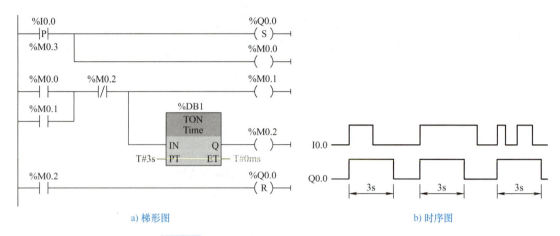

a) 梯形图　　　　　　　　　　　　　　b) 时序图

图 2-50　脉冲宽度可控制电路的梯形图及时序图

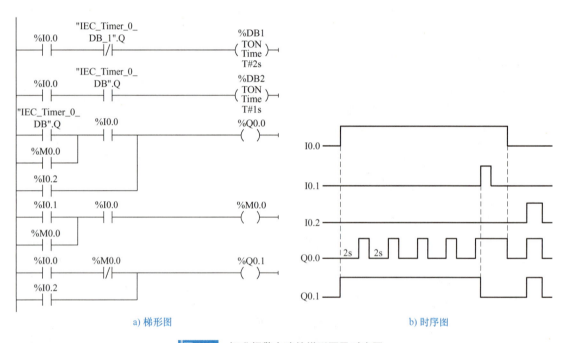

a) 梯形图　　　　　　　　　　　　　　b) 时序图

图 2-51　标准报警电路的梯形图及时序图

（二）计数器的应用

1. 计数器的扩展

S7-1200 PLC 计数器的最大计数值有限制（加计数器 +32767、减计数器 -32768），在实际应用中，如果计数范围超过该值，就需要对计数器的计数范围进行扩展，计数器扩展程序如图 2-52 所示。

在图 2-52 中，计数信号为 I0.0，它作为加计数器 CTU1 的计数输入端信号，每个上升沿使 CTU1 计数 1 次，第一个加计数器 CTU1 的常开触点作为第二个加计数器 CTU2 的计数输入端信号。计数器 CTU1 当前值达到 500 时，计数器 CTU2 计数 1 次，CTU2 的常开触点作为计数器 CTU3 的计数输入端信号。计数器 CTU2 的当前值达到 100 时，计数器 CTU3 计数 1 次，这样当计数为 500×100×10=500000 时，即当 I0.0 的上升沿脉冲数到 500000

时，Q0.0 才变为"1"状态。

使用时，应注意计数器复位输入端逻辑的设计，要保证能准确及时复位。该程序中，I0.1 为外置公共复位信号，CTU1 计数到 500 时，在使 CTU2 计数 1 次之后的下一个扫描周期，它的常开触点使自己复位；同理，CTU2 计数到 100 时，在使 CTU3 计数 1 次之后的下一个扫描周期，它的常开触点使自己复位。

2. 定时器与计数器组合实现的长延时程序

S7-1200 PLC 定时器最长定时时间有限，但在一些实际应用中，往往需要几天或更长时间的定时控制，这样仅用一个定时器就不能实现，长延时控制梯形图如图 2-53 所示。该图中输入信号 I0.0 闭合，经过 20h30min 后将输出 Q0.0 置位。

图 2-53 中，定时器每分钟产生一个脉冲，所以是分钟计时器。计数器 CTU1 每小时产生一个脉冲，故 CTU1 是小时计数器。当 20h 计时到，计数器 CTU2 为 1，这时 CTU3 再计时 30min，则总的定时时间为 20h30min，输出 Q0.0 为 1。

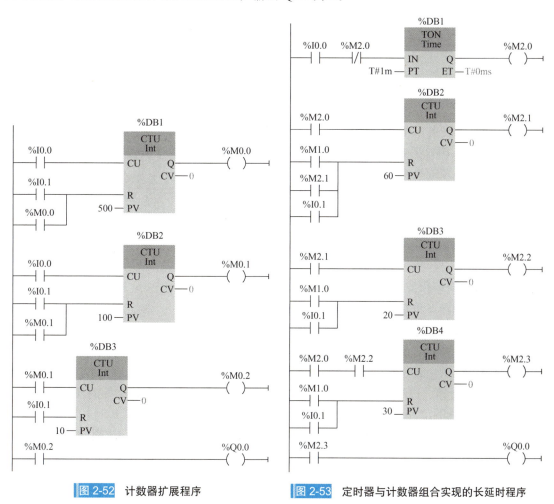

图 2-52 计数器扩展程序　　图 2-53 定时器与计数器组合实现的长延时程序

复位端有初始化脉冲 M1.0 和外部复位按钮信号 I0.1。初始化脉冲完成在 PLC 上电时对计数器的复位操作。如果所用的计数器不是设置为断电保护模式，则不需要初始化复位，CTU 具有自复位功能。

在定时时间很长、定时精度要求不高的场合，如小于 1s 或 1min 的误差可忽略不计时，可使用时钟脉冲 M0.5（1s 脉冲）等时钟存储器来构成延时程序。当然，也可用 INC 等功能指令完成延时功能。

这里需要注意的是，定时器与计数器组合实现的长延时程序中，需要启用系统存储器字节和时钟存储器字节，这样 MB0、MB1 在程序中就不能作为其他的位存储器使用。

六、任务总结

本任务主要介绍了定时器指令、计数器指令的编程及应用，用经验设计法编写 PLC 梯形图程序。在此基础上使用相关位逻辑指令、接通延时定时器指令、加计数器指令，通过博途编程软件编写三相异步电动机正反转循环运行的 PLC 控制梯形图，下载至 CPU，然后进行 I/O 接线并调试运行，从而达到会使用编程软件进行设备组态、编写程序并下载至 CPU 进行调试运行的目标。

任务三 三相异步电动机丫－△减压起动单按钮实现的 PLC 控制

一、任务导入

在任务一和任务二中，我们学习了用两个按钮控制电动机起动和停止，本任务要求只用一个按钮控制三相异步电动机丫－△减压起动停止，即第一次按下按钮，电动机实现从丫联结起动再到△联结的正常运行，第二次按下按钮，电动机停止。

分析上述控制要求，我们之前所学的位逻辑指令是不能完成这一要求的，要实现控制要求，必须使用位逻辑指令中的边沿检测指令和梯形图程序设计的转化法。

二、知识链接

（一）边沿检测指令

1. 边沿检测触点指令

边沿检测触点指令又称为扫描操作数的信号边沿指令，包括 P 触点和 N 触点指令，是当触点地址位的值由"0"变为"1"（上升沿或正边沿，Positive）或由"1"变为"0"（下降沿或负边沿，Negative）时，该触点地址保持一个扫描周期高电平，即对应的常开触点接通一个扫描周期。边沿检测触点指令可以放置在程序段中除分支结尾外的任何位置。边沿检测触点指令的应用如图 2-54 所示，图中当 I0.0 为 1，且当 I0.1 有 0→1 的上升沿时，Q0.0 接通一个扫描周期。当 I0.2 有 1→0 的下降沿时，Q0.1 接通一个扫描周期。

2. 边沿检测线圈指令

边沿检测线圈指令又称为在信号边沿置位操作指令，包括 P 线圈和 N 线圈指令，是当进入线圈的能流中检测到上升沿或下降沿变化时，线圈对应的位地址接通一个扫描周期。边沿检测线圈指令可以放置在程序段中的任何位置。边沿检测线圈指令的应用如图 2-55 所示，图中当 I0.0 从 0→1 时，Q0.0 接通一个扫描周期。当 I0.1=1，M0.1=0 时，M0.2 =1，Q0.1 被置位，此时 M0.3=0；当 I0.1 从 1→0 时，M0.3 接通一个扫描周期，Q0.1 仍为 1，图中 M0.0、M0.2 分别为保存 P 线圈、N 线圈输入端的 RLO 的边沿存储位。

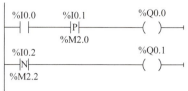

图 2-54 边沿检测触点指令的应用

图 2-55 边沿检测线圈指令的应用

（二）二分频电路程序

所谓二分频是指输出信号的频率是输入信号频率的二分之一。可以采用不同的方法实现，其梯形图程序如图 2-56 所示。在图 2-56a 中，当过程映像输入 I0.0 上升沿到来时（设为第 1 个扫描周期），位存储器 M2.0 线圈为 ON（只接通 1 个扫描周期），此时 M2.0 常开触点闭合，Q0.0 常闭触点因 Q0.0 线圈为 OFF 而接通，因此 Q0.0 线圈为 ON；下一个扫描周期，M2.0 线圈为 OFF，M2.0 常开触点为 OFF 使第一分支断开，但第二分支因 M2.0 常闭触点闭合、Q0.0 常开触点闭合实现自保持，所以 Q0.0 线圈则由于自保持而一直为 ON，直到下一次 I0.0 的上升沿到来时，M2.0 常闭触点断开，解除自保持使 Q0.0 线圈断开，从而实现二分频控制。

对于上述二分频控制程序，若按钮对应 PLC 的过程映像输入 I0.0，负载（如信号灯或控制电动机的交流接触器）对应 PLC 的过程映像输出 Q0.0，则实现的即为单按钮起停的控制。

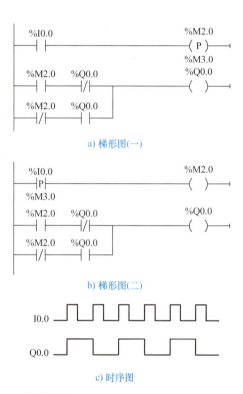

图 2-56 二分频电路梯形图和时序图

（三）根据继电－接触器控制电路设计梯形图的方法

1. 基本方法

根据继电－接触器控制电路设计梯形图的方法又称为转化法或移植法。

根据继电－接触器控制电路设计 PLC 梯形图时，关键是要抓住它们一一对应的关系，即控制功能的对应、逻辑功能的对应，以及继电器硬件元件和 PLC 软元件的对应。

2. 转化法设计的步骤

1）了解和熟悉被控设备的工艺过程和机械动作的情况，根据继电－接触器电路图分析和掌握控制系统的工作原理。

2）确定 PLC 的输入信号和输出信号，画出 PLC 外部 I/O 接线图。

3）建立其他元器件的对应关系。

4）根据对应关系画出 PLC 的梯形图。

3. 注意事项

1）应遵守梯形图语言的语法规定。

2）常闭触点提供的输入信号的处理。在继电-接触器控制电路使用的常闭触点，如果在转换为梯形图时仍采用常闭触点，使其与继电-接触器控制电路相一致，那么在输入信号接线时就一定要连接该触点的常开触点。

3）外部联锁电路的设定。为了防止外部两个不可能同时动作的接触器同时动作，除了在PLC梯形图中设置软件互锁外，还应在PLC外部设置硬件互锁。

4）通电延时型时间继电器瞬动触点的处理。对于有瞬动触点的通电延时型时间继电器，可以在梯形图中接通延时定时器指令框的两端并联位存储器，该位存储器的触点可以作为通电延时型时间继电器的瞬动触点使用。

5）热继电器过载信号的处理。如果热继电器为自动复位型，其触点提供的过载信号就必须通过输入点将信号提供给PLC；如果热继电器为手动复位型，可以将其常闭触点串联在PLC输出回路的交流接触器线圈支路上。

三、任务实施

（一）任务目标

1）会绘制三相异步电动机丫-△减压起动单按钮实现的PLC控制的I/O接线图及主电路图。

2）会S7-1200 PLC I/O接线。

3）掌握边沿检测指令的编程及应用。

4）学会用边沿检测指令编制三相异步电动机丫-△减压起动单按钮实现的PLC控制的程序。

5）熟练掌握使用博途编程软件进行设备组态、编制梯形图，并下载至CPU进行调试运行。

（二）设备与器材

本任务实施所需设备与器材，见表2-12。

表2-12 所需设备与器材

序号	名称	符号	型号规格	数量	备注
1	常用电工工具		十字螺钉旋具、一字螺钉旋具、尖嘴钳、剥线钳等	1套	表中所列设备、器材的型号规格仅供参考
2	计算机（安装博途编程软件）			1台	
3	西门子S7-1200 PLC	CPU	CPU1214C AC/DC/Rly，订货号：6ES7 214-1AG40-0XB0	1台	
4	三相异步电动机	M	WDJ26，P_N=40W，U_N=380V，I_N=0.3A，n_N=1430r/min，f=50Hz	1台	
5	三相异步电动机丫-△减压起动单按钮控制面板			1个	
6	以太网通信电缆			1根	
7	连接导线			若干	

（三）内容与步骤

1. 任务要求

首先根据转化法，将图 2-57 所示三相异步电动机 Y-△ 减压起动控制电路图转换为 PLC 控制梯形图，同时电路要有必备的软件与硬件保护环节，然后再进行三相异步电动机 Y-△ 减压起动单按钮实现的 PLC 控制，其控制面板如图 2-58 所示。

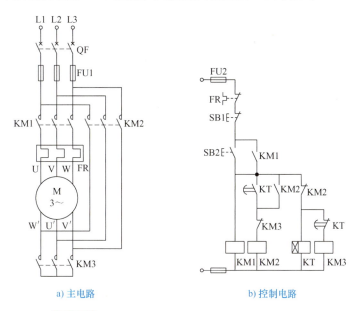

图 2-57 三相异步电动机 Y-△ 减压起动控制电路

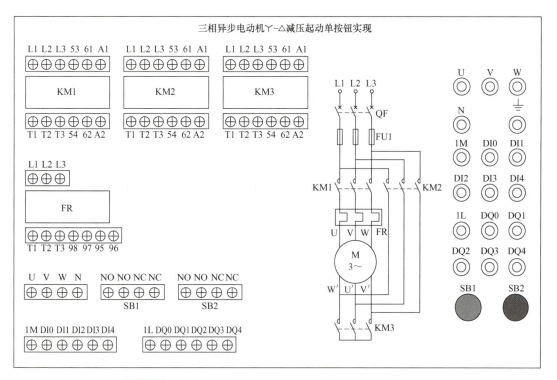

图 2-58 三相异步电动机 Y-△ 减压起动单按钮实现控制面板

2. I/O 地址分配与接线图

根据控制要求确定 I/O 点数，I/O 地址分配见表 2-13。

表 2-13 I/O 地址分配表

输入			输出		
设备名称	符号	I 元件地址	设备名称	符号	Q 元件地址
起停按钮	SB1	I0.0	控制电源接触器	KM1	Q0.0
热继电器	FR	I0.2	△联结接触器	KM2	Q0.1
			丫联结接触器	KM3	Q0.2

根据 I/O 地址分配，绘制 I/O 接线图，如图 2-59 所示。

图 2-59 三相异步电动机丫–△减压起动单按钮实现的 I/O 接线图

3. 创建工程项目

打开博途编程软件，在 Portal 视图中选择“创建新项目”，输入项目名称“2RW_3”，选择项目保存路径，然后单击“创建”按钮，创建项目完成，并完成项目硬件组态。

4. 编辑变量表

在项目树中，打开“PLC 变量”文件夹，双击“添加新变量表”，生成“变量表_1[0]”，在该变量表中根据 I/O 地址分配表编辑变量表，如图 2-60 所示。

5. 编写程序

在项目树中，打开“程序块”文件夹中“Main[OB1]”选项，在程序编辑区根据转换法编制二相异步电动机丫 △减压起动梯形图程序，如图 2-61 所示。

然后，再根据单按钮起停程序和三相异步电动机丫–△减压起动程序，在程序编辑区编制三相异步电动机丫–△减压起动单按钮实现的梯形图程序，如图 2-62 所示。

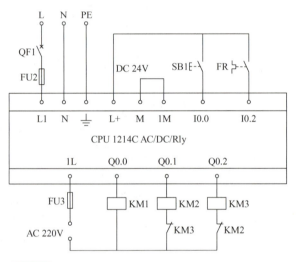

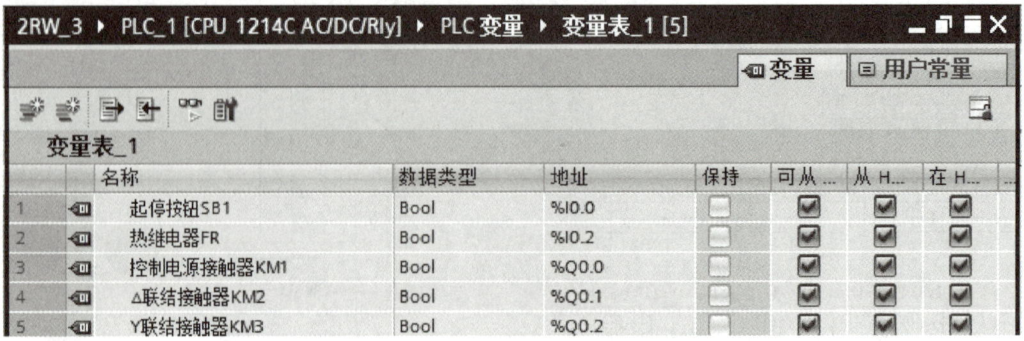

	名称	数据类型	地址	保持	可从...	从 H...	在 H...
1	起停按钮SB1	Bool	%I0.0	☐	☑	☑	☑
2	热继电器FR	Bool	%I0.2	☐	☑	☑	☑
3	控制电源接触器KM1	Bool	%Q0.0	☐	☑	☑	☑
4	△联结接触器KM2	Bool	%Q0.1	☐	☑	☑	☑
5	Y联结接触器KM3	Bool	%Q0.2	☐	☑	☑	☑

图 2-60 三相异步电动机丫–△减压起动单按钮实现的变量表

项目二　S7-1200 PLC基本指令的编程及应用

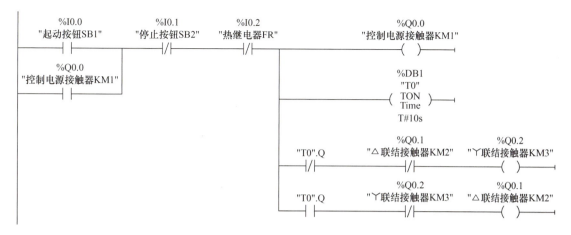

图 2-61　Y-△减压起动控制梯形图

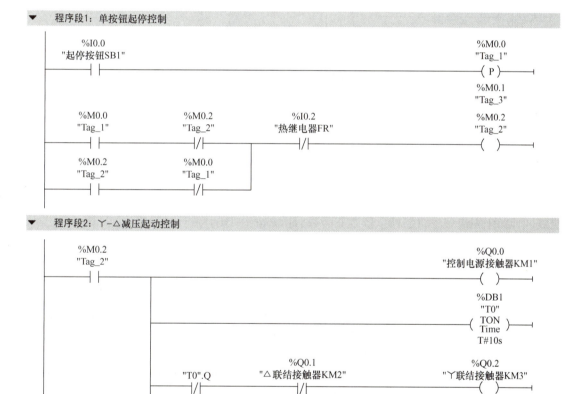

图 2-62　三相异步电动机Y-△减压起动单按钮实现的梯形图

6. 调试运行

将设备组态及图 2-62 所示的梯形图程序编译后下载到 CPU 中，启动 CPU，将 CPU 切换至 RUN 模式。按图 2-59 所示的 PLC I/O 接线图正确连接输入设备、输出设备，首先进行系统的空载调试，观察交流接触器能否按控制要求动作（按下起停按钮 SB1 时，KM1、

KM3 动作，延时 10s 时间到，首先 KM3 复位，然后 KM2 动作，当三相异步电动机出现过载使 FR 动作或第二次按下 SB1，KM1～KM3 立即复位），在运行监视状态下，观察 Q0.0、Q0.2 及 Q0.1 的动作状态是否与交流接触器 KM1、KM3 及 KM2 的动作相对应。否则，检查电路接线或修改程序，直至交流接触器能按控制要求动作；然后按图 2-59 所示连接电动机，进行带负载动态调试。

注意：在调试过程中，如果修改了程序，则必须编译并重新下载。

（四）分析与思考

1) 在丫-△减压起动控制电路中，如果将热继电器过载保护作为 PLC 的硬件条件，其 I/O 接线图及梯形图应如何绘制？

2) 在丫-△减压起动控制电路中，如果控制丫联结的 KM3 和控制△联结的 KM2 同时得电，会出现什么问题？本任务在硬件和程序上采取了哪些措施？

四、任务考核

任务考核见表 2-14。

表 2-14 任务实施考核表

序号	考核内容	考核要求	评分标准	配分	得分
1	电路及程序设计	（1）能正确分配 I/O 地址，并绘制 I/O 接线图 （2）设备组态 （3）根据控制要求，正确编制梯形图	（1）I/O 地址分配错误或缺少，每个扣 5 分 （2）I/O 接线图设计不全或有错，每处扣 5 分 （3）CPU 组态与现场设备型号不匹配，扣 10 分 （4）梯形图表达不正确或画法不规范，每处扣 5 分	40 分	
2	安装与连线	根据 I/O 接线图，正确连接电路	（1）连线错一处，扣 5 分 （2）损坏元器件，每只扣 5～10 分 （3）损坏连接线，每根扣 5～10 分	20 分	
3	调试与运行	能熟练使用编程软件编制程序下载至 CPU，并按要求调试运行	（1）不能熟练使用编程软件进行梯形图的编辑、修改、转换、写入及监视，每项扣 2 分 （2）不能按照控制要求完成相应的功能，每缺一项扣 5 分	20 分	
4	安全操作	确保人身和设备安全	违反安全文明操作规程，扣 10～20 分	20 分	
5	合计				

五、知识拓展

1. 取反 RLO 指令

RLO 是逻辑运算结果的简称，图 2-63 中间有"NOT"的触点为取反 RLO 触点，它用来转换能流输入的逻辑状态，如果有能流流入取反 RLO 触点，该触点输入端的 RLO 为"1"状态，反之为"0"状态。

如果没有能流流入取反 RLO 触点，则有能流流出。如果有能流流入取反 RLO 触点，则没有能流流出。在图 2-63 中，若 I0.0 为 1，I0.1 为 0，则有能流流入 NOT 触点，经过 NOT 触点后，则无能流流向 Q0.0；反之若 I0.1 为 1，或 I0.0、I0.1 均为 0，则无能流流入 NOT

触点，经过 NOT 触点后，则有能流流向 Q0.0。

2. 扫描 RLO 的信号边沿指令

扫描 RLO 的信号边沿指令包括扫描 RLO 的信号上升沿指令（P_TRIG 指令）和扫描 RLO 的信号下降沿指令（N_TRIG 指令）。P_TRIG 指令的功能是在流进扫描 RLO 的信号上升沿指令的 CLK 输入端的能流（即 RLO）的上升沿（能流刚流进），Q 端输出脉冲宽度为一个扫描周期的能流。N_TRIG 指令的功能是在流进扫描 RLO 的信号下降沿指令的 CLK 输入端的能流（即 RLO）的下降沿（能流刚消失），Q 端输出脉冲宽度为一个扫描周期的能流。P_TRIG 指令和 N_TRIG 指令的应用如图 2-64 所示。

在图 2-64 中，当 I0.0=1、I0.1 由 0→1 或 I0.1=1、I0.0 由 0→1 或 I0.0、I0.1 同时由 0→1 的瞬间，P_TRIG 指令的 CLK 输入端有上升沿能流流入，Q 端输出脉冲宽度为一个扫描周期的能流，使 Q0.0 置位。指令方框下面的 M2.0 是保存上一次查询的 RLO 的边沿存储位。

当 I0.0=1、I0.1 由 1→0 或 I0.1=1、I0.0 由 1→0 或 I0.0、I0.1 同时由 1→0 时，N_TRIG 指令的 CLK 输入端有下降沿能流流入，Q 端输出脉冲宽度为一个扫描周期的能流，使 Q0.1 复位。指令方框下面的 M2.2 是保存上一次查询的 RLO 的边沿存储位。

注意：P_TRIG 指令和 N_TRIG 指令不能放在程序段的开始处和结束处。

图 2-63 取反 RLO 指令的应用

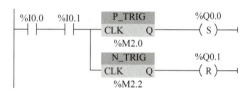

图 2-64 扫描 RLO 的信号边沿指令的应用

3. 检测信号边沿指令

检测信号边沿指令包括检测信号上升沿指令（R_TRIG）和检测信号下降沿指令（F_TRIG）。它们都是函数块，调用时应该指定背景数据块。R_TRIG 的功能是将输入 CLK 的当前状态与背景数据块中边沿存储位保存的上一扫描周期状态进行比较，如果检测到 CLK 上升沿，Q 端输出一个扫描周期的脉冲。F_TRIG 的功能是将输入 CLK 的当前状态与背景数据块中边沿存储位保存的上一扫描周期状态进行比较，如果检测到 CLK 下降沿，Q 端输出一个扫描周期的脉冲。R_TRIG 指令和 F_TRIG 指令的应用如图 2-65 所示。

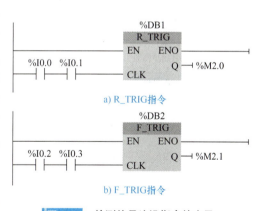

图 2-65 检测信号边沿指令的应用

4. 边沿检测指令的比较

以上升沿检测为例，下面比较 4 种边沿检测指令的区别。

1）在 ─|P|─ 触点上面的地址上升沿，该触点接通一个扫描周期。因此 P 触点用于检测触点上面的地址上升沿，并且直接输出上升沿脉冲。其他 3 种指令都是用来检测 RLO（流入它们的能流）的上升沿。

2）在流过 ─(P)─ 线圈的能流的上升沿，线圈上面的地址在一个扫描周期为"1"状态。

因此 P 线圈用于检测能流的上升沿，并用线圈上面的地址来输出上升沿脉冲。其他 3 种指令都是直接输出检测结果。

3）R_TRIG 与 P_TRIG 指令用于检测流入它们的 CLK 端的能流的上升沿，并直接输出检测结果，区别在于 R_TRIG 指令用背景数据块保存上一扫描周期 CLK 端信号的状态，而 P_TRIG 指令用边沿存储位来保存。

如果 R_TRIG 与 P_TRIG 指令的 CLK 端电路只有某地址的常开触点，可用该地址的 ─|P|─ 触点来代替它的常开触点和这两条指令之一的串联电路。

六、任务总结

本任务主要介绍了边沿检测指令的编程及应用、二分频电路程序（单按钮起停控制程序）以及利用转化法将三相异步电动机丫–△减压起动继电器控制电路图转换为 PLC 控制的梯形图。在此基础上，通过博途编程软件利用位逻辑指令及定时器指令编制了三相异步电动机丫–△减压起动单按钮实现的 PLC 控制梯形图，下载至 CPU，然后进行 I/O 接线并调试运行，从而达到会使用编程软件进行设备组态、编写程序并下载至 CPU 进行调试运行的目标。

❖ 任务四 / 流水灯的 PLC 控制

一、任务导入

在日常生活中，经常看到广告牌上的各种彩灯在夜晚时灭时亮、有序变化，形成一种绚烂多姿的效果。

本任务将以 8 组 LED 组成循环点亮的流水灯为例，围绕其控制系统的实现介绍移动值指令、循环移位指令的编程应用。

二、知识链接

（一）数制与基本数据类型

1. 数制

（1）二进制数 二进制数的一位（bit）只有 0 和 1 两种不同的取值，可用来表示开关量（或称数字量）的两种不同的状态，如触点的断开或接通、线圈的断电或通电等。如果该位为"1"，则正逻辑情况下表示梯形图中对应的编程软件的线圈"通电"，其常开触点接通，常闭触点断开，反之，则相反。二进制数用"2#"表示，2#1111_1001_0110_0001 是一个 16 位二进制数。

（2）十六进制数 十六进制数的 16 个数码由 0～9 这十个数字以及 A、B、C、D、E、F（对应十进制数 10～15）6 个字母构成，其运算规则为逢十六进一，在西门子 S7-1200 PLC 中 B#16#、W#16#、DW#16# 分别表示十六进制字节、十六进制字和十六进制双字常数，例如 16#3D5F。在数字后面加"H"也可以表示十六进制数，例如 16#3D5F 可以表示为 3D5FH。

十六进制数转换为十进制数按照其运算规则进行，例如 B#16#2E=$2 \times 16^1 + 14 \times 16^0$=46；

十进制数转换为十六进制数则采用除16方法，1234=4×16²+13×16+2=4D2H。十六进制数与二进制数的转换则注意十六进制数中每个数字占二进制的4位即可，例如2B7FH=0010_1011_0111_1111。

（3）补码　有符号二进制整数用补码来表示，其最高位为符号位，符号位为0时为正数，为1时为负数。正数的补码就是它本身，最大的16位二进制正数为32767。

将正数的补码逐位取反后加1，得到绝对值与它相同的负数的补码。

例如：1158对应的补码为2#0000 0100 1000 0110，–1158对应的补码为2#1111 1011 0111 1010。

（4）BCD码　BCD码是将一个十进制数的每一位都用4位二进制数表示，即0～9分别用0000～1001表示，而剩余6种组合（1010～1111）则没有在BCD码中使用。

BCD码的最高4位二进制数用来表示符号（"–"用1111表示，"+"用0000表示），16位BCD码字的范围为–999～999。32位BCD码双字的范围为–9999999～9999999。

BCD码实际上是十六进制数，但是各位之间的关系是逢十进一。十进制数可以很方便地转换为BCD码，例如十进制数192对应的BCD码为W#16#192或2#0000_0001_1001_0010。

2. 基本数据类型

基本数据类型见表2-15。

表2-15　S7-1200 PLC基本数据类型

数据类型	位数/bit	取值范围	举例
位（Bool）	1	0～1	0, 1或FALSE, TRUE
字节（Byte）	8	16#00～16#FF	16#12, 16#EF
字（Word）	16	16#0000～16#FFFF	16#1234, 16#01AB
双字（DWord）	32	16#00000000～16#FFFFFFFF	16#01234567
字符（Char）	8	16#00～16#FF	'B', '@'
有符号短整数（SInt）	8	–128～127	–120, 120
整数（Int）	16	–32768～32767	–10000, 26768
双整数（DInt）	32	–2147483648～2147483647	–32768, 32767
无符号短整数（USInt）	8	0～255	100, 200
无符号整数（UInt）	16	0～65535	101, 3000
无符号双整数（UDInt）	32	0～4294967295	2000, 45000
浮点数（Real）	32	$\pm 1.175495 \times 10^{-38} \sim \pm 3.402823 \times 10^{38}$	12.45, –1.2e+12, 3.4e-3
双精度浮点数（LReal）	64	$\pm 2.2250738585072020 \times 10^{-308} \sim \pm 1.7976931348623157 \times 10^{308}$	12345.123456789, –1.2e+40
时间（Time）	32	T#–24d20h31m23s648ms～T#24d20h31m23s647ms	T#10d20h30m20s640ms

由表2-15可以看出，字节、字和双字都是无符号数。8位、16位和32位整数是有符号数，整数的最高位是符号位，最高位为0时表示正数，最高位为1时表示负数。整数用补码表示，正数的补码就是它本身，将一个正数对应的二进制数的各位求反码后加1，就可以得到绝对值和它相等的负数的补码。8位、16位和32位无符号整数只取正值，使用时要根据情况选用正确的数据类型。

浮点数又称为实数（Real），最高位（第31位）为浮点数的符号位，如图2-66所示，正数时为 0,负数时为 1。规定尾数的整数部分总是为 1,第 0～22 位为尾数的小数部分。8 位指数加上偏移量 127 后 (0～255),放在第 23～30 位。

图 2-66　浮点数的格式

浮点数可表示为 $1.m \times 2^E$,指数 E 是有符号数,$E = e-127$(其中 e 是二进制整数形式的指数,取值范围为 0～255)。范围为 $\pm 1.175495 \times 10^{-38}$ ～ $\pm 3.402823 \times 10^{38}$。STEP7 中用小数表示浮点数。

时间型数据为 32 位数,以表示毫秒时间的有符号双精度整数形式存储。

(二)移动值指令与循环移位指令

在 S7-1200 PLC 的梯形图中,用方框表示某些指令、函数(FC)和函数块(FB),输入信号均在方框的左边,输出信号均在方框的右边。梯形图中有一条提供"能流"的左侧垂直线(左母线),当其左侧逻辑运算结果 RLO 为"1"时,能流流到方框指令的左侧使能输入端 EN(Enable Input)。使能输入有能流时,方框指令才能执行。

如果方框指令 EN 端有能流输入,而且执行时无错误,则使能输出 ENO(Enable Output)端将能流流入下一元件。如果执行过程中有错误,能流在出现错误的方框指令终止。

1. 移动值指令

移动值(MOVE)指令是将 IN 输入端的源数据传送(复制)到 OUT1 输出的目标地址,并且转换为 OUT1 允许的数据类型(与是否进行 IEC 检查有关),源数据保持不变。IN 和 OUT1 的数据类型可以是位字符串、整数、浮点数、定时器、日期时间、Char、WChar、Struct、Array、IEC 定时器 / 计数器数据类型、PLC 数据类型(UDT),IN 还可以是常数。

移动值指令可用于 S7-1200 CPU 的不同数据类型之间的数据传送,使用注意事项见 MOVE 指令的在线帮助。如果 IN 输入端数据类型的位长度超出输出 OUT1 数据类型的位长度,则目标值中源数据的高位会丢失;如果 IN 输入端数据类型的位长度小于输出 OUT1 数据类型的位长度,目标值的高位会被改写为 0。

MOVE 指令允许有多个输出,单击 MOVE 指令方框内 OUT1 前面的" "标记,将会增加一个输出,增加的输出的名称为 OUT2,之后增加的输出的编号按顺序递增。用鼠标右键单击某个输出的短线,执行快捷菜单中的"删除"命令,将会删除该输出。删除后自动调整剩下的输出的编号。

移动值指令的应用举例如图 2-67 所示。

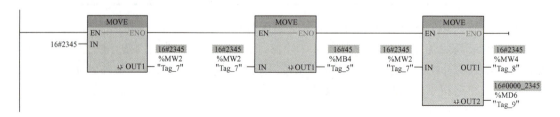

图 2-67　移动值指令的应用

2. 循环移位指令

循环移位指令有循环左移（ROL）指令和循环右移（ROR）指令，是将 IN 输入端指定的存储单元的整个内容逐位循环左移或循环右移若干位，即移出来的位又送回存储单元另一端空出来的位，原始的位不会丢失。N 为移位的位数，移位的结果保存在输出参数 OUT 指定的地址。移位的位数 N 可以大于被移位存储单元的位数，执行指令后，ENO 总是为"1"状态。N 为 0 时不移位，但将 IN 指定的输入值复制给 OUT 指定的地址。

循环移位指令说明见表 2-16。

表 2-16 循环移位指令说明

指令名称	LAD/FBD	操作数类型	说明
循环左移	ROL ??? EN—ENO IN OUT N	IN, OUT: 位字符串、整数 参数 N: USInt、UInt、UDInt	将 IN 输入端中操作数的内容按位向左移 N 位，用移出来的位填充因循环移位而空出来的位，并输出到 OUT 指定的地址中
循环右移	ROR ??? EN—ENO IN OUT N	IN, OUT: 位字符串、整数 参数 N: USInt、UInt、UDInt	将 IN 输入端中操作数的内容按位向右移 N 位，用移出来的位填充因循环移位而空出来的位，并输出到 OUT 指定的地址中

循环移位指令的应用如图 2-68 所示，MB2 中的数据为二进制 0111 1011，执行 ROR 指令后，MB4 中的数据变为 0110 1111；MW6 中的数据为 0101 0010 1011 1010，执行 ROL 指令后 MW8 中的数据变为 1001 0101 1101 0010。

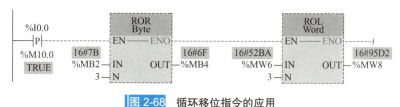

图 2-68 循环移位指令的应用

三、任务实施

（一）任务目标

1）熟练掌握移动值指令和循环移位指令的编程及应用。

2）会绘制流水灯控制的 I/O 接线图，并能根据接线图完成 PLC I/O 接线。

3）能根据控制要求编写梯形图程序。

4）熟练掌握使用博途编程软件进行设备组态、编制流水灯控制梯形图，并下载至 CPU 进行调试运行。

（二）设备与器材

本任务实施所需的设备与器材，见表 2-17。

表 2-17 所需设备与器材

序号	名称	符号	型号规格	数量	备注
1	常用电工工具		十字螺钉旋具、一字螺钉旋具、尖嘴钳、剥线钳等	1 套	表中所列设备、器材的型号规格仅供参考
2	计算机（安装博途编程软件）			1 台	
3	西门子 S7-1200 PLC	CPU	CPU1214C AC/DC/Rly，订货号：6ES7 214-1AG40-0XB0	1 台	
4	流水灯模拟控制挂件			1 个	
5	以太网通信电缆			1 根	
6	连接导线			若干	

（三）内容与步骤

1. 任务要求

8 组 LED 灯组成的流水灯的模拟控制面板如图 2-69 所示。按下起动按钮时，流水灯以正序每隔 1s 依次点亮（HL1 → HL1、HL2 → HL1、HL2、HL3 →…），当 8 组灯全亮 1s 后，闪亮 3s；然后再重复上述过程。无论何时按下停止按钮，流水灯全部熄灭。

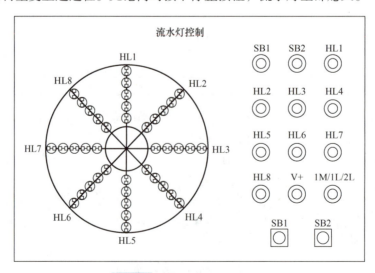

图 2-69 流水灯模拟控制面板

2. I/O 地址分配与接线图

根据控制要求确定 I/O 点数，流水灯控制的 I/O 地址分配见表 2-18。根据 I/O 地址分配表绘制流水灯控制 I/O 接线图，如图 2-70 所示。

表 2-18 流水灯控制 I/O 地址分配表

输入			输出		
设备名称	符号	I 元件地址	设备名称	符号	Q 元件地址
起动按钮	SB1	I0.0	流水灯 1	HL1	Q0.0
停止按钮	SB2	I0.1	流水灯 2	HL2	Q0.1
			⋮	⋮	⋮
			流水灯 8	HL8	Q0.7

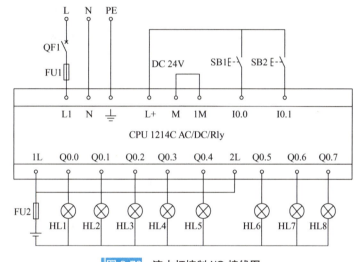

图 2-70 流水灯控制 I/O 接线图

3. 创建工程项目

打开博途编程软件，在 Portal 视图中选择"创建新项目"，输入项目名称"2RW_4"，选择项目保存路径，然后单击"创建"按钮，创建项目完成，并完成项目硬件组态。

4. 编辑变量表

在项目树中，打开"PLC 变量"文件夹，双击"添加新变量表"，生成"变量表_1[0]"，在该变量表中根据 I/O 地址分配表编辑变量表，如图 2-71 所示。

5. 编写程序

本任务要求 8 组灯全亮 1s 后闪烁 3s，闪烁周期可以通过接通延时定时器来实现，也可以使用系统时钟存储器来执行。在此介绍系统存储器字节和时钟存储器字节的设置，设置完成后，单击程序编辑器界面工具栏"保存项目"图标 保存项目 进行设置保存。

（1）系统存储器字节的设置　在本任务硬件组态界面，双击项目树下"PLC_1[CPU 1214C AC/DC/Rly]"文件夹中的"设备组态"，打开该 PLC 的设备视图。选中 CPU 后，再选中巡视窗口中"属性"下的"常规"选项，打开在"脉冲发生器"文件夹中的"系统和时钟存储器"选项，便可对它们进行设置。选中"启用系统存储器字节"，采用默认的 MB1 作为系统存储器字节，如图 2-72 所示，可以修改系统存储器字节的地址。

将 MB1 设置为系统存储器字节后，该字节中的 M1.0～M1.3 的意义如下：

M1.0（首次循环）：仅在 CPU 进入 RUN 模式时的首次扫描时为"1"状态，以后一直为"0"状态。

M1.1（诊断状态已更改）：CPU 登录了诊断事件时，在一个扫描周期内为"1"状态。

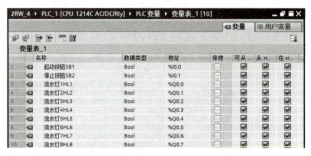

图 2-71　流水灯控制变量表

M1.2（始终为1）：在 CPU 进入 RUN 模式时一直为"1"状态。其常开触点总是闭合的。

M1.3（始终为0）：在 CPU 进入 RUN 模式时一直为"0"状态。其常闭触点总是闭合的。

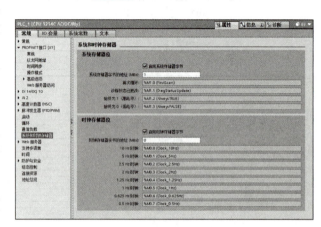

图 2-72　组态系统存储器字节与时钟存储器字节

（2）时钟存储器字节的设置　在图 2-72 界面，选中"启用时钟存储器字节"，采用默认的 MB0 作为时钟存储器字节，也可以修改时钟存储器字节的地址。

时钟脉冲是一个周期内"0"状态和"1"状态所占的时间各为 50% 的方波信号，时钟存储器字节各位对应的时钟脉冲的周期和频率见表 2-19。CPU 在扫描循环开始时初始化这些位。

表 2-19　时钟存储器字节各位对应的时钟脉冲周期与频率

位	M0.7	M0.6	M0.5	M0.4	M0.3	M0.2	M0.1	M0.0
周期 /s	2	1.6	1	0.8	0.5	0.4	0.2	0.1
频率 /Hz	0.5	0.625	1	1.25	2	2.5	5	10

这里需要特别强调的是：指定了系统存储器和时钟存储器字节后，这两个字节就不能再用于其他用途，并且这两个字节的 12 位只能使用它们的触点，不能使用其线圈，否则将会使用户程序运行出错，甚至造成设备损坏或人身伤害。

（3）程序编写　在项目树中，打开"程序块"文件夹中的"Main[OB1]"选项，在程序编辑区根据控制要求编制梯形图，如图 2-73 所示。

6. 调试运行

将设备组态及图 2-73 所示的梯形图程序编译后下载到 CPU 中，启动 CPU，将 CPU 切换至 RUN 模式，然后按照图 2-70 进行 PLC 输入、输出接线，调试运行，观察运行结果。

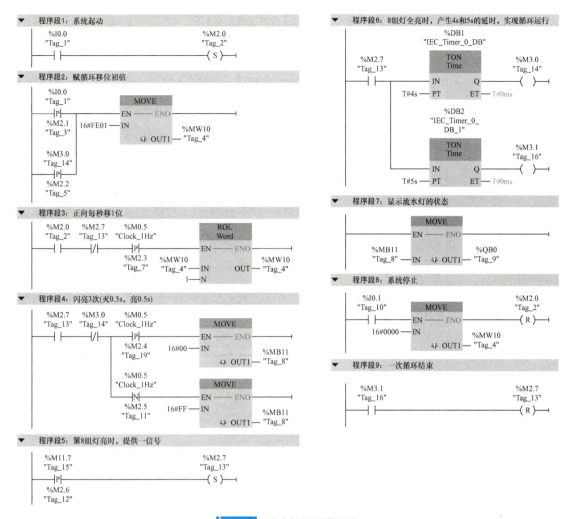

图 2-73 流水灯控制梯形图

（四）分析与思考

1）在图 2-73 梯形图程序中，闪亮 3s 是如何实现的？8 组灯在闪亮时亮、灭各多长时间？

2）如果本任务改为跑马灯的 PLC 控制，即 8 组灯每隔 1s 轮流点亮，其他条件不变，梯形图程序应如何编制？

3）如果将流水灯循环移位及闪烁控制的秒脉冲改用定时器指令实现，其梯形图程序应如何编制？

4）若本任务流水灯要求反向依次点亮（即 HL8→HL8、HL7→HL8、HL7、HL6→…），其梯形图程序应如何编制？

四、任务考核

任务考核见表 2-20。

表 2-20　任务实施考核表

序号	考核内容	考核要求	评分标准	配分	得分
1	电路及程序设计	（1）能正确分配 I/O 地址，并绘制 I/O 接线图 （2）设备组态 （3）根据控制要求，正确编制梯形图	（1）I/O 地址分配错误或缺少，每个扣 5 分 （2）I/O 接线图设计不全或有错，每处扣 5 分 （3）CPU 组态、通信模块组态与现场设备型号不匹配，每项扣 10 分 （4）梯形图表达不正确或画法不规范，每处扣 5 分	40 分	
2	安装与连线	根据 I/O 接线图，正确连接电路	（1）连线错一处，扣 5 分 （2）损坏元器件，每只扣 5～10 分 （3）损坏连接线，每根扣 5～10 分	20 分	
3	调试与运行	能熟练使用编程软件编制程序下载至 CPU，并按要求调试运行	（1）不能熟练使用编程软件进行梯形图的编辑、修改、转换、写入及监视，每项扣 2 分 （2）不能按照控制要求完成相应的功能，每缺一项扣 5 分	20 分	
4	安全操作	确保人身和设备安全	违反安全文明操作规程，扣 10～20 分	20 分	
5			合计		

五、知识拓展

（一）移位指令（SHL、SHR）

移位指令 SHL 和 SHR 将 IN 输入端指定的存储单元的整个内容逐位左移或右移若干位，移位的位数用输入参数 N 来定义，移位的结果保存在输出端 OUT 指定的地址。

无符号数移位和有符号数左移后空出来的位用 0 填充。有符号数右移后空出来的位用符号位（原来的最高位）填充，正数的符号位为 0，负数的符号位为 1。

移位的位数 N 为 0 时不会移位，但是 IN 指定的输入值被复制给 OUT 指定的地址。如果 N 大于被移位存储单元的位数，所有原来的位都被移出后，全部被 0 或符号位取代。移位操作的 ENO 总是为 "1" 状态。

移位指令说明见表 2-21。

在程序编辑区，将基本指令列表中的移位指令拖放到程序段后，单击移位指令后将在方框名称下面 ??? 的右侧和名称的右上角出现黄色三角形符号，将鼠标移至（或单击）方框名称下面和右上角出现的黄色三角符号，会出现 "▼" 图标，单击指令名称下面 ??? 右侧的 "▼" 图标，可以用下拉式列表设置变量的数据类型及修改操作数的数据类型；单击指令名称右上角的按钮，可以用下拉式列表设置移位指令类型，如图 2-74 所示。

图 2-74　移位指令

表 2-21 移位指令说明

指令名称	LAD/FBD	数据类型	说明
左移	SHL ??? EN—ENO IN OUT N	IN，OUT：位字符串、整数 参数 N：USInt、UInt、UDInt	将 IN 输入端中操作数的内容按位向左移 N 位，并输出到 OUT 指定的地址中。无符号数和有符号数左移后右侧区域空出的位用 0 填充
		15... ...8 7... ...0 IN 0 0 0 0 1 1 1 1 0 1 0 1 0 1 0 1 N ←6位 OUT 0 0 0 0 1 1 1 1 0 1 0 1 0 1 0 0 0 0 0 0 0 0 此6位丢失　　　　　　　　　　空出的位置用0填充	
右移	SHR ??? EN—ENO IN OUT N	IN，OUT：位字符串、整数 参数 N：USInt、UInt、UDInt	将 IN 输入端中操作数的内容按位向右移 N 位，并输出到 OUT 指定的地址中。当进行无符号数移位时，用 0 填充操作数左侧区域空出的位；如果指定的数有符号，则用符号位的信号状态填充空出的位
		15... ...8 7... ...0 IN 1 0 1 0 1 1 1 1 0 0 0 0 1 0 1 0 符号位　　　　　4位→ OUT 1 1 1 1 1 0 1 0 1 1 1 1 0 0 0 0 1 0 1 0 空出的位用符号位的信号状态填充　　　此4位丢失	

执行移位指令时应注意，如果将移位后的数据送回原地址，应使用边沿检测触点（P 触点或 N 触点），否则在能流流入的每个扫描周期都要移位一次。

左移 n 位相当于乘以 2^n，右移 n 位相当于除以 2^n，当然这一操作需要在数据存在的范围内，如图 2-75 所示。整数 –100 左移 4 位，相当于乘以 16，等于 –1600；整数 800 右移 3 位，相当于除以 8，等于 100。

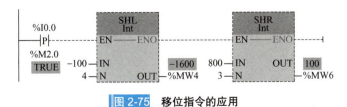

图 2-75 移位指令的应用

(二) 移位指令的应用

使用 PLC 实现 8 盏灯的跑马灯控制。按下起动按钮后，首先按正向第 1 盏灯亮，1s 后第 2 盏灯亮，再过 1s 后第 3 盏灯亮，直到第 8 盏灯亮；再过 1s 后，按反向第 7 盏灯亮，1s 后第 6 盏灯亮，直到第 1 盏灯亮，然后重复循环。无论何时按下停止按钮，跑马灯立即熄灭。

1. I/O 地址分配

根据控制要求确定 I/O 点数，跑马灯控制 I/O 地址分配见表 2-22。

表 2-22　跑马灯控制 I/O 地址分配表

输入			输出		
设备名称	符号	I 元件地址	设备名称	符号	Q 元件地址
起动按钮	SB1	I0.0	灯 1…灯 8	HL1…HL8	Q0.0…Q0.7
停止按钮	SB2	I0.1			

2. 创建工程项目

打开博途编程软件，在 Portal 视图中选择"创建新项目"，输入项目名称"跑马灯控制"，选择项目保存路径，然后单击"创建"按钮，创建项目完成，并完成项目硬件组态。

3. 编写程序

在项目树中，打开"程序块"文件夹中的"Main[OB1]"选项，在程序编辑区根据控制要求编制梯形图，如图 2-76 所示。

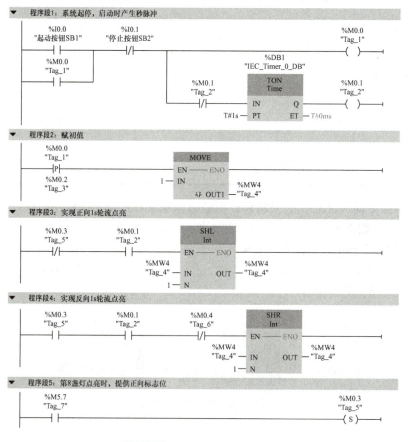

图 2-76　跑马灯控制的梯形图

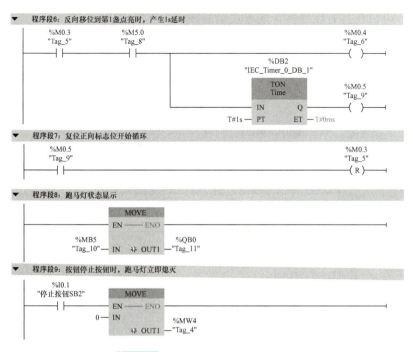

图 2-76 跑马灯控制的梯形图（续）

六、任务总结

本任务主要介绍了移动值指令、循环移位指令的功能、编程及应用。然后以流水灯的 PLC 控制为载体，运用博途编程软件围绕其设备组态、输入/输出接线、程序编写、项目下载及调试运行开展任务实施，达成会使用移动值指令、循环移位指令编程及应用的目标。最后拓展了移位指令的功能，并以跑马灯控制为例说明其具体的应用。

❖ 任务五 / 8 站小车呼叫的 PLC 控制

一、任务导入

在工业生产自动化程度较高的生产线上，经常会遇到一台送料车在生产线上根据各工位发出的呼叫请求，前往相应的呼叫点进行装卸料的情况。

本任务以 8 站小车呼叫为例，围绕控制系统的实现来介绍相关基本指令的编程及应用。

二、知识链接

（一）数字量输入/输出模块

1. 简介

数字量信号模块（SM）本身不带处理器，没有内置电源，必须通过总线与 CPU 连接，外接 24V 直流电源后，才能正常运行，不能单独运行。其主要功能是用于扩展 CPU 的数字量输入和输出的能力。S7-1200 PLC 不同系列的 CPU 其扩展能力是不同的，对于 CPU

1214C系列,可以在其右侧最多扩展8块信号模块(含模拟量信号模块),这里主要介绍数字量输入/输出模块SM 1223 DI8/DQ8×DC 24V。

2. 性能规格和接线

数字量输入/输出模块SM 1223 DI8/DQ8×DC 24V能提供8点数字量输入,8点数字量输出,输入端直流输入,输出端只能驱动直流负载。其性能规格见表2-23。

表2-23 数字量输入/输出模块SM 1223 DI8/DQ8×DC 24V 性能规格

规格	数字量输入	规格	数字量输出
输入点数	8	输出点数	8
类型	漏型/源型(IEC 1类漏型)	类型	固态-MOSFET(源型)
额定电压	4 mA时DC 24V,额定值	电压范围	DC 20.4~28.8V
允许的连续电压	DC 30V,最大值	最大电流时的逻辑1信号	DC 20V,最小值
浪涌电压	DC 35V,持续0.5s	具有10 kΩ负载时的逻辑0信号	DC 0.1V,最大值
逻辑1信号(最小)	2.5 mA时DC 15V	电流(最大)	0.5 A
逻辑0信号(最大)	1 mA时DC 5V	灯负载	5 W
隔离(现场侧与逻辑侧)	DC 707V(型式测试)	通态触点电阻	最大0.6Ω
隔离组	2	每点的剩余电流	最大10μA
滤波时间	0.2ms、0.4ms、0.8ms、1.6ms、3.2ms、6.4ms和12.8ms(可选4个一组)	浪涌电流	8A,最长持续100ms
同时接通的输入数	8	过载保护	×
电缆长度	500m(屏蔽),300m(非屏蔽)	隔离(现场侧与逻辑侧)	DC 707V(型式测试)
		隔离组	1
		每个公共端的电流	4A
		RUN到STOP时的行为	上一个值或替换值(默认值为0)
		同时接通的输出数	8
		电缆长度	500 m(屏蔽),150 m(非屏蔽)

数字量输入/输出模块SM 1223 DI8/DQ8×DC 24V的接线图如图2-77所示。

(二) 比较值指令

1. 概述

比较值指令用来比较数据类型相同的两个数IN1和IN2的大小,相比较的两个数IN1

和 IN2 分别在触点的上面和下面。它们的数据类型必须相同。操作数可以是 I、Q、M、L、D 存储区中的变量或常数。比较两个字符时，实际上比较的是它们各对应字符的 ASC Ⅱ 码的大小，第一个不相同的字符决定了比较的结果。

比较值指令可视为一个等效的触点，比较的符号可以是 ">"（大于）、"=="（等于）、"<>"（不等于）、"<"（小于）、">="（大于等于）和 "<="（小于等于），比较的数据类型有多种，比较值指令的运算符号及数据类型在指令的下拉式列表中可见，如图 2-78 所示。当满足比较关系式给出的条件时，等效触点接通。在程序编辑区，生成比较值指令后，用鼠标双击触点中间比较符号下面的???，单击出现的"▼"图标，用下拉式列表设置要比较的数的数据类型，如果想修改比较值指令的比较符号，只要用鼠标双击比较符号，然后单击出现的"▼"图标，就可以用下拉式列表修改比较符号。

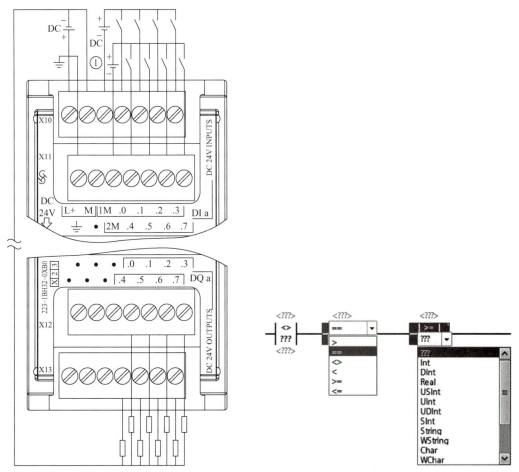

图 2-77　数字量输入/输出模块 SM 1223 DI8/DQ8 × DC 24V 的接线图

图 2-78　比较值指令的运算符号及数据类型

说明：① 对于漏型输入，将 "−" 连接到 "1M" "2M"；对于源型输入，
　　　　将 "+" 连接到 "1M" "2M"。

2. 比较值指令说明

比较值指令说明见表 2-24。

表 2-24 比较值指令说明

名称	LAD	数据类型	说明
等于比较	<???>―|==|―<???>	SInt、Int、Dint、USInt、UInt、UDInt、Real、LReal、String、WString、Char、WChar、Date、Time、DTL、Time_of_Day	比较数据类型相同的两个数，如果比较结果为 TRUE，则该触点会被激活闭合，否则，该触点断开
不等于比较	<???>―|<>|―<???>		
大于等于比较	<???>―|>=|―<???>		
小于等于比较	<???>―|<=|―<???>		
大于比较	<???>―|>|―<???>		
小于比较	<???>―|<|―<???>		

比较值指令 LAD 符号上方的"<???>"用于输入操作数 1，下方的"<???>"用于输入操作数 2。单击比较值指令 LAD 符号中间"???"并从下拉列表中选择比较值指令的数据类型。

三、任务实施

（一）任务目标

1）熟练掌握比较值指令和移动值指令的编程及应用。
2）会绘制 8 站小车呼叫控制的 I/O 接线图，并能根据接线图完成 PLC 的 I/O 接线。
3）能根据控制要求编写梯形图程序。
4）熟练掌握使用博途编程软件进行设备组态、编制 8 站小车呼叫控制梯形图，并下载至 CPU 进行调试运行。

（二）设备与器材

本任务实施所需设备与器材，见表 2-25。

表 2-25 所需设备与器材

序号	名称	符号	型号规格	数量	备注
1	常用电工工具		十字螺钉旋具、一字螺钉旋具、尖嘴钳、剥线钳等	1 套	表中所列设备、器材的型号规格仅供参考
2	计算机（安装博途编程软件）			1 台	
3	西门子 S7-1200 PLC	CPU	CPU1214C AC/DC/Rly，订货号：6ES7 214-1AG40-0XB0	1 台	
4	数字量输入/输出模块	SM 1223	DI8/DQ8 × DC 24V，订货号：6ES7 223-1BH32-0XB0	1 块	
5	8 站小车呼叫模拟控制挂件			1 个	
6	以太网通信电缆			1 根	
7	连接导线			若干	

(三)内容与步骤

1. 任务要求

某车间有 8 个工作台,送料车往返于工作台之间送料,其模拟控制面板如图 2-79 所示。每个工作台设有一个限位开关(SQ)和一个呼叫按钮(SB)。

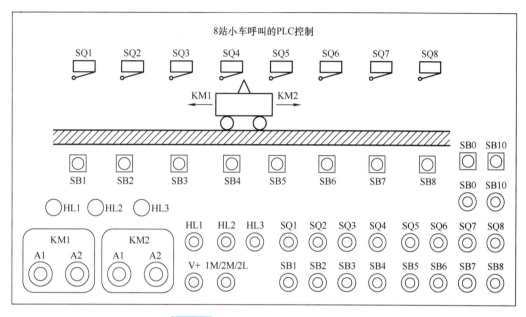

图 2-79 8 站小车呼叫模拟控制面板

具体控制要求如下:

1)按下起动按钮,送料车开始应停留在 8 个工作台中任意一个限位开关的位置上。

2)设送料车现暂停于 m 号工作台(SQm 为 ON)处,这时 n 号工作台呼叫(SBn 为 ON),当 m>n 时,送料车左行,直至 SQn 动作,到位停车。即送料车所停位置 SQ 的编号大于呼叫按扭 SB 的编号时,送料车往左运行至呼叫位置后停止。

3)当 m<n 时,送料车右行,直至 SQn 动作,到位停车。

4)当 m=n,即小车所停位置编号等于呼叫号时,送料车原位不动。

5)小车运行时呼叫无效。

6)具有左行、右行和原位不动指示。

7)运行过程中,按下停止按钮,运料车运行至呼叫位置后系统停止。

2. I/O 地址分配与接线图

根据控制要求确定 I/O 点数,8 站小车呼叫控制 I/O 分配见表 2-26。

表 2-26 8 站小车呼叫控制 I/O 分配表

输入			输出		
设备名称	符号	输入元件编号	设备名称	符号	输出元件编号
起动按钮	SB0	I1.0	小车左行控制接触器	KM1	Q0.0

(续)

输入			输出		
设备名称	符号	输入元件编号	设备名称	符号	输出元件编号
停止按钮	SB10	I1.1	小车右行控制接触器	KM2	Q0.1
1#限位开关	SQ1	I0.0	小车左行指示	HL1	Q0.5
2#限位开关	SQ2	I0.1	小车右行指示	HL2	Q0.6
…	…	…	小车原位指示	HL3	Q0.7
7#限位开关	SQ7	I0.6			
8#限位开关	SQ8	I0.7			
1#呼叫按钮	SB1	I2.0			
2#呼叫按钮	SB2	I2.1			
…	…	…			
7#呼叫按钮	SB7	I2.6			
8#呼叫按钮	SB8	I2.7			

根据 I/O 地址分配表，绘制 I/O 接线图，如图 2-80 所示。

3. 创建工程项目

打开博途编程软件，在 Portal 视图中选择"创建新项目"，输入项目名称"2RW_5"，选择项目保存路径，然后单击"创建"按钮，创建项目完成，组态 CPU 模块，并在 CPU 模块右侧 2 号槽组态一数字量信号模块 SM 1223 DI8/DQ8×DC 24V（订货号：6ES7 223-1BH32-0XB0）。

4. 编辑变量表

在项目树中，打开"PLC 变量"文件夹，双击"添加新变量表"，生成"变量表_1[0]"，在该变量表中根据 I/O 地址分配表编辑 8 站小车呼叫控制变量表，如图 2-81 所示。

5. 编制程序

在项目树中，打开"程序块"文件夹中"Main[OB1]"选项，在程序编辑区根据控制要求编制梯形图程序，如图 2-82 所示。

6. 调试运行

将设备组态及图 2-82 所示的梯形图程序编译后下载到 CPU 中，启动 CPU，将 CPU 切换至 RUN 模式，然后按照图 2-80 进行 PLC 输入、输出接线，调试运行，观察运行结果。

（四）分析与思考

1）本任务程序中，判断呼叫前小车停在某一工位以及有某一工位呼叫是如何实现的？
2）如果使用七段数码管显示小车当前所停的工位号，程序应如何编制？
3）本任务程序是否响应小车运行中的呼叫请求，如不响应，是如何实现的？

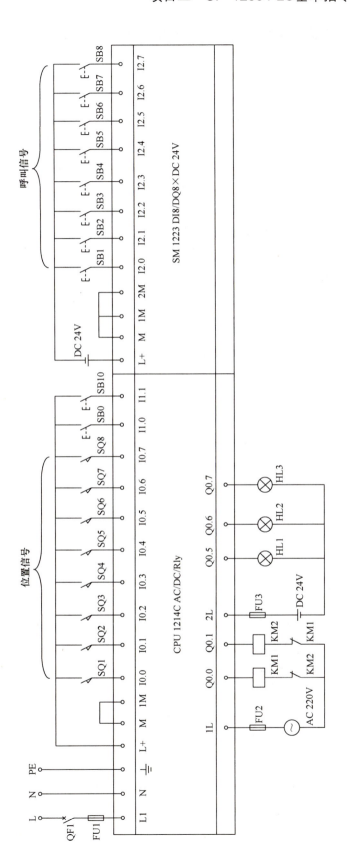

图 2-80 8 站小车呼叫控制 I/O 接线图

2RW_5 ▸ PLC_1 [CPU 1214C AC/DC/Rly] ▸ PLC 变量 ▸ 变量表_1 [23]

变量 用户常量

变量表_1

	名称	数据类型	地址	保持	可从...	从 H...	在 H...	注...
1	起动按钮SB0	Bool	%I1.0	☐	☑	☑	☑	
2	停止按钮SB10	Bool	%I1.1	☐	☑	☑	☑	
3	1#限位开关SQ1	Bool	%I0.0	☐	☑	☑	☑	
4	2#限位开关SQ2	Bool	%I0.1	☐	☑	☑	☑	
5	3#限位开关SQ3	Bool	%I0.2	☐	☑	☑	☑	
6	4#限位开关SQ4	Bool	%I0.3	☐	☑	☑	☑	
7	5#限位开关SQ5	Bool	%I0.4	☐	☑	☑	☑	
8	6#限位开关SQ6	Bool	%I0.5	☐	☑	☑	☑	
9	7#限位开关SQ7	Bool	%I0.6	☐	☑	☑	☑	
10	8#限位开关SQ8	Bool	%I0.7	☐	☑	☑	☑	
11	1#呼叫按钮SB1	Bool	%I2.0	☐	☑	☑	☑	
12	2#呼叫按钮SB2	Bool	%I2.1	☐	☑	☑	☑	
13	3#呼叫按钮SB3	Bool	%I2.2	☐	☑	☑	☑	
14	4#呼叫按钮SB4	Bool	%I2.3	☐	☑	☑	☑	
15	5#呼叫按钮SB5	Bool	%I2.4	☐	☑	☑	☑	
16	6#呼叫按钮SB6	Bool	%I2.5	☐	☑	☑	☑	
17	7#呼叫按钮SB7	Bool	%I2.6	☐	☑	☑	☑	
18	8#呼叫按钮SB8	Bool	%I2.7	☐	☑	☑	☑	
19	左行KM1	Bool	%Q0.0	☐	☑	☑	☑	
20	右行KM2	Bool	%Q0.1	☐	☑	☑	☑	
21	左行指示HL1	Bool	%Q0.5	☐	☑	☑	☑	
22	右行指示HL2	Bool	%Q0.6	☐	☑	☑	☑	
23	原位指示HL3	Bool	%Q0.7	☐	☑	☑	☑	

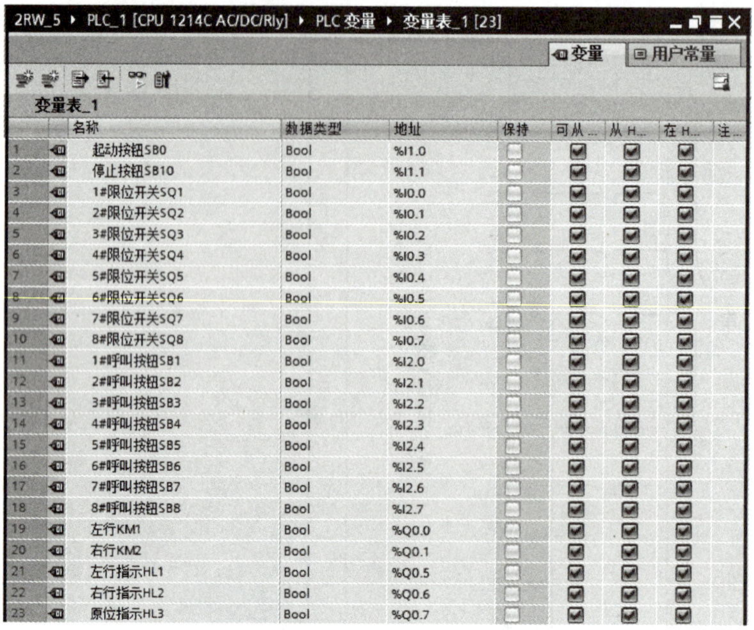

图 2-81 8 站小车呼叫控制变量表

四、任务考核

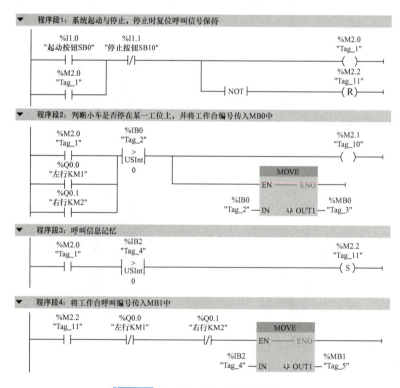

图 2-82 8 站小车呼叫控制梯形图

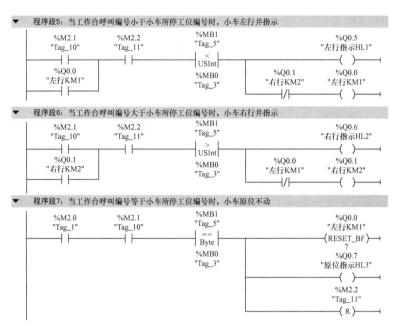

图 2-82 8 站小车呼叫控制梯形图（续）

任务考核见表 2-27。

表 2-27 任务实施考核表

序号	考核内容	考核要求	评分标准	配分	得分
1	电路及程序设计	（1）能正确分配 I/O 地址，并绘制 I/O 接线图 （2）设备组态 （3）根据控制要求，正确编制梯形图	（1）I/O 地址分配错误或缺少，每个扣 5 分 （2）I/O 接线图设计不全或有错，每处扣 5 分 （3）CPU 组态、数字量信号模块组态与现场设备型号不匹配，每项扣 10 分 （4）梯形图表达不正确或画法不规范，每处扣 5 分	40 分	
2	安装与连线	根据 I/O 接线图，正确连接电路	（1）连线错一处，扣 5 分 （2）损坏元器件，每只扣 5～10 分 （3）损坏连接线，每根扣 5～10 分	20 分	
3	调试与运行	能熟练使用编程软件编制程序下载至 CPU，并按要求调试运行	（1）不能熟练使用编程软件进行梯形图的编辑、修改、转换、写入及监视，每项扣 2 分 （2）不能按照控制要求完成相应的功能，每缺一项扣 5 分	20 分	
4	安全操作	确保人身和设备安全	违反安全文明操作规程，扣 10～20 分	20 分	
5			合计		

五、知识拓展

（一）比较值范围指令

比较值范围指令有范围内值（IN_RANGE）指令和范围外值（OUT_RANGE）指令，比较值范围指令测试输入值在范围内还是范围外，如果比较的结果为 TRUE，则功能框输出为"1"，否则输出为"0"。

可以使用范围内值指令测试输入 VAL 的值是否在指定的取值范围内。使用输入 MIN 和 MAX 可以指定取值范围的限值。范围内值指令将输入 VAL 的值与输入 MIN 和 MAX 的值进行比较，并将结果发送到功能框输出中。如果输入 VAL 的值满足 MIN < = VAL 和 VAL < =MAX 比较条件，则功能框输出的信号状态为"1"。如果不满足比较条件，则功能框输出的信号状态为"0"。如果功能框输入的信号状态为"0"，则不执行范围内值指令。只有待比较值的数据类型相同且互连了功能框输入时，才能执行该比较功能。

可以使用范围外值指令测试输入 VAL 的值是否超出指定的取值范围。范围外值指令将输入 VAL 的值与输入 MIN 和 MAX 的值进行比较，并将结果发送到功能框输出中。如果输入 VAL 的值满足 MIN > VAL 或 VAL > MAX 比较条件，则功能框输出的信号状态为"1"。如果指定的 Real 数据类型的操作数具有无效值，则功能框输出的信号状态也为"1"。如果输入 VAL 的值不满足 MIN > VAL 或 VAL > MAX 的条件，则功能框输出返回信号状态"0"。如果功能框输入的信号状态为"0"，则不执行范围外值指令。只有待比较值的数据类型相同且互连了功能框输入时，才能执行该比较功能。

这两条指令都可等效为一个触点，若有能流流入指令方框，执行比较，反之不执行比较。需要注意的是 MIN、VAL、MAX 数据类型必须相同，可选整数和浮点数，可以是 I、Q、M、L、D 存储区中的变量或常数。

比较值范围指令说明见表 2-28。

表 2-28 比较值范围指令说明

指令名称	LAD/FBD	数据类型	说明
范围内值	IN_RANGE ??? —MIN —VAL —MAX	SInt、Int、USInt、UInt、UDInt、DInt、Real、LReal	测试输入值是否在指定的值范围之内，如果比较结果为 TRUE，则功能框输出为"1"，否则为"0"
范围外值	OUT_RANGE ??? —MIN —VAL —MAX		测试输入值是否在指定的值范围之外，如果比较结果为 TRUE，则功能框输出为"1"，否则为"0"

（二）比较值范围指令的应用

应用定时器指令构成 24h 可设定定时时间的控制器，控制器的控制要求：早上 6:30，电铃 HA 每秒响 1 次，6 次后自动停止；9:00 ～ 17:00，启动住宅报警系统 HC；晚上 18:00 ～ 23:00 打开园内照明灯 HL。

1. I/O 地址分配

根据控制要求确定 I/O 点数，简易定时报时器控制 I/O 分配见表 2-29。

表 2-29 简易定时报时器控制 I/O 地址分配表

输入			输出		
设备名称	符号	I 元件地址	设备名称	符号	Q 元件地址
起动按钮	SB1	I0.0	电铃	HA	Q0.0
停止按钮	SB2	I0.1	住宅报警	HC	Q0.1
			园内照明	HL	Q0.2

2. 创建工程项目

打开博途编程软件，在 Portal 视图中选择"创建新项目"，输入项目名称"简易定时报时器控制"，选择项目保存路径，然后单击"创建"按钮，创建项目完成，并完成项目硬件组态。

3. 编制程序

在项目树中，打开"程序块"文件夹中的" Main[OB1]"选项，在程序编辑区根据控制要求编制梯形图，如图 2-83 所示。

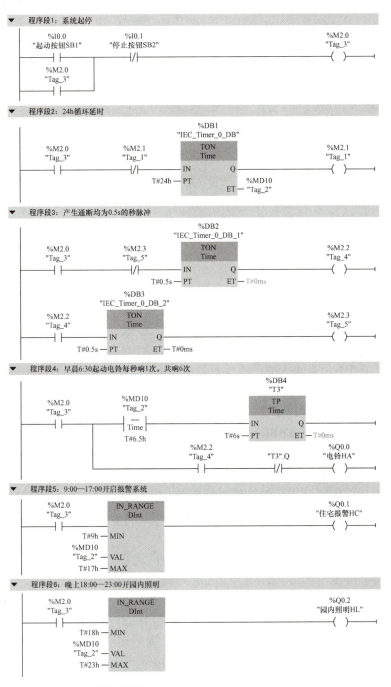

图 2-83　简易定时报时器控制梯形图

六、任务总结

本任务主要介绍了比较值指令的功能、编程及应用。然后以 8 站小车呼叫的 PLC 控制为载体，运用博途编程软件围绕其设备组态、输入/输出接线、程序编制、项目下载及调试运行开展任务实施，达成会使用比较指令编程及应用的目标。最后拓展了范围内值和范围外值指令的功能，并举例说明其具体的应用。

❖ 任务六 / 抢答器的 PLC 控制

一、任务导入

在知识抢答或智力比赛等场合，经常会使用快速抢答器，抢答器的设计方法与采用的元器件有很多种，可以采用门电路与组合逻辑电路搭建，也可以利用单片机为控制核心组成系统实现，还可以用 PLC 控制完成。

本任务以抢答器的 PLC 控制为例，围绕其功能的实现介绍跳转指令与跳转标签的编程及应用。

二、知识链接

（一）跳转指令与跳转标签

在程序中设置跳转指令可以提高 CPU 的程序执行速度。在执行跳转指令之前，CPU 执行程序进行线性扫描，按照从上到下的先后顺序执行。在执行跳转指令之后，CPU 将跳转到所指定的程序段去执行，并从该程序段的标签入口处继续进行线性扫描。

跳转指令（JMP）是当输入的逻辑运算结果（RLO）的状态为 1，则中断程序的顺序执行，并跳转到由指定标签标识的程序段继续执行，如果 RLO 状态为 0，则继续线性扫描，顺序执行下一个程序段。跳转指令只有一个地址标签，它是程序跳转的目标地址。跳转的目标地址必须用跳转标签（LABEL）进行标识。

反跳转指令（JMPN）的执行条件与跳转指令正好相反，它是当执行条件不满足时执行跳转，执行条件满足时不执行跳转。

跳转标签用于标识跳转指令的跳转目标位置，其标签必须与对应跳转指令的标签相一致。跳转标签在程序段的开始处，跳转标签的第一个字符必须是字母，其余的可以是字母、数字和下划线。一般由字母+数字组成，例如 ABC1。

返回（RET）指令用于停止执行当前的块。当有能流通过 RET 指令的线圈时，则停止执行当前块的程序，并且不执行 RET 指令后面的程序，返回调用它的块后，执行调用指令后的程序。若没有能流通过 RET 指令的线圈，则继续执行它后面的程序。RET 指令线圈上面的操作数是返回值，数据类型是 Bool。返回值的信号状态与调用程序块的使能输出 ENO 相对应。如果程序段中已包含有 JMP 或 JMPN 指令，则不能使用返回指令。一个块中可以有多个 RET 指令。跳转指令与跳转标签说明见表 2-30。

项目二 S7-1200 PLC基本指令的编程及应用

表 2-30 跳转指令与跳转标签说明

格式	名称			
	跳转指令	反跳转指令	跳转标签	返回指令
LAD	ABCD1 —(JMP)—	ABCD1 —(JMPN)—	ABCD1	1 —(RET)—
功能	RLO 为 1，则程序将跳转到指定标签后的程序段继续执行	RLO 为 0，则程序将跳转到指定标签后的程序段继续执行	JMP 或 JMPN 指令的目标标签	用于终止当前的执行

跳转指令与跳转标签使用注意事项：

1) 跳转指令只能在同一个代码块内跳转，不能从一个代码块跳转到另一个代码块。

2) 在一个代码块内，跳转标签的名称只能使用一次。

3) 可以在同一代码块中从多个位置跳转到同一标签。

4) 跳转标签与指定跳转标签的指令必须位于同一代码块中。一个程序段只能使用一个跳转指令线圈。

5) 执行跳转指令时不执行跳转指令与跳转标签之间的程序。跳到目的地址后，程序继续顺序执行。可以向前或向后跳转。

6) 跳转指令和反跳转指令必须与跳转标签配合使用。S7-1200 CPU 最多可以声明 32 个跳转标签。

跳转标签必须遵守以下语法规则：

1) 字母 (a～z，A～Z)。

2) 字母和数字组合 (a～z，A～Z，0-9)：需注意排列顺序，第一个字符必须是字母。

3) 不能使用特殊字符或数字与字母组合。

（二）跳转指令与标签指令的应用

某台三相异步电动机具有手动/自动两种操作方式。SA 是操作方式选择开关，当 SA 断开时，选择手动操作方式；当 SA 闭合时，选择自动操作方式，两种操作方式如下：

手动操作方式：按起动按钮 SB1，电动机起动运行；按停止按钮 SB2，电动机停止。

自动操作方式：按起动按钮 SB1，电动机连续运行 1min 后，自动停机，若按停止按钮 SB2，电动机立即停机。

1. I/O 地址分配

根据控制要求确定 I/O 点数，三相异步电动机手动/自动控制的 I/O 地址分配见表 2-31。

表 2-31 三相异步电动机手动/自动控制的 I/O 地址分配表

输入			输出		
设备名称	符号	输入元件编号	设备名称	符号	输出元件编号
起动按钮	SB1	I0.0	交流接触器	KM	Q0.0
停止按钮	SB2	I0.1			
选择开关	SA	I0.2			

2. 创建工程项目

打开博途编程软件，在 Portal 视图中选择"创建新项目"，输入项目名称"手动/自动控制",选择项目保存路径,然后单击"创建"按钮,创建项目完成,并完成项目硬件组态。

3. 编制程序

在项目树中,打开"程序块"文件夹中的"Main[OB1]"选项,在程序编辑区根据控制要求编制梯形图,如图 2-84 所示。

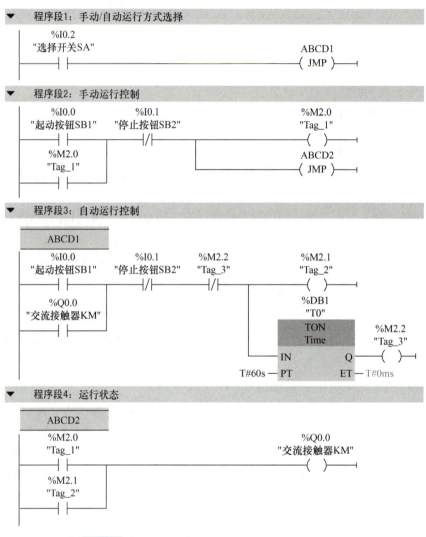

图 2-84 三相异步电动机手动/自动选择控制梯形图

三、任务实施

(一)任务目标

1)熟练掌握跳转、跳转标签等指令的编程及应用。
2)会绘制抢答器控制的 I/O 接线图,并能根据接线图完成 PLC 的 I/O 接线。
3)能根据控制要求编写梯形图程序。
4)熟练掌握使用博途编程软件进行设备组态,编制抢答器控制梯形图,并下载至 CPU 进行调试运行。

(二)设备与器材

本任务所需设备与器材见表 2-32。

表 2-32 所需设备与器材

序号	名称	符号	型号规格	数量	备注
1	常用电工工具		十字螺钉旋具、一字螺钉旋具、尖嘴钳、剥线钳等	1套	表中所列设备、器材的型号规格仅供参考
2	计算机(安装博途编程软件)			1台	
3	西门子 S7-1200 PLC	CPU	CPU1214C AC/DC/Rly,订货号:6ES7 214-1AG40-0XB0	1台	
4	数字量输入/输出模块	SM 1223	DI8/DQ8×DC 24V,订货号:6ES7 223-1BH32-0XB0	1块	
5	抢答器模拟控制挂件			1个	
6	以太网通信电缆			1根	
7	连接导线			若干	

(三)内容与步骤

1. 任务要求

某抢答器显示模拟控制面板如图 2-85 所示,有三支参赛队伍,分为儿童队(1号队)、学生队(2号队)、成人队(3号队),其中儿童队2人,学生队1人,成人队2人,主持人1人。在儿童队、学生队、成人队桌面上分别安装指示灯 HL2、HL3、HL4,抢答按钮 SB11、SB12、SB21、SB31、SB32,主持人桌面上安装允许抢答指示灯 HL0、违规抢答指示灯 HL1 和抢答开始按钮 SB0、复位按钮 SB1,同时还配有 LED 七段数码管。具体控制要求如下:

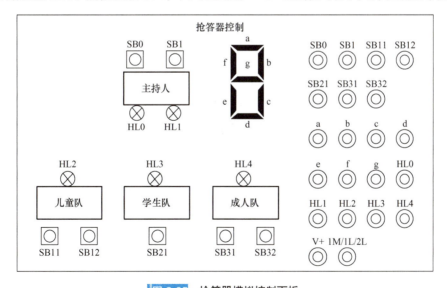

图 2-85 抢答器模拟控制面板

1)当主持人按下 SB0 后,允许抢答指示灯 HL0 亮,表示抢答开始,参赛队方可开始按下抢答按钮抢答,否则抢答无效,视为违规抢答。

2)为了公平,要求儿童队只需1人按下按钮,其对应的指示灯亮,而成人队需要两人同时按下两个按钮，对应的指示灯才亮。

3）某队抢答成功时，LED 数码管显示抢答队的编号，并联锁其他队抢答无效。

4）若任一队违规抢答，则违规抢答指示灯 HL1 亮，且该抢答队的队号以 1s 周期闪烁。

5）当抢答开始后时间超过 30s，无人抢答，此时 HL0 灯以 1s 周期闪烁，提示抢答时间已过，此时任何人均不能有效抢答，此题作废，然后由主持人进行操作进入下一抢答题。

6）当每一队违规抢答或 1 个问题回答完毕，主持人按下 SB1，系统复位。

2. I/O 地址分配与接线图

根据控制要求确定 I/O 点数，抢答器控制 I/O 地址分配见表 2-33。

表 2-33 抢答器控制 I/O 地址分配表

输入			输出		
设备名称	符号	I 元件地址	设备名称	符号	Q 元件地址
抢答开始按钮	SB0	I0.0	7 段显示码	a～g	Q2.0～Q2.6
复位按钮	SB1	I0.1	允许抢答指示灯	HL0	Q0.0
儿童队抢答按钮 1	SB11	I0.2	违规抢答指示灯	HL1	Q0.1
儿童队抢答按钮 2	SB12	I0.3	儿童队指示灯	HL2	Q0.2
学生队抢答按钮	SB21	I0.4	学生队指示灯	HL3	Q0.3
成人队抢答按钮 1	SB31	I0.5	成人队指示灯	HL4	Q0.4
成人队抢答按钮 2	SB32	I0.6			

根据 I/O 地址分配表绘制抢答器控制 I/O 接线图，如图 2-86 所示。

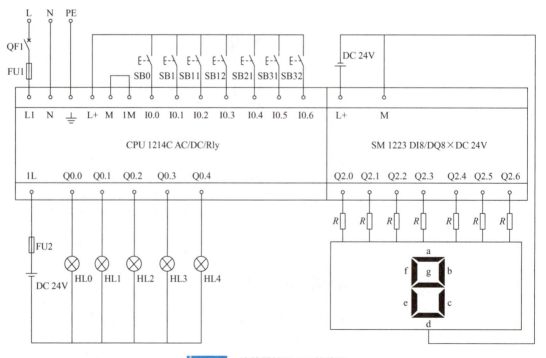

图 2-86 抢答器控制 I/O 接线图

3. 创建工程项目

打开博途编程软件，在 Portal 视图中选择“创建新项目”，输入项目名称“2RW_6”，选择项目保存路径，然后单击“创建”按钮，创建项目完成，组态 CPU 模块，并在 CPU 模块的右侧组态一数字量信号模块 SM 1223 DI8/DQ8 × DC 24V（订货号：6ES7 223-1BH32-0XB0）。启动系统时钟存储器字节 MB0。

4. 编辑变量表

在项目树中，打开“ PLC 变量”文件夹，双击“添加新变量表”，生成“变量表 _1[0]”，在该变量表中根据 I/O 地址分配表编辑抢答器控制变量表，如图 2-87 所示。

2RW_6 ▸ PLC_1 [CPU 1214C AC/DC/Rly] ▸ PLC变量 ▸ 变量表_1 [19]

变量 用户常量

变量表_1

	名称	数据类型	地址	保持	可从 ...	从 H...	在 H...
1	抢答开始按钮SB0	Bool	%I0.0	☐	☑	☑	☑
2	复位按钮SB1	Bool	%I0.1	☐	☑	☑	☑
3	儿童队抢答按钮SB11	Bool	%I0.2	☐	☑	☑	☑
4	儿童队抢答按钮SB12	Bool	%I0.3	☐	☑	☑	☑
5	学生队抢答按钮SB21	Bool	%I0.4	☐	☑	☑	☑
6	成人队抢答按钮SB31	Bool	%I0.5	☐	☑	☑	☑
7	成人队抢答按钮SB32	Bool	%I0.6	☐	☑	☑	☑
8	允许抢答指示灯HL0	Bool	%Q0.0	☐	☑	☑	☑
9	违规抢答指示灯HL1	Bool	%Q0.1	☐	☑	☑	☑
10	儿童队指示灯HL2	Bool	%Q0.2	☐	☑	☑	☑
11	学生队指示灯HL3	Bool	%Q0.3	☐	☑	☑	☑
12	成人队指示灯HL4	Bool	%Q0.4	☐	☑	☑	☑
13	七段数码管显示a段	Bool	%Q2.0	☐	☑	☑	☑
14	七段数码管显示b段	Bool	%Q2.1	☐	☑	☑	☑
15	七段数码管显示c段	Bool	%Q2.2	☐	☑	☑	☑
16	七段数码管显示d段	Bool	%Q2.3	☐	☑	☑	☑
17	七段数码管显示e段	Bool	%Q2.4	☐	☑	☑	☑
18	七段数码管显示f段	Bool	%Q2.5	☐	☑	☑	☑
19	七段数码管显示g段	Bool	%Q2.6	☐	☑	☑	☑

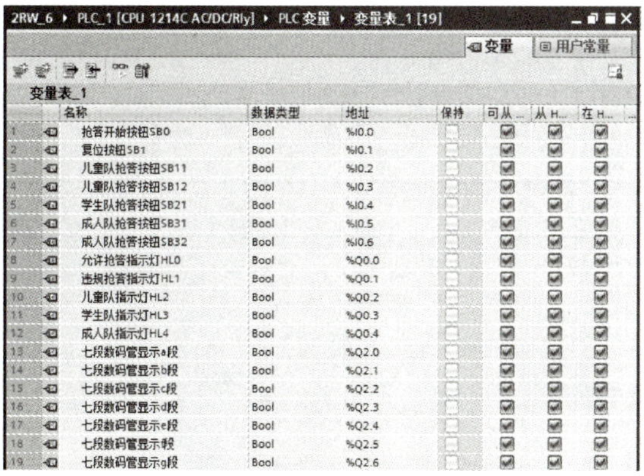

图 2-87 抢答器控制变量表

5. 编制程序

在项目树中，打开“程序块”文件夹中的“ Main[OB1]”选项，在程序编辑区根据控制要求编制梯形图程序，如图 2-88 所示。

6. 调试运行

将设备组态及图 2-88 所示的梯形图程序编译后下载到 CPU 中，启动 CPU，将 CPU 切换至 RUN 模式，然后按照图 2-86 进行 PLC 输入、输出接线，调试运行，观察运行结果。

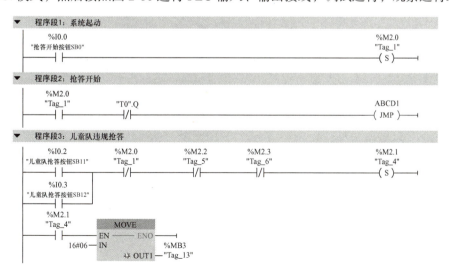

图 2-88 抢答器控制梯形图

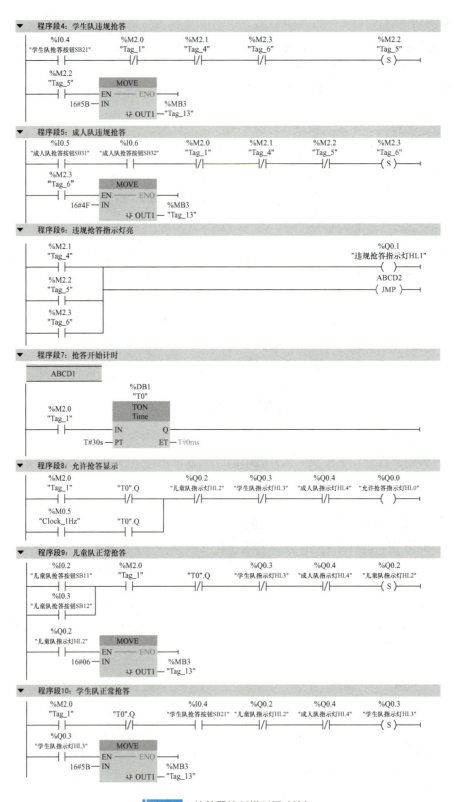

图 2-88 抢答器控制梯形图（续）

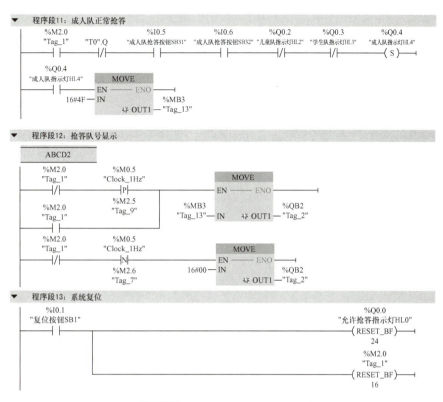

图 2-88 抢答器控制梯形图（续）

（四）分析与思考

1）本任务控制程序中，违规抢答时抢答队队号闪烁显示是如何实现的？

2）本任务控制程序中，抢答开始后 30s 无人抢答，要求 HL0 灯以 1s 周期闪烁。如果用两个定时器实现闪烁控制，程序应如何修改？

3）图 2-86 中，七段数码管采用的是哪种接线方式？

四、任务考核

任务考核见表 2-34。

表 2-34　任务实施考核表

序号	考核内容	考核要求	评分标准	配分	得分
1	电路及程序设计	（1）能正确分配 I/O 地址，并绘制 I/O 接线图 （2）设备组态 （3）根据控制要求，正确编制梯形图	（1）I/O 地址分配错误或缺少，每个扣 5 分 （2）I/O 接线图设计不全或有错，每处扣 5 分 （3）CPU 组态、数字量信号模块组态与现场设备型号不匹配，每项扣 10 分 （4）梯形图表达不正确或画法不规范，每处扣 5 分	40 分	
2	安装与连线	根据 I/O 接线图，正确连接电路	（1）连线错一处，扣 5 分 （2）损坏元器件，每只扣 5～10 分 （3）损坏连接线，每根扣 5～10 分	20 分	

(续)

序号	考核内容	考核要求	评分标准	配分	得分
3	调试与运行	能熟练使用编程软件编制程序下载至CPU，并按要求调试运行	（1）不能熟练使用编程软件进行梯形图的编辑、修改、转换、写入及监视，每项扣2分 （2）不能按照控制要求完成相应的功能，每缺一项扣5分	20分	
4	安全操作	确保人身和设备安全	违反安全文明操作规程，扣10～20分	20分	
5			合计		

五、知识拓展

（一）定义跳转列表指令及应用

1. 定义跳转列表指令（JMP_LIST）

定义跳转列表指令可定义多个有条件跳转，根据K参数的值跳转到指定的程序段去执行。

跳转标签则可以在指令框的输出指定。可在指令框中增加输出的数量。S7-1200 CPU最多可以声明32个输出。输出从值"0"开始编号，每次新增输出后以升序继续编号。在指令的输出中只能指定跳转标签，而不能指定指令或操作数。

K参数值将指定输出编号，因而程序将从跳转标签处继续执行。如果K参数值大于可用的输出编号，则继续执行块中下个程序段中的程序。

仅在EN使能输入的信号状态为"1"时，才执行定义跳转列表指令。定义跳转列表指令说明见表2-35。

表2-35 定义跳转列表指令说明

LAD/FBD	参数	类型	数据类型	存储区	功能
JMP_LIST —EN —K　DEST0 　　DEST1 　↗DEST2	EN	Input	Bool	I、Q、M、D、L或常量	使能输入
	K	Input	UInt	I、Q、M、D、L或常量	指定输出的编号以及要执行的跳转
	DEST0	—	—	—	第一个跳转标签
	DEST1	—	—	—	第二个跳转标签
	DESTn	—	—	—	可选跳转标签

2. 定义跳转列表指令应用

使用一按钮SB控制4盏指示灯（HL1～HL4），第一次按下SB时，HL1点亮，第二次按下SB时，HL1、HL2点亮，第三次按下SB时，HL1～HL3点亮，第四次按下SB时，HL1～HL4点亮，第五次按下SB时，4盏指示灯全部熄灭，再按下按钮SB，将重复上述过程。

（1）I/O地址分配　根据控制要求确定I/O点数，4盏指示灯控制I/O地址分配见表2-36。

表 2-36 4 盏指示灯控制 I/O 地址分配表

输入			输出		
设备名称	符号	I 元件地址	设备名称	符号	Q 元件地址
起动按钮	SB	I0.0	指示灯 1	HL1	Q0.0
			指示灯 2	HL2	Q0.1
			指示灯 3	HL3	Q0.2
			指示灯 4	HL4	Q0.3

（2）创建工程项目　打开博途编程软件，在 Portal 视图中选择"创建新项目"，输入项目名称"4 盏指示灯控制"，选择项目保存路径，然后单击"创建"按钮，创建项目完成，并完成项目硬件组态，启动系统存储器字节 MB1。

（3）编制梯形图　在项目树中，打开"程序块"文件夹中的"Main[OB1]"选项，在程序编辑区根据控制要求编制梯形图，如图 2-89 所示。

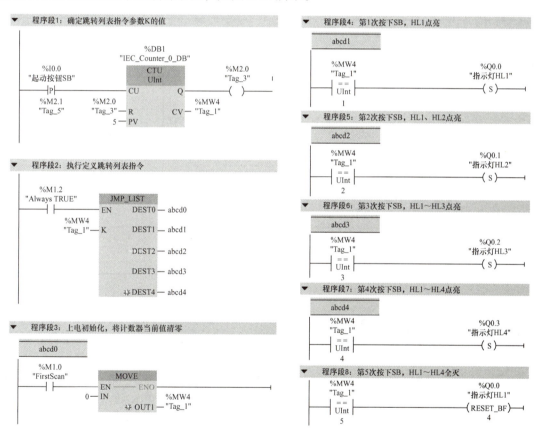

图 2-89 4 盏指示灯控制的梯形图

（二）跳转分支指令及应用

1. 跳转分支指令（SWITCH）

使用跳转分支指令（SWITCH），可以根据一个或多个比较指令的结果定义执行的多个程序跳转。用参数 K 指定要比较的值，将该值与各个输入提供的值进行比较。满足条件则跳转到对应的标签,不满足上述所有条件,将跳转到 ELSE 指定的标签下,需要时可以增加条件判断的个数。

跳转分支指令(SWITCH)也与跳转标签(LABEL)配合使用,根据比较结果定义要执行的程序跳转。在指令框中为每个输入选择比较类型(==、<>、>=、<=、>、<),该指令从第一个比较条件开始判断,直至满足比较条件为止。如果满足比较条件,则将不考虑后续比较条件,从该条件所对应输出端的标签执行。如果未满足任何指令的比较条件,将在输出 ELSE 处执行跳转,如果 ELSE 中未定义程序跳转,则程序从下一个程序段继续执行。可在指令框中增加条件输出的数量,输出项从 DEST0 开始,每次新增输出后以升序继续编号。

可在指令框中增加输出的数量。输出从值"0"开始编号,每次新增输出后以升序继续编号。在指令的输出中指定跳转标签(LABEL)。不能在该指令的输出上指定指令或操作数。

跳转分支指令说明见表 2-37。

表 2-37 跳转分支指令说明

LAD/FBD	参数	类型	数据类型	存储区	功能
SWITCH UInt —EN DEST0— —K DEST1— —== DEST2— —> ELSE— —<	EN	Input	Bool	I、Q、M、D、L 或常量	使能输入
	K	Input	UInt	I、Q、M、D、L 或常量	指定输出的编号以及要执行的跳转
	比较值	Input	位字符串、整数、浮点数、Time、Date、Time_of_Day	I、Q、M、D、L 或常量	参数 K 的值要与其比较的输入值
	DEST0	—	—	—	第一个跳转标签
	DEST1	—	—	—	第二个跳转标签
	DESTn	—	—	—	可选跳转标签(2≤n≤32)
	ELSE	—	—	—	不满足任何比较条件时,执行的程序跳转

2. 跳转分支指令应用

使用按钮控制 3 盏指示灯按 20s 时间间隔顺序轮流点亮,按下起动按钮,第一盏灯 HL1 亮 20s 后,第二盏灯 HL2 亮 20s,然后第三盏灯 HL3 亮 20s,并不断循环,按下停止按钮,3 盏灯立即熄灭。

(1)I/O 地址分配 根据控制要求确定 I/O 点数,3 盏指示灯轮流点亮控制 I/O 地址分配见表 2-38。

表 2-38 3 盏指示灯轮流点亮控制 I/O 地址分配表

输入			输出		
设备名称	符号	I 元件地址	设备名称	符号	Q 元件地址
起动按钮	SB1	I0.0	第一盏指示灯	HL1	Q0.0
停止按钮	SB2	I0.1	第二盏指示灯	HL2	Q0.1
			第三盏指示灯	HL3	Q0.2

（2）创建工程项目　打开博途编程软件，在 Portal 视图中选择"创建新项目"，输入项目名称"3 盏指示灯轮流点亮控制"，选择项目保存路径，然后单击"创建"按钮，创建项目完成，并完成项目硬件状态。

（3）编制梯形图　在项目树中，打开"程序块"文件夹中的"Main[OB1]"选项，在程序编辑区根据控制要求编制梯形图，如图 2-90 所示。

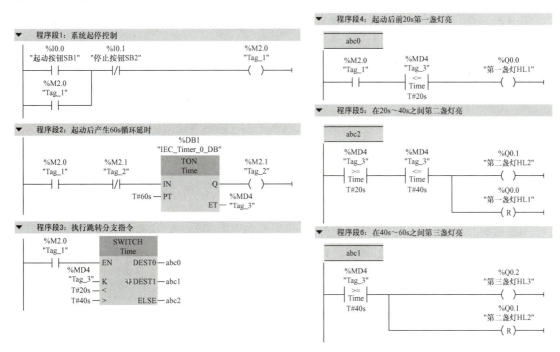

图 2-90　3 盏指示灯轮流点亮控制梯形图

六、任务总结

本任务主要介绍了跳转指令和跳转标签的功能、编程及应用。以抢答器的 PLC 控制为载体，运用博途编程软件围绕其设备组态、输入/输出接线、程序编制、项目下载及调试运行开展任务实施，达成会使用跳转指令和跳转标签编程及应用的目标。拓展了定义跳转列表指令和跳转分支指令的功能，并举例说明其具体的应用。

梳理与总结

本项目通过三相异步电动机起停的 PLC 控制、三相异步电动机正反转循环运行的 PLC 控制、三相异步电动机丫-△减压起动单按钮实现的 PLC 控制、流水灯的 PLC 控制、8 站小车呼叫的 PLC 控制、抢答器的 PLC 控制 6 个任务的组织与实施，介绍 S7-1200 PLC 基本指令的编程。

1）西门子 S7-1200 PLC 的编程元件有 I、Q、M。其地址采用字节+位的形式编址，且位地址按八进制编制。S7-1200 PLC 编程元件可以按位、字节、字和双字进行寻址。各元件的功能和应用应熟练掌握。

2）在本项目中介绍西门子 S7-1200 PLC 的基本指令包括：

① 位逻辑指令。触点指令：常开触点、常闭触点、取反 RLO 触点；线圈指令：线圈输出、取反线圈输出；置位指令：置位输出、置位位域、置位优先 RS 触发器；复位指令：复位输出、复位位域、复位优先 SR 触发器；上升沿指令：上升沿检测触点（P 触点）、上升沿检测线圈（P 线圈）、扫描 RLO 的信号上升沿、检测信号上升沿；下降沿指令：下降沿检测触点（N 触点）、下降沿检测线圈（N 线圈）、扫描 RLO 的信号下降沿、检测信号下降沿。

② 定时器指令。S7-1200 PLC 有 4 种 IEC 定时器：脉冲定时器（TP）、接通延时定时器（TON）、关断延时定时器（TOF）、保持型接通延时定时器（TONR）。

在使用接通延时定时器编程过程中，如果要实现对其重新或循环延时，要注意对定时器的复位，即对定时器当前值清零。接通延时定时器延时信号断开后重新接通即可，保持型接通延时定时器则需通过复位端复位信号接通将其复位后，复位信号断开，延时信号重新接通才行。

③ 计数器指令。S7-1200 PLC 有三种 IEC 计数器：加计数器（CTU）、减计数器（CTD）和加减计数器（CTUD）。它们属于软件计数器，其最大计数频率受到 OB1 的扫描周期的限制。如果需要频率更高的计数器，可以使用 CPU 内置的高速计数器。

在使用加计数器编程过程中，正常计数时，其复位（R）端信号应断开，若要实现加计数器重新计数或循环计数，一定要注意把复位（R）端信号接通将加计数器复位。

④ 比较操作指令。在本项目介绍的比较值指令有：等于（CMP==）、不等于（CMP<>）、大于或等于（CMP>=）、小于或等于（CMP<=）、大于（CMP>）、小于（CMP<）、范围内值（IN_RANGE）及范围外值（OUT_RANGE）。

⑤ 程序控制指令。在本项目介绍的程序控制指令有：跳转指令（JMP）、反跳转指令（JMPN）、跳转标签（LABEL）、返回指令（RET）、定义跳转列表指令（JMP_LIST）、跳转分支指令（SWITCH）。

⑥ 移位和循环。在本项目介绍的移位和循环指令有：右移指令（SHR）、左移指令（SHL）、循环右移指令（ROR）、循环左移指令（ROL）。

另外，本项目还介绍了移动操作指令中的移动值指令（MOVE），其他基本指令的相关内容请参照西门子 S7-1200 可编程序控制器系统手册。

复习与提高

一、填空题

1. 装载存储器用于非易失性地存储_____、_____。项目被下载到 CPU 后，首先存储在_____中。

2. 对于 S7-1200 PLC，过程映像输入和过程映像输出均可以按_____、_____、_____或_____四种方式来存取。

3. RLO 是_____的简称。

4. 对于 S7-1200 PLC，每一位 BCD 码用_____位二进制数表示，其取值范围为 2#_____ ~ 2#_____。

5. 对于 S7-1200 PLC，在使用博途编程软件编程时，用户定义的变量表中只包含_____、_____变量。

6. S7-1200 PLC 在执行梯形图程序过程中，当 CPU 数字量端口对应的某一外部输入信号接通时，对应的过程映像输入为_____，梯形图中对应的常开触点_____，常闭触点_____。

7. 二进制数 2# 0010 0011 1001 1000 对应的十六进制数是 16#_____，对应的十进制数是_____，绝对值与之相等的负数的补码是 2#_____。

8. Q2.5 是过程映像输出字节_____的第_____位。

9. MW6 由_____和_____组成，其中_____是它的低位字节。

10. MD10 由_____、_____组成，其中_____是它的高位字节。

11. 在 I/O 点的地址或符号地址的后面附加_____，可以立即访问外设输入或外设输出。

12. 常开触点指令的 LAD 符号为_____，常闭触点指令的 LAD 符号为_____。

13. 上升沿检测触点指令的 LAD 符号为_____，下降沿检测触点指令的 LAD 符号为_____。

14. S7-1200 PLC 的定时器为 IEC 定时器，共有_____种定时器，使用时需要使用定时器相关的_____或者数据类型为 IEC_TIMER 的 DB 块变量。

15. 对于 S7-1200 PLC 定时器，PT 为_____，ET 为定时器定时开始后经过的时间，称为_____，它们的数据类型为_____位的_____，单位为_____。

16. 接通延时定时器用于将输出 Q 的_____延时 PT 指定的一段时间。接通延时定时器在输入 IN 信号由_____时开始定时，当定时时间当前值_____预设时间值时，输出 Q 变为_____，其常开触点_____，常闭触点_____。此时，若输入 IN 信号_____，则定时器当前值_____，定时器被复位。

17. 关断延时定时器用于将输出 Q_____延时 PT 指定的一段时间。关断延时定时器在输入 IN 信号为_____时，输出 Q 为 1 状态，当前时间值被_____。当其输入信号由_____时开始定时，当定时时间当前值_____预设时间值时，定时器的_____保持不变，输出 Q 变为_____，其常开触点_____，常闭触点_____。

18. S7-1200 PLC 有 3 种 IEC 计数器：分别是_____、_____和_____。

19. 对于 S7-1200 PLC 的加减计数器 CTUD，CD 为_____输入，CU 为_____输入，CTUD 在计数过程中，当 CU 由_____时，当前计数值 CV_____；当 CD 由_____时，当前计数值 CV_____。如果同时出现 CU 和 CD 的_____，则当前计数值 CV_____。

20. 对于 S7-1200 PLC 的加计数器 CTU，在复位端 R 对应信号为_____时，当 CU 由_____时，计数当前值 CV_____，当 CV_____PV 时，计数器输出 Q_____，此后再出现计数输入信号 CU，Q 保持_____。在任意时刻，只要复位端 R_____，CV 被_____，输出 Q 变为_____，此时，加计数器的常闭触点_____，常开触点_____。

21. S7-1200 PLC 启用系统存储器字节后，_____是初始化脉冲，仅在 CPU 首次进入 RUN 模式时，它接通_____。当 PLC 处于 RUN 状态时，M1.2 一直为_____。

22. S7-1200 PLC 启用时钟存储器字节后，_____是秒脉冲，即 1Hz 时钟，M0.3 是_____。

23. MB10 的值为 2#1100 0101，循环左移 3 位后为 2#_____，再循环右移 2 位后为 2#_____。

24. 整数 MW2 的值为 16#A9D3，右移 4 位后为 2#_____。

25. 左移 n 位相当于_____2^n，将十进制数 -200 左移 4 位，移位后的结果为_____。

26. 信号模块 SM1232 DI8×DC 24V/DQ8×Rly 中，"DI8"表示_____，"DC 24V"表示_____，"DQ8"表示_____，"Rly"表示_____。

二、判断题

1. S7-1200 PLC 的触点有常开触点、常闭触点、P 触点及 N 触点 4 种。（　　）
2. PLC 的输出端可直接驱动大容量的电磁铁、电磁阀、电动机等大负载。（　　）
3. 梯形图是 PLC 程序的一种，也是控制电路。（　　）
4. 梯形图两边的所有母线都是电源线。（　　）
5. 梯形图中的输入触点和输出线圈即为现场的开关状态，可直接驱动现场执行元件。（　　）
6. 线圈输出指令，可以驱动 PLC 的各种软元件。（　　）
7. S7-1200 PLC 的软元件地址全部采用十进制编号。（　　）
8. M1.3 为系统存储器字节的初始化脉冲，PLC 运行开始后始终处于 OFF 状态。（　　）
9. S7-1200 PLC 边沿检测指令中的 P 触点、P 线圈指令在驱动条件满足的条件下，都可使位操作数产生一个上升沿脉冲输出。（　　）
10. 线圈输出、置位输出指令功能的相同点是在驱动条件满足的条件下，使指定的位操作数置 1。（　　）
11. S7-1200 PLC 接通延时定时器在定时过程中的定时单位是 10ms。（　　）
12. S7-1200 PLC 加计数器在计数时，在复位输入 R 为 0，CV 等于 PV，计数输入信号 IN 由 0 变 1 时，计数当前值 CV 将保持不变。（　　）
13. PLC 过程映像输入/输出、位存储器等软元件的触点在梯形图编程时可多次重复使用。（　　）
14. S7-1200 PLC 线圈和指令盒可以直接与左母线相连。（　　）
15. S7-1200 PLC 比较值指令的两个参数 IN1、IN2，其数据类型一定要相同。（　　）
16. 对于 S7-1200 PLC 的定时器，用户在编程时，只能采用系统默认"IEC_Timer_0_DB_0"的名称，不能更改。（　　）
17. 扫描 RLO 的信号边沿（P_TRIG、N_TRIG）指令可以放在逻辑行的任意位置。（　　）
18. 对于 S7-1200 PLC，如果设备组态时，启用时钟存储器字节 MB0，编程时 MB0 就不能作为其他用途使用。（　　）
19. PLC 采用循环扫描工作方式，集中采样和集中输出，避免了触点竞争，大大提高了 PLC 的可靠性。（　　）
20. 对于扫描操作数的信号下降沿指令和在信号下降沿置位操作数指令，其功能都是使对应操作数接通一个扫描周期。（　　）

三、单项选择题

1. 在 PLC 中，用来存放用户程序的是（　　）。
A. RAM　　　　B. ROM　　　　C. EPROM　　　　D. EEPROM

2. 下列关于梯形图，叙述错误的是（　　）。
A. 按自上而下，从左到右的顺序执行
B. 所有继电器既有线圈，又有触点
C. 一般情况下，某个编号的继电器线圈只能出现一次，而继电器触点可以出现无数多次
D. 梯形图中的继电器不是物理继电器，而是软继电器

3. （　　）是 PLC 的输出信号，控制外部负载，只能用程序指令驱动，外部信号无法驱动。
A. 过程映像输入　　B. 过程映像输出　　C. 位存储器　　D. 定时器

4. S7-1200 PLC 在使用比较值指令时，下面数据类型不能进行比较的是（　　）。
A. 整数　　　　B. 位　　　　C. 实数　　　　D. 字节

5. S7-1200 CPU 的系统存储器字节中不包括以下哪个内容？（　　）
A. 首循环标志位　　B. 常 1 信号位　　C. 常 0 信号位　　D. 1Hz 频率位

6. 输入采样阶段，PLC 的 CPU 对各输入端子进行扫描，将输入信号送入（　　）。
A. 外部 I 存储器　　B. 累加器　　C. 输入映像寄存器　　D. 数据块

7. S7-1200 PLC 时钟存储器字节中能提供 1000ms 时钟脉冲的位存储器是（　　）。
A. M0.5　　　　B. M0.3　　　　C. M0.2　　　　D. M0.7

8. 在 PLC 程序设计中，（　　）表达方式与继电-接触器原理图相似。
A. 指令表　　　　B. 梯形图　　　　C. 顺序功能图　　　　D. 功能块图

9. 在编程时，PLC 的内部软元件触点（　　）。
A. 可作为常开触点使用，但只能使用一次
B. 可作为常闭触点使用，但只能使用一次
C. 只能使用一次
D. 可作为常开和常闭触点反复使用，无限制

10. 如果在程序中对输出继电器 Q0.1 多次使用 S、R 指令，则 Q0.1 的状态由（　　）。
A. 第一次执行的指令决定　　　　B. 最后执行的指令决定
C. 执行最多次数的指令决定　　　　D. 执行最少次数的指令决定

四、简答题

1. 梯形图（LAD）有何特点？
2. 线圈输出指令与置位输出指令有何异同？
3. I0.5：P 和 I0.5 有什么区别，为什么不能写外设输入点？
4. 如何将 Q2.6 的值立即写入到对应的输出模块？
5. 在使用博途软件编程时，如何设置梯形图中触点的宽度和字符的大小？
6. 如何切换 CPU 的工作模式？
7. 写入和强制变量有什么区别？

五、程序设计题

1. 试用置位输出、复位输出指令和边沿检测指令设计满足图 2-91 所示的梯形图。

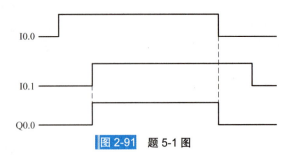

图 2-91 题 5-1 图

2. 试将图 2-92 中继电–接触器控制的两台电动机顺序起停控制电路转换为 PLC 控制程序。

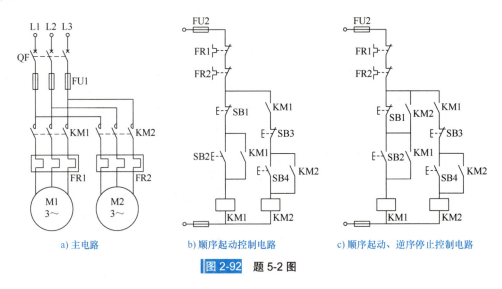

图 2-92 题 5-2 图

3. 设计一个报警控制程序。输入信号 I0.0 为报警输入,当 I0.0 为 ON 时,报警信号灯 Q0.0 闪烁,闪烁频率为 1s(亮、灭均为 0.5s)。报警蜂鸣器 Q0.1 有音响输出。报警响应 I0.1 为 ON 时,报警灯由闪烁变为常亮且停止音响。按下报警解除按钮 I0.2,报警灯熄灭。为测试报警灯和报警蜂鸣器的好坏,可用测试按钮 I0.3 随时测试。

4. 试用 PLC 实现小车往复运行控制,系统启动后小车前进,行驶 20s,停止 5s,再后退 20s,停止 5s,如此往复运行 6 次,循环运行结束后指示灯以 1Hz 的频率闪烁 5 次后熄灭。

5. 试分别用置位输出、复位输出指令及置位/复位触发器编制三相异步电动机正反转运行的程序。

6. 用 PLC 实现 1 只按钮控制 3 盏灯亮灭,要求第 1 次按下按钮,第 1 盏灯亮,第 2 次按下按钮,第 2 盏灯亮,第 3 次按下按钮,第 3 盏灯亮,第 4 次按下按钮,第 1～3 盏灯同时亮,第 5 次按下按钮,第 1～3 盏灯同时熄灭。试画出 I/O 接线图并编制梯形图。

7. 试用移动值指令编制三相异步电动机丫–△减压起动程序,假定三相异步电动机丫联结起动的时间为 10s。如果用移位指令,程序应如何编制?

8. 试用跳转指令,设计一个既能点动控制、又能自锁控制(连续运行)的电动机控制程序。假定选择开关为 ON 时,实现点动控制;选择开关为 OFF 时,实现自锁控制。

9. 3台电动机相隔10s起动，各运行15s停止，循环往复。试用比较指令完成程序设计。

10. 试用比较值指令设计一个自动控制小车运行方向的系统，如图2-93所示，试根据要求设计程序。工作要求如下：

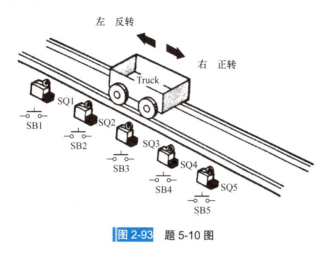

图2-93　题5-10图

1）当小车所停位置SQ的编号大于呼叫位置的编号SB时，小车向左运行至等于呼叫位置时停止。

2）当小车所停位置SQ的编号小于呼叫位置的编号SB时，小车向右运行至等于呼叫位置时停止。

3）当小车所停位置SQ的编号与呼叫位置的编号SB相同时，小车不动作。

11. 设计简单的霓虹灯程序。要求4盏灯，在每一瞬间3盏灯亮，1盏灯熄灭，且按顺序排列熄灭。每盏灯亮、熄的时间分别为0.5s，如图2-94所示。试画出I/O接线图并编制梯形图。

图2-94　题5-11图

12. 试用S7-1200 PLC实现闪光灯的控制。要求根据选择的按钮，闪光灯以相应的频率闪烁。若按下慢闪按钮，闪光灯以0.5Hz的频率闪烁；若按下中闪按钮，闪光灯以1Hz的频率闪烁；若按下快闪按钮，闪光灯以2Hz的频率闪烁。无论何时按下停止按钮，闪光灯熄灭。试画出I/O接线图并编制梯形图。

项目三

S7-1200 PLC 顺序控制的编程及应用

教学目标	知识目标	1. 熟练掌握顺序功能图的绘制 2. 掌握顺序功能图转换为梯形图的方法 3. 掌握单序列、选择序列和并行序列顺序控制程序的设计方法
	能力目标	1. 会分析顺序控制系统的工作过程 2. 能合理分配 I/O 地址，绘制顺序功能图 3. 能使用两种编程方式将顺序功能图转换为梯形图 4. 能使用博途编程软件组态硬件设备、编制顺序控制梯形图，下载至 CPU，并进行仿真或在线调试运行
	素质目标	1. 通过编程应用，养成认真负责的工作态度，增强责任担当 2. 培养严谨认真的学习态度和勇于创新发现的探究精神
教学重点		顺序功能图；顺序功能图转换为梯形图
教学难点		并行序列顺序控制的编程
参考学时		12～18 学时

任务一 三种液体混合的 PLC 控制

一、任务导入

对生产原料的混合操作是化工、食品、饮料、制药等行业必不可少的工序之一。而采用 PLC 控制原料混合操作具有自动化程度高、生产效率高、混合质量高和适用范围广等优点。

液体混合分两种液体混合、三种液体混合或多种液体混合，多种液体按照一定的比例混合是物料混合的一种典型形式，本任务主要通过三种液体混合的 PLC 控制，来介绍顺序控制单序列的编程方法。

二、知识链接

（一）顺序控制设计法

1. 顺序控制设计法概述

顺序控制，就是按照生产工艺预先规定的顺序，在各个输入信号的作用下，根据内部状态和时间的顺序，在生产过程中各个执行机构自动有序地进行操作。针对顺序控制系统，设计程序时首先根据系统的工艺过程，画出顺序功能图，然后根据顺序功能图编制梯形图，这种设计方法为顺序控制设计法。

顺序控制设计法的最基本思路是将系统的一个工作周期划分为若干个顺序相连的阶段，这些分阶段称为步（Step），并用编程元件（例如位存储器 M）来代表各步。步是根据输出量的状态变化来划分的。

顺序控制设计法用转移条件控制代表各步的编程元件，让它们的状态按一定的顺序变化，然后用代表各步的编程元件去控制 PLC 的各输出位。

2. 顺序功能图

顺序功能图主要由步、有向连线、转移、转移条件和动作（命令）等要素组成，如图 3-1 所示。

（1）步 顺序功能图中的步是指控制系统的一个工作状态，为顺序相连的阶段中的一个阶段。在顺序功能图中用矩形方框表示步，方框内是该步的编号。编程时 S7-1200

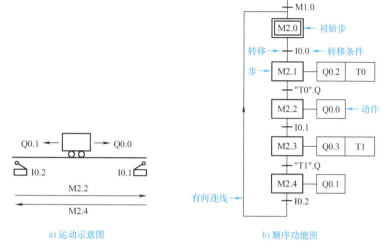

图 3-1 顺序功能图组成要素

PLC 一般用内部位存储器来代表步，因此经常直接用代表该步的编程元件的地址作为步的编号，如图 3-1 所示各步的编号分别为 M2.0、M2.1、M2.2、M2.3、M2.4。这样在根据顺序功能图设计梯形图时较为方便。

步又分为初始步、一般步和活动步（也称为初始状态、一般状态和活动状态）。

① 初始步。与系统的初始状态相对应的步称为初始步。初始状态一般是系统等待启动命令的相对静止的状态。初始步在功能图中用双方框"M2.0"表示，每个顺序功能图至少应有一个初始步。

② 一般步。除初始步以外的步均为一般步。每一步相当于控制系统的一个阶段。一般状态用单线矩形方框表示。方框内（包括初始步框）中都有一个表示该步的元件编号，称之为状态元件。状态元件可以按状态顺序连续编号，也可以不连续编号。

③ 活动步。在顺序功能图中，如果某一步被激活，则该步处于活动状态，称该步为活动步。步被激活时该步的所有命令与动作均得到执行，而未被激活的步中的命令与动作均不能得到执行。在顺序功能图中，被激活的步有一个或几个，当下一步被激活时，前一个激活步一定要关闭。顺序控制就是逐个步被激活从而完成全部控制任务。

（2）命令或动作 命令是指控制要求，而动作是指完成控制要求的程序。与状态对应则是指每一个状态中所发生的命令和动作。在顺序功能图中，命令和动作是用相应的文字和符号（包括梯形图程序行）写在状态矩形框的旁边，并用直线与状态矩形框相连。如果某一步有几个命令和动作，可以用图 3-2 所示的两种画法来表示，但是图中并不隐含这些动作之间的任何顺序。

步的动作有两种情况，一种为非保持性，其

图 3-2 多个动作的表示方法

动作仅在本状态内有效，没有连续性，当本状态为非活动步时，动作全部 OFF；另一种为保持性，其动作有连续性，它会把动作结果延续到后面的状态中去。图 3-1 中的 Q0.0 ～ Q0.3 均为非保持性动作，例如在步 M2.2 为活动步时，动作 Q0.0 为 1 状态，步 M2.2 为非活动步时，动作 Q0.0 为 0 状态。

（3）有向连线　在顺序功能图中，随着时间的推移和转移条件的实现，将会发生步的活动状态的顺序进展，这种进展按有向连线规定的路线和方向进行。在画顺序功能图时，将代表各步的方框按它们成为活动步的先后次序顺序排列，并用有向连线将它们连接起来。活动状态的进展方向习惯上是从上到下、从左到右，此时有向连线上的箭头可以省略。如果不是上述方向，应在有向连线上用箭头注明进展方向。

如果在画顺序功能图时有向连线必须中断（例如在复杂的功能图中，用几个部分来表示一个顺序功能图时），应在有向连线中断处标明下一步的标号和所在页码，并在有向连线中断的开始和结束处用箭头标记。

（4）转移和转移条件

① 转移。转移用与有向连线垂直的短线表示，转移将相邻两步分隔开。步的活动状态的进展是由转移的实现来完成的，并与控制过程的发展相对应。

② 转移条件。使系统由当前步进入下一步的信号称为转移条件。转移条件可以是外部输入信号，例如按钮、行程开关、开关量传感器等接通或断开；也可以是 PLC 内部产生的信号，例如定时器、计数器输出位的常开触点的通断等，转移条件还可以是若干个信号的与、或、非逻辑组合。

转移条件可以用文字语言、布尔代数表达式或图形符号标注在表示转移的短线旁边。使用最多的转移条件表示方法是布尔代数表达式。转移条件 I0.0 和 $\overline{I0.0}$ 分别表示在逻辑信号 I0.0 为"1"状态和"0"状态时转移实现。转移条件"I0.0↑"和"I0.0↓"分别表示当 I0.0 从 0→1 和从 1→0 时转移实现。

3. 顺序功能图的基本结构

根据步与步之间转移的不同情况，顺序功能图的基本结构主要有单序列、选择序列和并行序列 3 种类型。

（1）单序列　单序列由一系列相继激活的步组成，每一步的后面仅接有一个转移，每一个转移后面只有一个步，如图 3-3 所示。

（2）选择序列　选择序列的开始称为分支，如图 3-4 所示，转移符号只能标在水平连线之下。如果步 M2.1 是活动步，并且转移条件 I0.1=1，则发生由步 M2.1→步 M2.2 的转移；如果步 M2.1 是活动步，并且转移条件 I0.4=1，则发生步 M2.1→步 M2.4 的转移；如果步 M2.1 是活动步，并且转移条件 I1.0=1，则发生步 M2.1→步 M2.6 的转移。选择序列在每一时刻一般只允许选择一个序列。

选择序列的结束称为汇合或合并。几个选择序列合并到一个公共序列时，用需要重新组合的序列数量的转移符号和水平线来表示，转移符号只允许标在水平线之上。

在图 3-4 中，如果步 M2.3 是活动步，并且转移条件 I0.3=1，则发生由步 M2.3→步 M2.8 的转移；如果步 M2.5 是活动步，并且转移条件 I0.6=1，则发生由步 M2.5→步 M2.8 的转移；如果步 M2.7 是活动步，并且转移条件 I1.2=1，则发生由步 M2.7→步 M2.8 的转移。

（3）并行序列　并行序列的开始称为分支，如图 3-5 所示，当转移条件的实现导致几个序列同时激活时，这些序列称为并行序列。当步 M2.2 是活动步，并且转移条件 I0.1=1，则 M2.3、M2.5、M2.7 这三步同时成为活动步，同时步 M2.2 变为不活动步。为了强调转移的同步实现，水平连线用双线表示。步 M2.3、M2.5、M2.7 被同时激活后，每一个序列中活动步的转移将是独立的。在表示同步的水平线之上，只允许有一个转移符号。

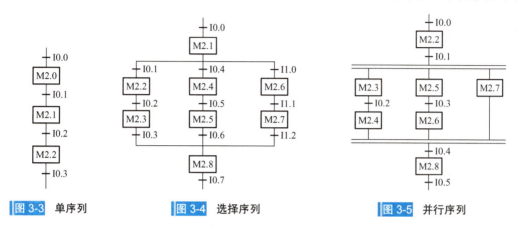

图 3-3　单序列　　　　图 3-4　选择序列　　　　图 3-5　并行序列

并行序列的结束称为汇合或合并，在图 3-5 中，在表示同步的水平线之下，只允许有一个转移符号。当直接连在双线上的所有前级步都处于活动状态，并且转移条件 I0.4=1 时，才会发生步 M2.4、M2.6、M2.7 到步 M2.8 的转移，即步 M2.4、M2.6、M2.7 同时变为不活动步，而步 M2.8 变为活动步。并行序列表示系统几个同时工作的独立部分的工作情况。

顺序功能图除了上述 3 种基本结构形式外，还有跳步、重复和循环 3 种特殊结构形式，但它们分别是上述三种基本结构中的某一种形式。

1）跳步。在生产过程中，有时要求在一定条件下停止执行某些原定的动作，跳过一定步序后执行之后的动作步，如图 3-6a 所示。当步 M2.0 为活动步时，若转移条件 I0.5 先变为 1，则步 M2.1 不为活动步，而直接跳到步 M2.3，使其变为活动步，实际上这是一种特殊的选择序列。由图 3-6a 可知，步 M2.0 下面有步 M2.1 和 M2.3 两个选择分支，而步 M2.3 是步 M2.0 和步 M2.2 的合并。

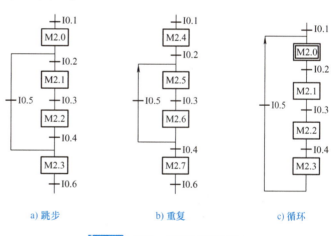

a）跳步　　　　b）重复　　　　c）循环

图 3-6　跳步、重复和循环结构

2）重复。在一定条件下，生产过程需要重复执行某几个工序步的动作，如图 3-6b 所示。当步 M2.6 为活动步时，如果 I0.4=0 而 I0.5=1，则序列返回到步 M2.5，重复执行步 M2.5、M2.6，直到 I0.4=1 时才转入到步 M2.7，它也是一种特殊的选择序列，由图 3-6b 可知，步 M2.6 后面有步 M2.5 和步 M2.7 两个选择分支，而步 M2.5 是步 M2.4 和步 M2.6 的合并。

3）循环。在一些生产过程中需要不间断重复执行功能图中各工序步的动作，如图 3-6c 所示，当步 M2.3 结束后，立即返回初始步 M2.0，即在序列结束后，用重复的办法直接返回到初始步，形成了系统的循环过程，这实际上就是一种单序列的工作过程。

4. 顺序功能图中转移实现的基本规则

（1）转移实现的条件　在顺序功能图中，步的活动状态的进展由转移的实现来完成的。转移实现必须同时满足两个条件：

① 该转移所有前级步必须是活动步。

② 对应的转移条件成立。

这两个条件缺一不可。如果取消了第一个条件，假设因为误操作按下了起动按钮，在任何情况下都将使以起动按钮作为转移条件的后续步变为活动步，造成设备的误动作，甚至出现重大事故。

如果转移的前级步或后级步不止一个，转移的实现称为同步实现，为了强调同步实现，有向连线的水平部分用双线表示，如图3-7所示。

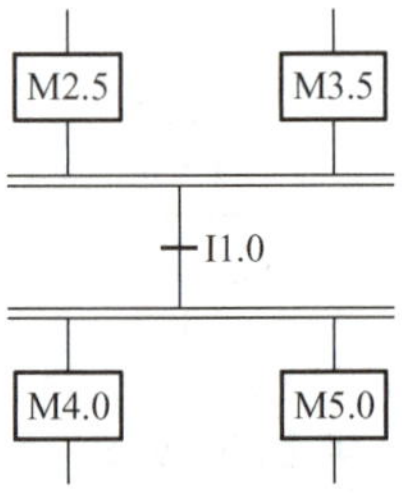

（2）转移实现应完成的操作

① 使所有由有向连线与相应转移符号相连的后续步都变为活动步。

② 使所有由有向连线与相应转移符号相连的前级步都变为不活动步。

上述规则可以用于任意结构中的转移，其区别在于：在单序列和选择序列中，一个转移仅有一个前级步和一个后续步。在并行序列的分支处，转移有几个后续步，在转移实现时应同时将它们对应的编程元件置位。在并行序列的合并处，转移有几个前级步，它们均为活动步时才有可能实现转移，在转移实现时应将它们对应的编程元件全部复位。

图3-7　转移的同步实现

转移实现的基本规则是根据顺序功能图设计梯形图的基础，它适用于顺序功能图中各种结构。

5. 绘制顺序功能图的注意事项

1）两个步绝对不能直接相连，必须用一个转移将它们隔开。

2）两个转移也不能直接相连，必须用一个步将它们隔开。

这两条可以作为检查顺序功能图是否正确的判据。

3）顺序功能图中的初始步一般对应于系统等待启动的初始状态，初始步可能没有输出执行，但初始步是必不可少的。如果没有该步，则无法表示初始状态，系统也无法返回初始状态。

4）自动控制系统应能多次重复执行同一工艺过程，因此在顺序功能图中一般应有由步和有向连线组成的闭环，即在完成一次工艺过程的全部操作之后，应从最后一步返回初始步，系统停留在初始状态（单周期操作，如图3-1b所示），在连续循环工作方式时，应从最后一步返回下一个工作周期开始运行的第一步。

5）在顺序功能图中，只有当某一步的前级步是活动步时，该步才有可能变成活动步。如果用没有断电保持功能的编程元件代表各步，进入 RUN 模式时，它们均处于 OFF 状态。一般在对 CPU 组态时设置默认的 MB1 为系统存储器字节，用启动 CPU 时接通一个扫描周期的 M1.0 的常开触点作为转移条件，将初始步预置为活动步，否则因顺序功能图中没有活动步，系统将无法工作。由于顺序功能图是用来描述自动工作过程的，如果系统具有手动和自动两种工作方式，在系统由手动工作方式进入自动工作方式时，用一个适当的信号将初始步置为活动步。

6. 顺序控制设计法设计的基本步骤及内容

（1）步的划分　分析被控对象的工作过程及控制要求，将系统的工作过程划分成若干个步。如图 3-8a 所示，步是根据 PLC 输出状态的变化来划分的，在每一步内 PLC 各输出量状态均保持不变，但是相邻两步输出量总的状态是不同的。步的这种划分方法使代表各步的编程元件的状态与各输出量的状态之间有着极为简单的逻辑关系。

步也可以根据被控对象工作状态的变化来划分，但被控对象工作状态的变化应该是由 PLC 输出状态的变化引起的。如图 3-8b 所示，某液压滑台的整个工作过程可划分为原位、快进、工进、快退四步。但这四步的改变都必须是由 PLC 输出状态变化引起的，否则就不能这样划分，例如从快进转为工进与 PLC 输出状态无关，那么快进和工进只能作为一步。

（2）转移条件的确定　转移条件是使系统从当前步进入下一步的信号。转移条件可能是外部输入信号，如按钮、行程开关的接通/断开等，也可能是 PLC 内部产生的信号，如定时器和计数器的触点的接通/断开等，还可能是若干个信号的与、或、非逻辑组合。图 3-8b

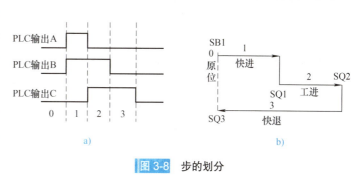

图 3-8　步的划分

所示的 SB1、SQ1、SQ2、SQ3 均为转移条件。

（3）顺序功能图的绘制　划分了步并确定了转移条件后，就应根据以上分析和被控对象的工作内容、步骤、顺序及控制要求画出顺序功能图。这是顺序控制设计法中最关键的一个步骤。

（4）梯形图的绘制　根据顺序功能图，采用某种编程方式设计出梯形图程序。如果 PLC 支持功能图语言，则可直接使用顺序功能图作为最终程序。需指出，S7-1200 PLC 不支持功能图语言。下面将介绍顺序控制编程方式的相关内容。

（二）起保停编程方式

起保停电路仅仅使用与触点和线圈有关的位逻辑指令，如常开触点、常闭触点、线圈输出等。各种型号 PLC 都有这一类指令，所以这是一种通用的编程方式，适用于各种型号 PLC。编程时用位存储器 M 来代表步。某一步为活动步时，对应的位存储器为"1"状态，转移实现时，该转移的后续步变为活动步，前级步变为不活动步。由于转移条件大都是短信号，即它存在的时间比它激活后续步的时间短，因此应使用有记忆（保持）功能的程序结构来控制代表步的位存储器。属于这类程序结构的有起保停程序和使用置位复位指令编制的程序。

如图 3-9a 所示，M3.2、M3.3 和 M3.4 是顺序功能图中顺序相连的 3 步，I0.2 是步 M3.3 前级步 M3.2 的转移条件。

编程的关键是找出的它的起动条件和停止条件。根据转移实现的基本规则，转移实现的条件是它的前级步为活动步，并且满足相应的转移条件，所以 M3.3 变为活动步的条件是 M3.2 为活动步，并且转移条件 I0.2=1，在梯形图中则应

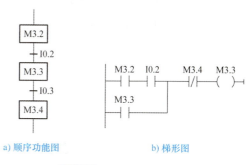

图 3-9　起保停编程方式

将 M3.2 和 I0.2 的常开触点相串联作为控制 M3.3 步的起动条件，如图 3-9b 所示。当 M3.3 和 I0.3 均为"1"状态时，步 M3.4 变为活动步，这时步 M3.3 应为不活动步，因此可以将 M3.4=1 作为使 M3.3 变为"0"状态的条件，即将 M3.4 的常闭触点与 M3.3 的线圈串联。上述的逻辑关系用逻辑表达式表示为：M3.3=(M3.2·I0.2+M3.3)·$\overline{M3.4}$。

（三）使用起保停编程方式的单序列编程举例

图 3-10a 所示为某小车运动的示意图，小车初始停在 I0.2 位置，当按下起动按钮 I0.3 时，小车开始左行，左行至 I0.1 位置，小车改为右行，右行至 I0.2 位置，小车又改为左行，左行至 I0.0 位置时停下，小车开始右行，右行至 I0.2 位置停下并停在原位。

小车的运动过程分为四步，其功能图如图 3-10b 所示，该顺序功能图为单序列，采用起保停程序绘制的梯形图如图 3-10c 所示。

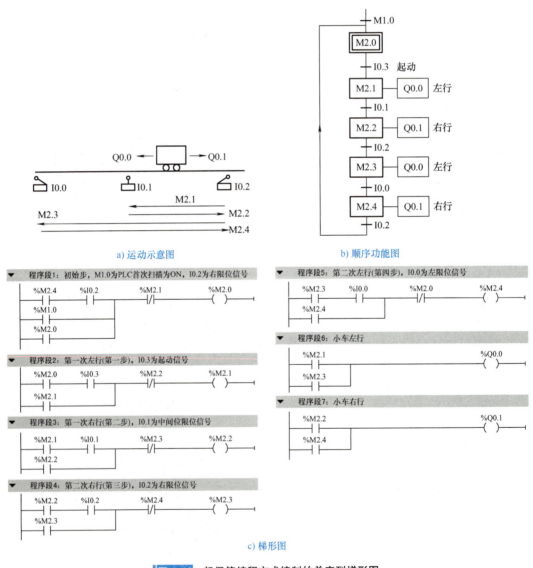

图 3-10 起保停编程方式编制的单序列梯形图

使用起保停编程方式在处理每一步的输出时，应注意以下两点：

① 如果某一输出量仅在某一步中为 ON，可以将它们的线圈分别与对应步的位存储器的线圈并联。

② 如果某一输出量在几步中都应为 ON，应将代表各有关步的位存储器的常开触点并联后，驱动该输出量的线圈，如图 3-10c 所示，避免出现双线圈输出。

三、任务实施

（一）任务目标

1）根据控制要求绘制单序列顺序功能图，并用起保停编程方式将顺序功能图转换为梯形图。

2）学会 S7-1200 PLC I/O 接线方法。

3）初步掌握单序列顺序控制的编程方法。

4）熟练使用博途编程软件组态设备、编制单序列顺序控制梯形图，并下载至 CPU 进行调试运行，查看运行结果。

（二）设备与器材

本任务实施所需设备与器材见表 3-1。

表 3-1 所需设备与器材

序号	名称	符号	型号规格	数量	备注
1	常用电工工具		十字螺钉旋具、一字螺钉旋具、尖嘴钳、剥线钳等	1 套	表中所列设备、器材的型号规格仅供参考
2	计算机（安装博途编程软件）			1 台	
3	西门子 S7-1200 PLC	CPU	CPU 1214C AC/DC/Rly，订货号：6ES7 214-1AG40-0XB0	1 台	
4	三种液体混合控制模拟装置挂件			1 个	
5	以太网通信电缆			1 根	
6	连接导线			若干	

（三）内容与步骤

1. 任务要求

三种液体混合模拟控制面板如图 3-11 所示。SL1、SL2、SL3 为液面传感器，液体 A、B、C 阀门与混合液阀门由电磁阀 YV1、YV2、YV3、YV4 控制，M 为搅匀电动机，KM 为控制搅匀电动机的交流接触器，控制要求如下：

1）初始状态：装置投入运行时，液体 A、B、C 阀门关闭，混合液体阀门打开 10s 将容器放空后关闭。

2）起动操作：合上起停开关 S，装置开始按下列的规律操作。

液体 A 阀门打开，液体 A 流入容器。当液面到达 SL3 时，SL3 接通，关闭液体 A 阀门，打开液体 B 阀门。液面到达 SL2 时，关闭液体 B 阀门，打开液体 C 阀门。液面到达 SL1 时，关闭液体 C 阀门。搅匀电动机开始搅匀。搅匀电动机工作 30s 后停止搅动，混合液阀门打开，开始放出混合液体。当液面下降到 SL3 时，SL3 由接通变为断开，再过 2s 后，容器放空，混合液阀门关闭，完成一个操作周期。只要未断开起停开关，则自动进入下一周期。

3）停止操作：当断开起停开关后，在当前的混合液操作处理完毕后，才停止操作（停在初始状态）。

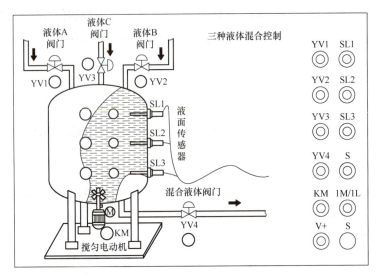

图3-11 三种液体混合模拟控制面板

2. I/O 地址分配与接线图

根据控制要求确定 I/O 点数，I/O 地址分配见表 3-2。

表 3-2　I/O 地址分配表

输入			输出		
设备名称	符号	I 元件地址	设备名称	符号	Q 元件地址
起停开关	S	I0.0	液体 A 阀门	YV1	Q0.0
控制液体 C 传感器	SL1	I0.1	液体 B 阀门	YV2	Q0.1
控制液体 B 传感器	SL2	I0.2	液体 C 阀门	YV3	Q0.2
控制液体 A 传感器	SL3	I0.3	混合液体阀门	YV4	Q0.3
			控制搅匀电动机接触器	KM	Q0.4

根据 I/O 地址分配表，绘制 I/O 接线图，如图 3-12 所示。

3. 创建工程项目

打开博途编程软件，在 Portal 视图中选择"创建新项目"，输入项目名称"3RW_1"，选择项目保存路径，然后单击"创建"按钮，创建项目完成，并完成项目硬件组态，启用系统存储器字节 MB1。

4. 编辑变量表

完成设备组态后，在项目树中，单击"PLC_1[CPU 1214C AC/DC/Rly]"

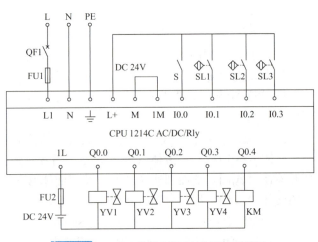

图3-12 三种液体混合顺序控制 I/O 接线图

项目三　S7-1200 PLC顺序控制的编程及应用

下"PLC 变量"文件夹前下拉按钮，在打开的"PLC 变量"文件夹中，双击"添加新变量表"选项，在生成的变量表_1[0]中根据 I/O 分配表编辑变量表，如图 3-13 所示。

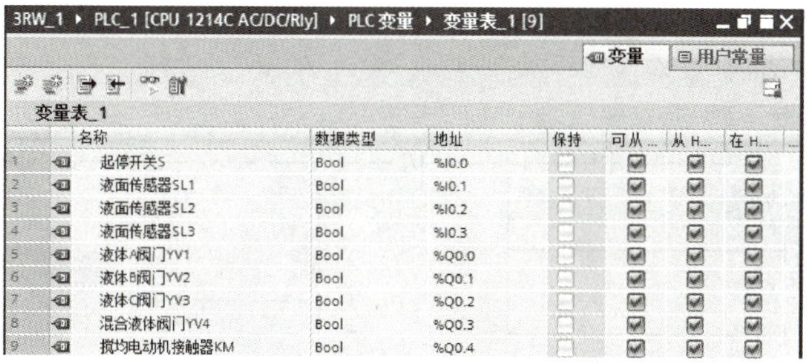

图 3-13　三种液体混和控制变量表

5. 顺序功能图

根据控制要求画出顺序功能图，如图 3-14 所示。

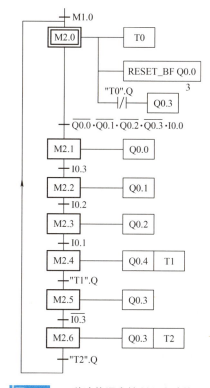

图 3-14　三种液体混合控制顺序功能图

6. 编制梯形图

在项目树中，依次单击"PLC_1[CPU 1214C AC/DC/Rly]"→"程序块"文件夹前下拉按钮，在打开的"程序块"文件夹中，双击"Main[OB1]"选项，进入程序编辑器编辑区，用起保停编程方式将 3-14 所示的顺序功能图转换为梯形图，如图 3-15 所示。

7. 调试运行

将设备组态及图 3-15 所示的梯形图编译后下载至 CPU，按照图 3-12 进行 PLC 外部接线，启动 CPU，将 CPU 切换至 RUN 模式，调试时参照图 3-14，观察 Q0.3 是否得电，延时

10s 后，Q0.3 是否失电，Q0.3 失电后，按下起停开关 S (I0.0)，观察 Q0.0 是否得电，得电后，合上 I0.3，观察 Q0.1 是否得电，以此类推，按照顺序功能图的流程对程序进行调试，观察运行结果是否符合控制要求。

图 3-15　三种液体混合控制梯形图

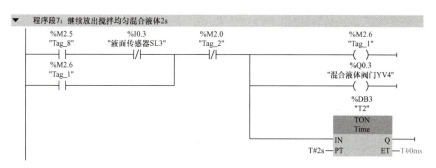

图 3-15　三种液体混合控制梯形图（续）

（四）分析与思考

1）为了使混合液体充分搅拌均匀，本任务中混合液体在搅匀过程中，要求先正向搅匀7.5s，再反向搅匀7.5s，然后循环2次，其程序应如何编制？

2）在使用起保停编程方式将顺序功能图转换为梯形图时，后续步成为活动步、前级步变为不活动步是如何实现的呢？

四、任务考核

任务考核见表3-3。

表 3-3　任务实施考核表

序号	考核内容	考核要求	评分标准	配分	得分
1	电路及程序设计	（1）能正确分配I/O地址，并绘制I/O接线图 （2）根据控制要求，正确编制单序列顺序功能图 （3）设备组态 （4）能使用起保停编程方式将顺序功能图转换为梯形图	（1）I/O分配错误或缺少，每个扣5分 （2）I/O接线图设计不全或有错，每处扣5分 （3）功能图绘制不正确或画法不规范，每处扣5分 （4）CPU组态与现场设备型号不匹配，扣10分 （5）功能图转换梯形图有错误，每处扣5分	40分	
2	安装与连线	根据I/O接线图，正确连接电路	（1）连线每错一处，扣5分 （2）损坏元器件，每只扣5～10分 （3）损坏连接线，每根扣5～10分	20分	
3	调试与运行	能熟练使用编程软件编制程序、下载至CPU并按要求调试运行	（1）不能熟练使用编程软件进行梯形图的编辑、修改、编译、下载及监视，每项扣2分 （2）不能按控制要求完成相应的功能，每少一项扣5分	20分	
4	安全操作	确保人身和设备安全	违反安全文明操作规程，扣10～20分	20分	
5	合计				

五、知识拓展

（一）使用起保停编程方式时仅有两步的闭环处理

如果在顺序功能图中存在仅有两步组成的小闭环，如图3-16a所示，用起保停编程方式设计的梯形图不能正常工作。例如在 M2.2 和 I0.2 均为 "1" 状态时，M2.3 的起动电路接通，但是这时与 M2.3 线圈串联的 M2.2 的常闭触点却是断开的，所以 M2.3 的线圈不能 "通电"。出现上述问题的根本原因在于 M2.2 步既是步 M2.3 的前级步，又是它的后续步。如果在小闭环中增设一步就可以解决这个问题，如图 3-16b 所示，这一步只起延时作用，对系统不会产生影响。

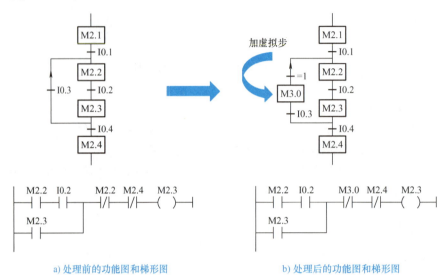

图 3-16　仅有两步的闭环的处理

（二）使用置位复位指令编程方式在单序列顺序控制中的应用

1. 使用置位复位指令的编程方式

图 3-17 给出了使用置位复位指令编程方式的顺序功能图与对应的梯形图。图 3-17a 中，要实现 In.i 对应的转移必须同时满足两个条件：前级步为活动步 [Mn.（i−1）=1] 和转移条件满足（In.i=1），所以用 Mn.（i−1）和 In.i 的常开触点串联组成的串联电路来表示上述条件，如图 3-17b 所示。当两个条件同时满足时，应完成两个操作：将后续步变为活动步（用置位指令将 Mn.i 置位），同时将前级步变为不活动步（用复位指令将 Mn.（i−1）复位）。这种编程方式与转移实现的基本规则之间有严格的对应关系，编制复杂顺序功能图的梯形图时，更能显示其优越性。

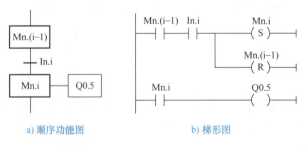

图 3-17　使用置位复位指令的编程方式

在任何情况下，代表步的位存储器的控制电路都可以使用这一原则来设计，每一个转移对应一个这样的控制置位和复位的电路块，有多少个转移就有数量与之相同的这样电路块。

这种设计方法特别有规律，梯形图与转移实现的基本规则之间有严格的对应关系，在设计复杂的顺序功能图的梯形图时既容易掌握，又不容易出错。

使用这种编程方法时，不能将过程映像输出的线圈与置位和复位指令并联。这是因为顺序功能图中前级步和转移条件对应的串联电路接通的时间是相当短的，转移条件满足后前级步马上被复位，该串联电路被断开，而过程映像输出的线圈至少在某一步对应的全部时间内被接通，所以应根据顺序功能图用代表步的位存储器的常开触点或它们的并联电路来驱动过程映像输出的线圈。

2. 应用举例

单序列顺序控制由一系列相继执行的工序步组成，每一个工序步后面只能接一个转移条件，而每一转移条件之后仅有一个工序步。

每一个工序步即一个状态，用一个位存储器进行控制，各工序步所使用的位存储器没有必要一定按顺序进行编号（其他的序列也是如此）。此外，位存储器也可作为转移条件。

某锅炉的鼓风机和引风机的控制要求如下：开机时，先起动引风机，10s后开鼓风机；停机时，先关鼓风机，5s后关引风机。试设计满足上述要求的控制程序。

（1）I/O地址分配　根据控制要求确定I/O点数，I/O地址分配见表3-4。

表3-4　某锅炉控制I/O地址分配表

输　　入			输　　出		
设备名称	符号	I元件地址	设备名称	符号	Q元件地址
起动按钮	SB1	I0.0	引风机接触器	KM1	Q0.0
停止按钮	SB2	I0.1	鼓风机接触器	KM2	Q0.1

（2）创建工程项目　打开博途编程软件，在Portal视图中选择"创建新项目"，输入项目名称"某锅炉控制"，选择项目保存路径，然后单击"创建"按钮，创建项目完成，并完成项目硬件组态，启用系统存储器字节MB1。

（3）绘制顺序功能图　根据控制要求，整个控制过程分为4步，初始步M2.0，没有驱动，起动引风机M2.1，驱动Q0.0为ON，起动引风机，同时，驱动定时器T0，延时10s，起动鼓风机M2.2，Q0.0仍为ON，引风机保持继续运行，同时，驱动Q0.1为ON，起动鼓风机，关鼓风机M2.3，Q0.0为ON，Q0.1为OFF，鼓风机停止运行，引风机继续运行，同时，驱动定时器T1，延时5s，其顺序功能图如图3-18a所示。这里需要说明的是，引风机起动后，一直保持运行状态，直到最后停机，在顺序功能图中，线圈驱动指令的输出，仅在当前步是活动步时有效，所以，功能图上M2.1、M2.2、M2.3步均需要有Q0.0，否则，引风机起动后，进入下一步，就会停机。也可以用置位指令在M2.1步置位Q0.0，这样在M2.2、M2.3步就可以不出现Q0.0，但在初始步M2.0一定要复位Q0.0。

（4）编制梯形图　在项目树中，打开"程序块"文件夹中的"Main[OB1]"选项，在程序编辑区根据控制要求编制梯形图，如图3-18b所示。

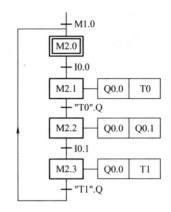

a) 顺序功能图

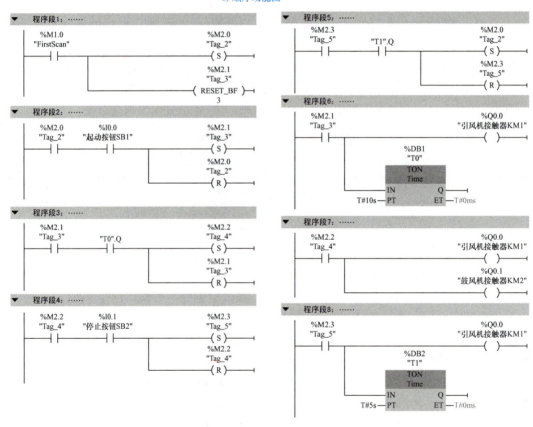

b) 梯形图

图 3-18 某锅炉控制的顺序控制程序

六、任务总结

本任务主要介绍顺序控制设计法编程的基本思路，首先绘制顺序功能图，然后利用起保停编程方式和置位复位编程方式将顺序功能图转换成梯形图，以三种液体混合的 PLC 控制为载体，通过设备组态、程序编制、项目下载及调试运行等任务的实施，详细分析了单序列顺序控制的编程方法。以某锅炉控制为例，进一步掌握单序列顺序控制的编程及应用。

顺序控制设计法相对于经验设计法而言，规律性很强，较容易理解和掌握，也是 PLC 初学者常用的程序设计方法。

任务二　四节传送带的 PLC 控制

一、任务导入

在工业生产线上用传送带输送生产设备或零配件，其动作过程通常按照一定的顺序起动，反序停止，并考虑传送带运行过程中的故障情况。传送带的控制过程就是顺序控制中典型的选择序列顺序控制。

本任务主要通过四节传送带的 PLC 控制，来介绍选择序列顺序控制的编程方法。

二、知识链接

（一）选择序列顺序控制的编程

1. 选择分支与汇合的特点

顺序功能图中，选择序列的开始（或从多个分支流程中选择某一个单支流程）称为**选择分支**。图 3-19a 为具有选择分支的顺序功能图，其转移符号和对应的转移条件只能标在水平连线之下。

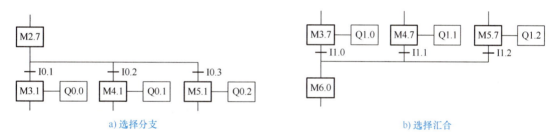

图 3-19　选择分支与选择汇合顺序功能图

如果 M2.7 是活动步，此时若转移条件 I0.1、I0.2、I0.3 三个中任一个为"1"，则活动步就转向转移条件满足的那条支路。例：I0.2=1，此时步 M2.7→步 M4.1 转移，只允许同时选择一个序列。

注意：选择分支处，当其前级步为活动步时，各分支的转移条件只允许一个首先成立。

选择序列的结束称为汇合或合并，如图 3-19b 所示，几个选择序列合并到一个公共的序列时，用与需要重新组合的序列相同数量的转移符号和水平连线来表示，转移符号和对应的转移条件只允许标在水平连线之上。如果 M4.7 是活动步，且转移条件 I1.1=1，则发生步 M4.7→步 M6.0 转移。

2. 选择分支与汇合的编程

（1）分支的编程　如果某一步的后面有一个由 N（2≤N≤8）条分支组成的选择序列，该步可能转到不同的 N 条分支的起始步去，应将这 N 条分支的起始步对应的位存储器的常闭触点与该步的位存储器线圈串联，作为结束该步的条件。选择分支一般按照从左到右逐个编程，如图 3-20 所示。在图 3-20a 中，在 M2.7 之后有三个选择分支，当 M2.7 是活动步

（M2.7=1）时，转移条件 I0.1、I0.2、I0.3 中任一个条件满足，则活动步根据条件进行转移。在对应的梯形图中，有并行供选择的支路画出，如图 3-20b 所示。

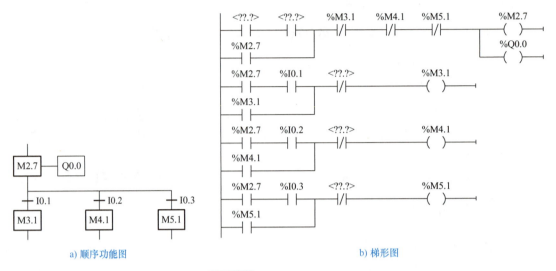

图 3-20　选择分支的编程

（2）汇合的编程　对于选择序列的汇合，如果某一步之前有 N 个转移（即有 N 条分支在该步之前合并后进入该步），则代表该步的位存储器的起动电路由 N 条支路并联而成，各支路由该步的前级步对应的位存储器的常开触点与相应转移条件对应的触点或电路串联而成，如图 3-21 所示。在图 3-21a 中，在 M6.0 之前有三个选择分支，选择汇合一般按照从左到右逐个编程，先进行汇合前每一分支状态的输出处理，然后集中向汇合步进行状态转移，避免出现双线圈输出。

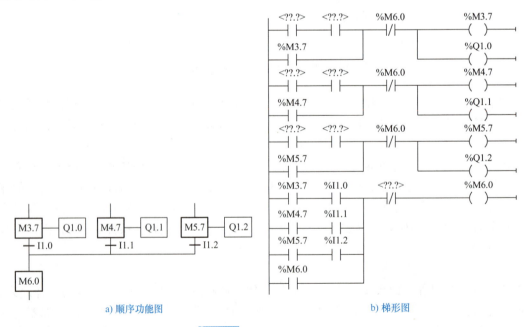

图 3-21　选择汇合的编程

（二）编程举例

1. 控制要求

选择性工作传输机用于将大、小球分类送到右边的两个不同位置的箱里，如图3-22所示。其工作过程为：

1）当传输机位于起始位置时，上限位开关SQ3和左限位开关SQ1被压下，接近开关SP断开，原位指示灯HL点亮。

2）起动装置后，操作杆下行，一直到接近开关SP闭合。此时，若碰到的是大球，

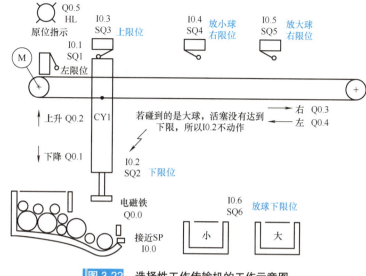

图3-22 选择性工作传输机的工作示意图

则下限位开关SQ2仍为断开状态；若碰到的是小球，则下限位开关SQ2为闭合状态。

3）接通控制吸盘的电磁铁线圈YA。

4）假如吸盘吸起小球，则操作杆上行，碰到上限位开关SQ3后，操作杆右行；碰到右限位开关SQ4（小球的右限位开关）后，再下行，碰到下限位开关SQ6后，将小球放到小球箱里，然后返回到原位。

5）如果起动装置后，操作杆一直下行到SP闭合后，下限位开关SQ2仍为断开状态，则吸盘吸起的是大球，操作杆右行碰到右限位开关SQ5（大球的右限位开关）后，将大球放到大球箱里，然后返回到原位。

2. I/O 地址分配

根据控制要求确定 I/O 点数，I/O 地址分配见表3-5。

表3-5 I/O 地址分配表

输入			输出		
设备名称	符号	I元件地址	设备名称	符号	Q元件地址
起停开关	QS	I1.0	电磁铁	YA	Q0.0
接近开关	SP	I0.0	下降电磁阀	YV1	Q0.1
左限位开关	SQ1	I0.1	上升电磁阀	YV2	Q0.2
下限位开关	SQ2	I0.2	右行电磁阀	YV3	Q0.3
上限位开关	SQ3	I0.3	左行电磁阀	YV4	Q0.4
放小球右限位开关	SQ4	I0.4	原位指示灯	HL	Q0.5
放大球右限位开关	SQ5	I0.5			
放球下限位开关	SQ6	I0.6			

3. 创建工程项目

打开博途编程软件，在Portal视图中选择"创建新项目"，输入项目名称"大小球分拣控制"，选择项目保存路径，然后单击"创建"按钮，创建项目完成，并完成项目硬件组态，

启用系统存储器字节 MB1。

4. 绘制顺序功能图

根据控制要求，绘制顺序功能图，如图3-23所示。整个控制过程划分为12个阶段，即12步，分别为：初始状态 M2.0，驱动 Q0.5 为 ON，点亮原位指示灯；下降 M2.1，驱动 Q0.1 为 ON，操作杆下行；吸小球 M2.2，置位 Q0.0，吸附小球，同时，定时器 T0 延时 1s；上升 M2.3，驱动 Q0.2 为 ON，操作杆上行；右行 M2.4，驱动 Q0.3 为 ON，操作杆右行；吸大球 M2.5，置位 Q0.0，吸附大球，同时，定时器 T1 延时 1s；上升 M2.6，驱动 Q0.2 为 ON，操作杆上行；右行 M2.7，驱动 Q0.3 为 ON，操作杆右行；下降 M3.0，驱动 Q0.1 为 ON，操作杆下行，放球 M3.1，复位 Q0.0，释放小球或大球，同时，定时器 T2 延时 1s；上升 M3.2，驱动 Q0.2 为 ON，操作杆上行；左行 M3.3，驱动 Q0.4 为 ON，操作杆左行，然后返回初始状态。

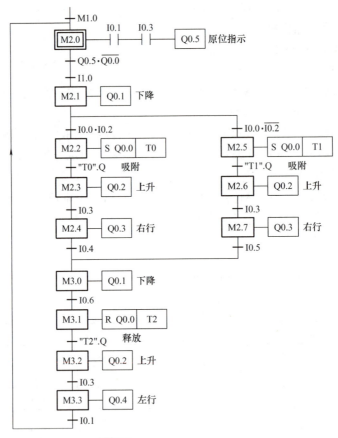

图 3-23　大小球分拣顺序功能图

5. 编制梯形图

由功能图可知，从操作杆下降吸球（M2.1）时开始进入选择分支，若吸盘吸起小球（下限位开关 SQ2 闭合），执行左边的分支；若吸盘吸起大球（SQ2 断开），执行右边的分支。在状态 M3.0（操作杆碰到右限位开关）结束分支进行汇合，之后进入单序列流程结构。需要注意的是，只有装置在原点才能开始工作循环。

在项目树中，打开"程序块"文件夹中的"Main[OB1]"选项，在程序编辑区根据置位复位指令编程方式编制的梯形图程序，如图3-24所示。

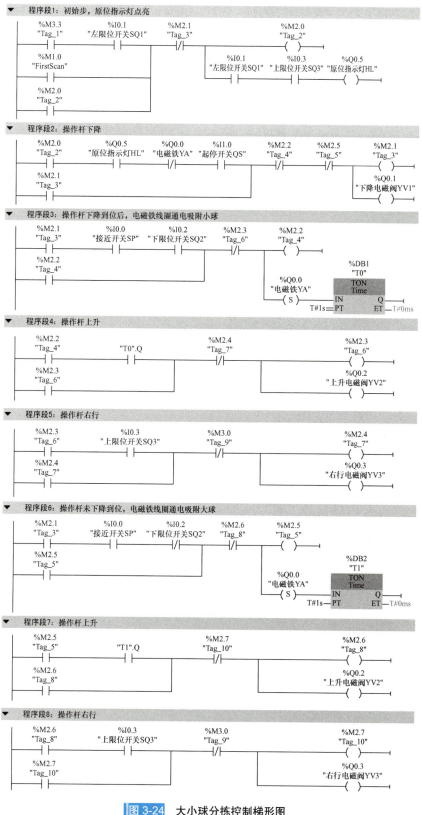

图 3-24　大小球分拣控制梯形图

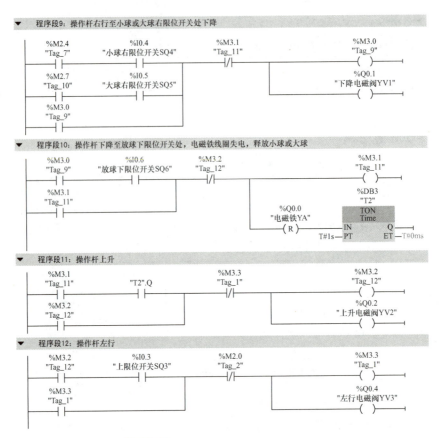

图 3-24 大小球分拣控制梯形图（续）

三、任务实施

（一）任务目标

1）根据控制要求绘制选择序列顺序功能图，并用起保停编程方式转换成梯形图。

2）学会 S7-1200 PLC I/O 接线方法。

3）初步掌握选择序列顺序控制起保停编程方式的编程方法。

4）熟练使用西门子博途编程软件组态设备、编制选择序列顺序控制梯形图，并下载至 CPU 中进行调试运行，查看运行结果。

（二）设备与器材

本任务实施所需设备与器材，见表 3-6。

（三）内容与步骤

1. 任务要求

四节传送带控制系统分别用四台电动机驱动，其模拟控制面板如图 3-25 所示，控制要求如下：

1）起动控制：按下起动按钮 SB1，先起动最末一条传送带，经过 5s 延时，再依次起动其他传送带，即按 M4 → M3 → M2 → M1 的反序起动。

表3-6 所需设备与器材

序号	名称	符号	型号规格	数量	备注
1	常用电工工具		十字螺钉旋具、一字螺钉旋具、尖嘴钳、剥线钳等	1套	表中所列设备、器材的型号规格仅供参考
2	计算机（安装博途编程软件）			1台	
3	西门子 S7-1200 PLC	CPU	CPU 1214C AC/DC/Rly，订货号：6ES7 214-1AG40-0XB0	1台	
4	四节传送带模拟控制挂件			1个	
5	以太网通信电缆			1根	
6	连接导线			若干	

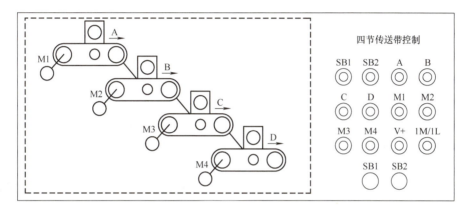

图 3-25 四节传送带模拟控制面板

2）停止控制：按下停止按钮 SB2，先停止最前一条传送带，待料运送完毕后（经过 5s 延时）再依次停止其他传送带，即按 M1 → M2 → M3 → M4 的顺序停止。

3）故障控制：当某条传送带发生故障时，该传送带及其前面的传送带立即停止，而该传送带以后的传送带待料运完后才停止。例如 M2 故障，M1、M2 立即停，经过 5s 延时后，M3 停，再过 5s，M4 停。图 3-25 中的 A、B、C、D 表示故障设定；M1、M2、M3、M4 表示传送带驱动的 4 台电动机。起动、停止用动合按钮来实现，故障设置用钮子开关来模拟，电动机的停转或运行用发光二极管来模拟。

2. I/O 地址分配与接线图

根据控制要求确定 I/O 点数，I/O 地址分配见表 3-7。

根据 I/O 地址分配表，绘制 I/O 接线图，如图 3-26 所示。

表3-7 I/O 地址分配表

输入				输出		
设备名称	符号	I 元件地址		设备名称	符号	Q 元件地址
起动按钮	SB1	I0.0		第一节传送带驱动电动机	M1	Q0.0
停止按钮	SB2	I0.1		第二节传送带驱动电动机	M2	Q0.1
M1 故障	A	I0.2		第三节传送带驱动电动机	M3	Q0.2
M2 故障	B	I0.3		第四节传送带驱动电动机	M4	Q0.3
M3 故障	C	I0.4				
M4 故障	D	I0.5				

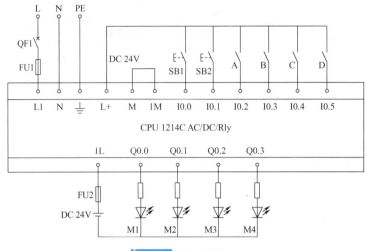

图 3-26　I/O 接线图

3. 创建工程项目

打开博途编程软件，在 Portal 视图中选择"创建新项目"，输入项目名称"3RW_2"，选择项目保存路径，然后单击"创建"按钮，创建项目完成，并完成项目硬件组态，启用系统存储器字节 MB1。

4. 编制变量表

完成设备组态后，在项目树中，单击"PLC_1[CPU 1214C AC/DC/Rly]"下"PLC 变量"文件夹前下拉按钮▶，在打开的"PLC 变量"文件夹中，双击"添加新变量表"选项，在生成的变量表_1[0] 中根据 I/O 分配表编辑变量表，如图 3-27 所示。

图 3-27　四节传送带控制变量表

5. 顺序功能图

根据控制要求，四节传送带控制系统为 4 个分支的选择序列顺序控制，其顺序功能图如图 3-28 所示。

6. 编制梯形图

在项目树中，依次单击"PLC_1[CPU 1214C AC/DC/Rly]"→"程序块"文件夹前下拉按钮▶，在打开的"程序块"文件夹中，双击"Main[OB1]"选项，进入程序编辑器编辑区，用起保停编程方式将图 3-28 所示的顺序功能图转换为梯形图。转换时一定要注意选择序列分支与汇合处的编程，梯形图如图 3-29 所示。

7. 调试运行

将设备组态及图 3-29 所示的梯形图下载至 CPU，按照图 3-26 进行 PLC 输入、输出端接线。启动 CPU，将 CPU 切换至 RUN 模式。选择菜单命令"在线"→"全部监视"，可以全画面监控 PLC 的运行，这时可以观察到定时器的当前值会随着程序的运行而动态变化，得电动作的线圈和闭合的触点会变绿。借助博途软件的监视功能，可以检查哪些线圈和触点该动作而没有动作，从而为进一步修改程序提供帮助。

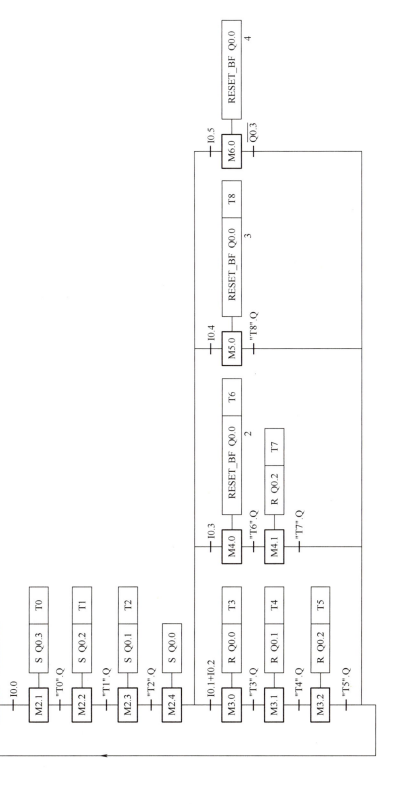

图3-28 四节传送带控制顺序功能图

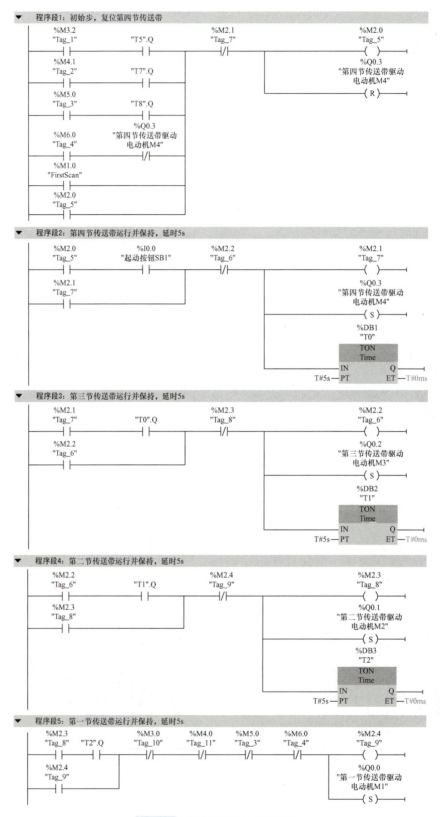

图 3-29 四节传送带控制梯形图

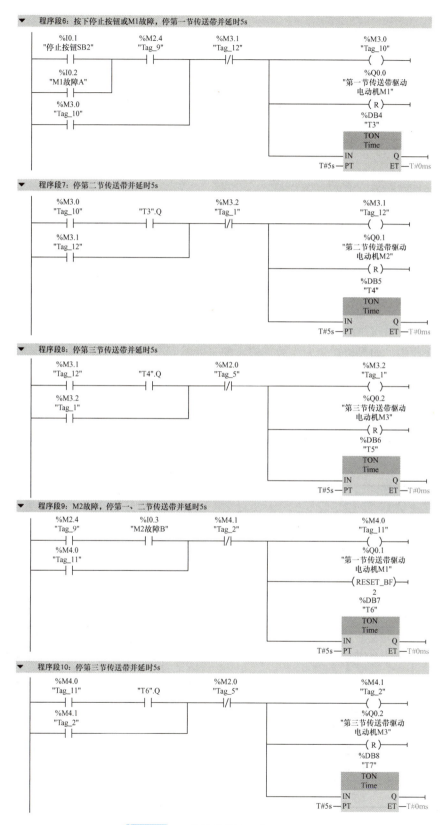

图 3-29 四节传送带控制梯形图（续）

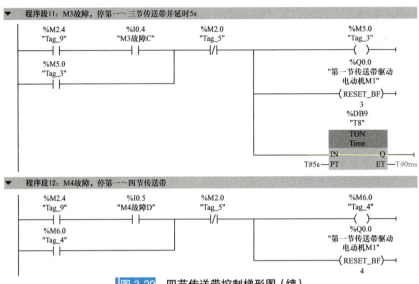

图 3-29 四节传送带控制梯形图（续）

（四）分析与思考

1）本任务中，如果传送带发生故障停止的延时时间改为 6s，其程序应如何编制？

2）如果用基本指令，本任务程序应如何编制？

四、任务考核

任务考核见表 3-8。

表 3-8 任务实施考核表

序号	考核内容	考核要求	评分标准	配分	得分
1	电路及程序设计	（1）能正确分配 I/O 地址，并绘制 I/O 接线图 （2）根据控制要求，正确编制选择序列顺序功能图 （3）设备组态 （4）能使用起保停编程方式将顺序功能图转换为梯形图	（1）I/O 分配错误或缺少，每个扣 5 分 （2）I/O 接线图设计不全或有错，每处扣 5 分 （3）功能图绘制不正确或画法不规范，每处扣 5 分 （4）CPU 组态与现场设备型号不匹配，扣 10 分 （5）功能图转换梯形图有错误，每处扣 5 分	40 分	
2	安装与连线	根据 I/O 接线图，正确连接电路	（1）连线每错一处，扣 5 分 （2）损坏元器件，每只扣 5～10 分 （3）损坏连接线，每根扣 5～10 分	20 分	
3	调试与运行	能熟练使用编程软件编制程序、下载至 CPU 并按要求调试运行	（1）不能熟练使用编程软件进行梯形图的编辑、修改、编译、下载及监视，每项扣 2 分 （2）不能按控制要求完成相应的功能，每少一项扣 5 分	20 分	
4	安全操作	确保人身和设备安全	违反安全文明操作规程，扣 10～20 分	20 分	
5	合 计				

五、知识拓展

（一）置位复位指令编程方式在选择序列顺序控制中的应用

1. 选择序列分支的编程

如果某一转移与并行序列的分支、汇合无关，那么它的前级步和后续步都只有一个，需要置位、复位的位存储器也只有一个，因此对选择序列的分支与汇合的编程方法实际上与对单序列的编程方法完全相同。

对于图 3-20a，使用置位复位编程方式与单序列的编程方式完全相同，对应的梯形图是非常标准的，每一个控制置位、复位的电路块都由前级步对应的位存储器的常开触点和转移条件对应的触点组成的串联电路块、置位当前步指令和复位前级步指令组成，其对应的梯形图如图 3-30 所示。

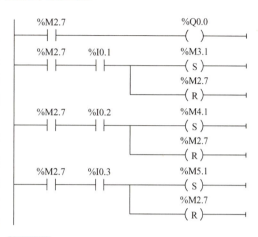

图 3-30　选择序列分支使用置位复位指令的编程方式编制的梯形图

2. 选择序列汇合的编程

对于图 3-21a，选择序列汇合的编程方法与选择序列分支的编程思路完全相同，其对应的梯形图如图 3-31 所示。

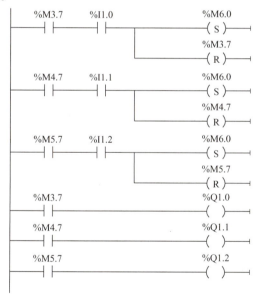

图 3-31　选择序列汇合使用置位复位指令的编程方式编制的梯形图

（二）应用举例

许多公共场合都采用自动门，如图 3-32 所示，人靠近自动门时，感应器 SL 为 ON，驱动门电动机高速开门，碰到开门减速开关 SQ1 时，变为低速开门。碰到开门极限开关 SQ2 时电动机停转，开始延时。若在 10s 内感应器检测到无人，起动门电动机高速关门，碰到关门减速开关 SQ3 时，改为低速关门，碰到关门极限开关 SQ4 时，电动机停转。在关门期间若感应器检测到有人，立即停止关门，延时 1s 后自动转换为高速开门。

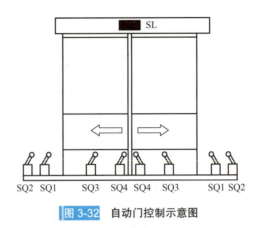

图 3-32　自动门控制示意图

（1）I/O 地址分配　根据控制要求确定 I/O 点数，该系统的 I/O 地址分配见表 3-9。

表 3-9　自动门控制 I/O 地址分配表

输入			输出		
设备名称	符号	I 元件地址	设备名称	符号	Q 元件地址
感应开关	SL	I0.0	高速开门接触器	KM1	Q0.0
开门减速开关	SQ1	I0.1	减速开门接触器	KM2	Q0.1
开门到位	SQ2	I0.2	高速关门接触器	KM3	Q0.2
关门减速开关	SQ3	I0.3	减速关门接触器	KM4	Q0.3
关门到位	SQ4	I0.4			

（2）创建工程项目　打开博途编程软件，在 Portal 视图中选择"创建新项目"，输入项目名称"自动门控制"，选择项目保存路径，然后单击"创建"按钮，创建项目完成，并完成项目硬件组态，启用系统存储器字节 MB1。

（3）绘制顺序功能图　分析自动门的控制要求，自动门在关门时会有两种选择，关门期间无人要求进出时继续完成关门动作，如果关门期间又有人要求进出，则暂停关门动作，开门让人进出后再关门。绘制顺序功能图，如图 3-33a 所示。

分析图 3-33a 可得如下结论。

1）步 M2.1 之前有一个选择分支的合并，当初始步 M2.0 为活动步并且转移条件 I0.0 满足，或 M2.6 为活动步且转移条件 "T1".Q 满足时，步 M2.1 都变为活动步。

2）步 M2.4 之后有选择分支的处理，它的后续步 M2.5 或 M2.6 变为活动步时，它应变为不活动步。

顺序功能图中，初始化脉冲 M1.0 对初始步 M2.0 置位，当检测到有人时，就高速继而减速开门，门全开时延时 10s 后高速关门，此时有两种情况可供选择，一种是无人，就触碰减速装置 SQ3 开始减速关门；另一种是正在高速关门时，SL 检测到有人，系统就延时 1s 后重新高速开门。在步 M2.5 减速关门时，也有上述两种情况存在，所以有两个选择分支。

（4）将顺序功能图转换为梯形图　在项目树中，打开"程序块"文件夹中"Main[OB1]"选项，在程序编辑区使用置位复位指令编程方式，将顺序功能图转换成梯形图，如图 3-33b 所示。注意分支与汇合处的转换。

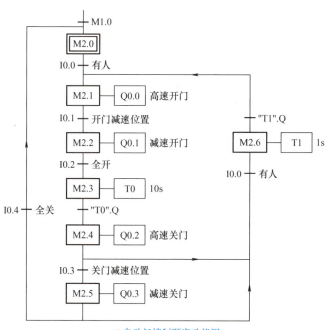

a) 自动门控制顺序功能图

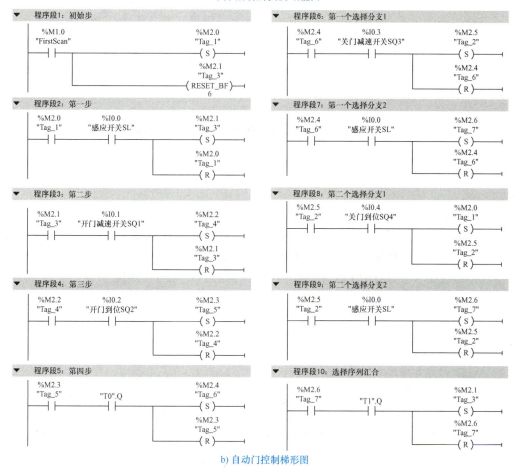

b) 自动门控制梯形图

图 3-33 自动门控制程序

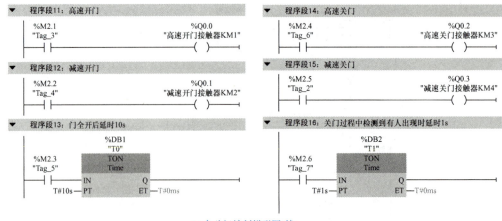

b) 自动门控制梯形图(续)

图 3-33 自动门控制程序（续）

六、任务总结

本任务主要介绍了选择序列分支和汇合的编程方法，以"大小球分拣控制"为例，详细分析了选择序列顺序控制的编程方法。在此基础上进行了"四节传送的 PLC 控制"的设备组态、程序编制、项目下载及调试运行等任务的实施，进一步掌握选择序列顺序控制的编程及应用。最后以自动门控制为例，介绍了置位复位指令编程方式在选择序列顺序控制中的编程应用。

任务三 十字路口交通信号灯的 PLC 控制

一、任务导入

交通信号灯是日常生活中常见的一种无人控制信号系统，其正常运行与否直接关系到交通的安全状况。常见的交通信号灯有主干道路上的十字路口交通信号灯以及为保障行人横穿车道时的安全和道路的通畅而设置的人行横道交通信号指示灯。

本任务通过交通信号灯的 PLC 控制，学习并行序列顺序控制的编程方法。

二、知识链接

（一）并行序列顺序控制的编程

1. 并行序列分支与汇合的特点

并行分支是指同时处理的程序流程。并行分支、汇合的顺序功能图如图 3-34a、b 所示。并行分支的三个单序列同时开始且同时结束，构成并行序列的每一分支的开始和结束处没有独立的转移条件，而是共用一个转移和转移条件，在顺序功能图上分别画在水平连线之上和之下。为了与选择序列的功能图相区别，并行序列功能图中分支、汇合处的横线画成双线。

2. 并行分支与汇合的编程

（1）并行分支的编程　并行分支的编程如图 3-35 所示，在编程时，并行序列中分支后的各单序列的第一步应同时变为活动步，每一分支一般按从左到右的顺序依次进行编程，与单序列不同的是该处的转移目标有两个及以上。

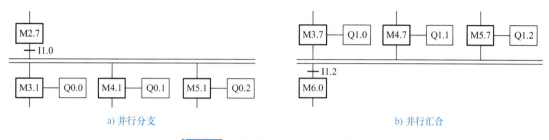

图 3-34　并行分支、汇合顺序功能图

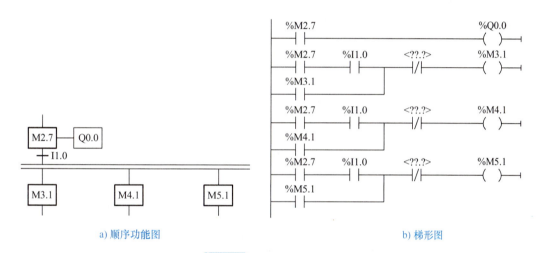

图 3-35　并行分支的编程

（2）并行汇合的编程　对于并行序列的汇合，如果某一步之前有 N 个分支组成的并行序列的汇合，该转移实现的条件是所有的前级步都是活动步且转移条件满足，编程时用并行序列每一分支最后一步的位存储器常开触点串联，再串联转移条件对应的触点作为并行序列汇合步的起动条件，并行汇合的编程如图 3-36 所示。

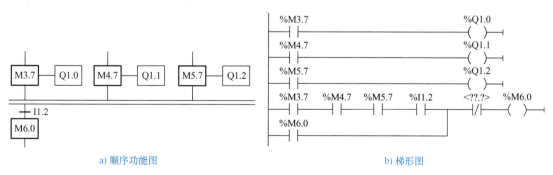

图 3-36　并行汇合的编程

(二)编程举例

按钮式人行横道交通信号灯示意图如图3-37所示。正常情况下,汽车通行,即HL3绿灯亮、HL4红灯亮;当行人需要过马路时,则按下按钮SB1(或SB2),30s后车道交通灯变为黄灯亮,10s后变为红灯亮,当车道红灯亮时,人行道红灯亮5s后绿灯亮,15s后人行道绿灯开始闪烁,闪烁5次后人行道红灯亮,5s后车道绿灯亮。各方向信号灯工作的时序图如图3-38所示。

从交通灯的控制要求可知:人行道和车道灯是同时工作的,因此,它是一个并行序列顺序控制,可以采用并行序列分支与汇合的编程方法编制交通灯控制程序。

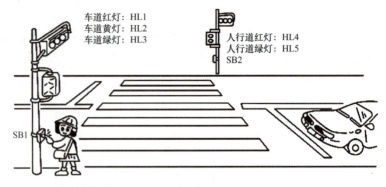

图 3-37 按钮式人行横道交通信号灯示意图

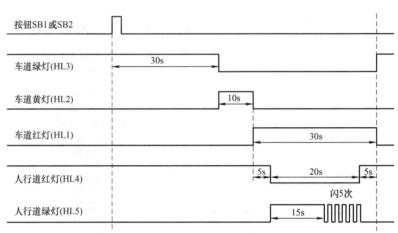

图 3-38 按钮式人行横道交通信号灯控制时序图

1. I/O 地址分配与接线图

根据控制要求确定 I/O 点数,I/O 地址分配见表 3-10。

表 3-10 I/O 地址分配表

输入			输出		
设备名称	符号	I 元件地址	设备名称	符号	Q 元件地址
左起动按钮	SB1	I0.0	车道红灯	HL1	Q0.0
右起动按钮	SB2	I0.1	车道黄灯	HL2	Q0.1
			车道绿灯	HL3	Q0.2
			人行道红灯	HL4	Q0.3
			人行道绿灯	HL5	Q0.4

根据 I/O 地址分配表,绘制 I/O 接线图,如图 3-39 所示。

2. 创建工程项目

打开博途编程软件,在 Portal 视图中选择"创建新项目",输入项目名称"按钮式人行横道顺序控制",选择项目保存路径,然后单击"创建"按钮,创建项目完成,并完成项目硬件组态,启用系统存储器字节 MB1。

3. 绘制顺序功能图

根据控制要求，按钮式人行横道交通信号灯控制系统是有两个分支的并行序列，车道分支有绿灯亮 30s、黄灯亮 10s 和红灯亮 30s，共 3 步，人行道分支有红灯亮 45s、绿灯亮 15s、绿灯闪亮 5 次（绿灯不亮 0.5s、绿灯亮 0.5s）和红灯亮 5s，共 5 步，由于人行道绿灯闪亮没有达到 5 次需要重新去执行闪亮，这是两步组成的循环，用起保停编程方式时这一结构无法执行，因此，要在组成循环的两步之间加一虚拟步，再加上初始步，绘制顺序功能图，如图 3-40 所示。

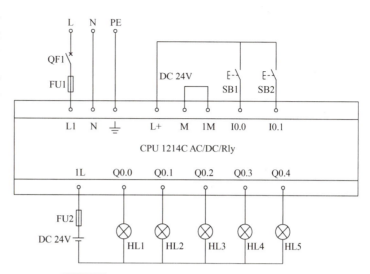

图 3-39 按钮式人行横道交通信号灯 I/O 接线图

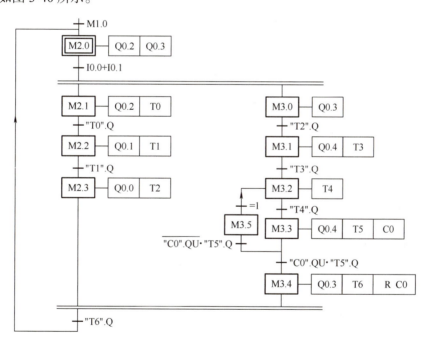

图 3-40 按钮式人行横道交通信号灯控制顺序功能图

4. 编制梯形图

在项目树中，打开"程序块"文件夹中的"Main[OB1]"选项，在程序编辑区使用起保停编程方式将顺序功能图转换为梯形图，如图 3-41 所示。这里要特别注意并行序列分支和汇合处的编程。

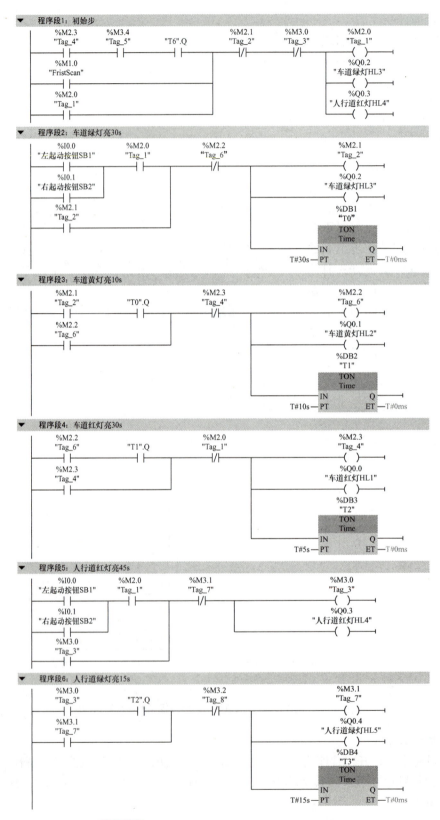

图 3-41 按钮式人行横道交通信号灯控制梯形图

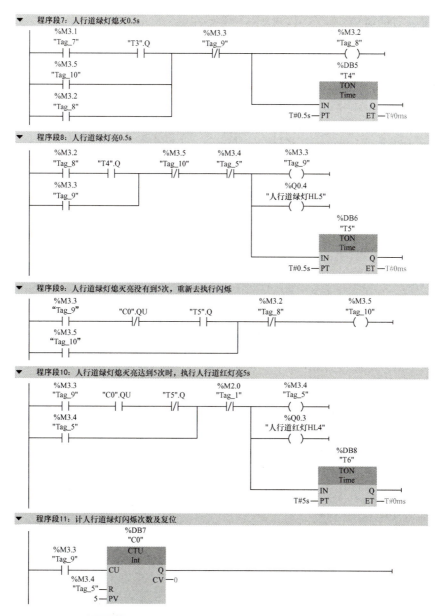

图 3-41 按钮式人行横道交通信号灯控制梯形图（续）

三、任务实施

（一）任务目标

1）根据控制要求绘制并行序列顺序功能图，并用起保停编程方式转换成梯形图。

2）学会 S7-1200 PLC I/O 接线方法。

3）初步掌握并行序列顺序控制起保停编程方式的编程方法。

4）熟练使用西门子博途编程软件组态设备、编制并行序列顺序控制梯形图，并下载至 CPU 进行调试运行，查看运行结果。

(二)设备与器材

本任务所需设备与器材见表 3-11。

表 3-11 所需设备与器材

序号	名称	符号	型号规格	数量	备注
1	常用电工工具		十字螺钉旋具、一字螺钉旋具、尖嘴钳、剥线钳等	1 套	表中所列设备、器材的型号规格仅供参考
2	计算机(安装博途编程软件)			1 台	
3	西门子 S7-1200 PLC	CPU	CPU 1214C AC/DC/Rly,订货号:6ES7 214-1AG40-0XB0	1 台	
4	十字路口交通信号灯模拟控制挂件			1 个	
5	以太网通信电缆			1 根	
6	连接导线			若干	

(三)内容与步骤

1. 任务要求

十字路口交通信号灯模拟控制面板如图 3-42 所示。按下起动按钮时,信号灯系统开始工作,先东西方向红灯亮,南北方向绿灯亮,在东西方向的红灯亮 30s 期间,南北方向的绿灯亮 25s,后闪 3 次,共 3s,然后绿灯灭,接着南北方向的黄灯亮 2s,完成半个循环。再转换成南北方向的红灯亮 30s,在此期间,东西方向的绿灯亮 25s,后闪 3 次,共 3s,然后绿灯灭,接着东西方向的黄灯亮 2s,完成一个周期,进入下一个循环。系统在运行过程中,若按下停止按钮,信号灯系统在完成当前周期的循环后才能停止。

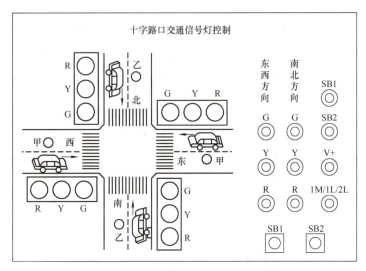

图 3-42 十字路口交通信号灯模拟控制面板

2. I/O 地址分配与接线图

根据控制要求确定 I/O 点数,I/O 地址分配见表 3-12。

表 3-12 I/O 地址分配表

输入			输出		
设备名称	符号	I 元件地址	设备名称	符号	Q 元件地址
起动按钮	SB1	I0.0	南北方向绿灯	HL00、HL01	Q0.0
停止按钮	SB2	I0.1	东西方向绿灯	HL10、HL11	Q0.1
			南北方向黄灯	HL20、HL21	Q0.2
			东西方向黄灯	HL30、HL31	Q0.3
			南北方向红灯	HL40、HL41	Q0.4
			东西方向红灯	HL50、HL51	Q0.5

根据 I/O 分配表，绘制 I/O 接线图如图 3-43 所示。

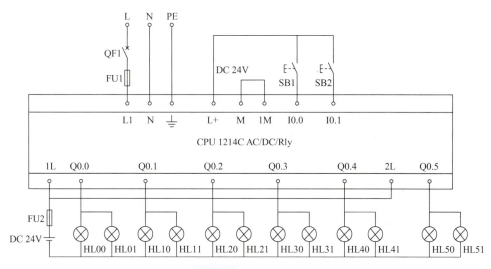

图 3-43　I/O 接线图

3. 创建工程项目

打开博途编程软件，在 Portal 视图中选择"创建新项目"，输入项目名称"3RW_3"，选择项目保存路径，然后单击"创建"按钮，创建项目完成，并完成项目硬件组态，启用系统存储器字节 MB1。

4. 编制变量表

完成设备组态后，在项目树中，单击"PLC_1[CPU 1214C AC/DC/Rly]"下"PLC 变量"文件夹前下拉按钮 ▶，在打开的"PLC 变量"文件夹中双击"添加新变量表"选项，在生成的变量表_1[0] 中根据 I/O 分配表编辑变量表，如图 3-44 所示。

图 3-44　十字路口交通灯控制变量表

5. 顺序功能图

根据控制要求，十字路口交通信号灯控制为 2 个分支的并行序列顺序控制，由交通灯变换规律可知，南北和东西两个方向都分为 5 步，其中闪亮用两步来表示，不亮 0.5s，亮 0.5s，并用一计数器计不亮和亮的次数，即闪亮的次数，两个计数器的设定值均为 3，闪亮 3 次是通过内部小循环实现的，即利用计数器的当前值是否达到 3，分为两个选择，未达到 3 则返回重复闪亮，达到 3 则执行下一步，由于两个分支闪亮控制为两步组成的小循环，使用起保停编程方式时，两个小循环都必须加一虚拟步，否则无法实现闪亮循环，再加上初始步，整个控制过程共 13 步，绘制的顺序功能图如图 3-45 所示。

6. 编制梯形图

在项目树中，依次单击"PLC_1[CPU 1214C AC/DC/Rly]"→"程序块"文件夹前下拉按钮 ▶，在打开的"程序块"文件中，双击"Main[OB1]"选项，在打开的程序编辑器编辑区用起保停编程方式将图 3-45 所示顺序功能图转换为梯形图，转换时一定要注意并行序列顺序控制分支与汇合处的编程，梯形图如图 3-46 所示。

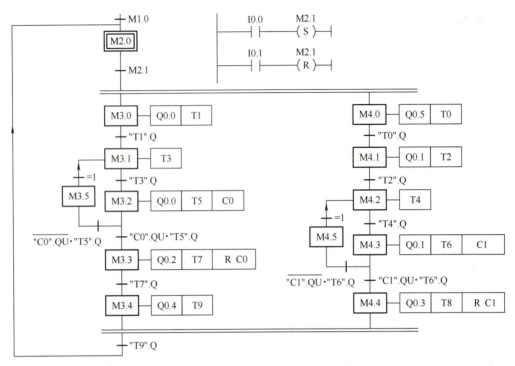

图 3-45　十字路口交通信号灯控制顺序功能图

7. 调试运行

将设备组态及图 3-46 所示的梯形图编译后下载至 CPU，按照图 3-43 进行 PLC 输入、输出端接线。启动 CPU，将 CPU 切换至 RUN 模式，选择菜单命令"在线"→"全部监视"，可以全画面监控 PLC 的运行，这时可以观察到定时器、计数器的当前值会随着程序的运行而动态变化，得电动作的线圈和闭合的触点会变绿。借助博途软件的监视功能，可以检查哪些线圈和触点该动作而没有动作，从而为进一步修改程序提供帮助。

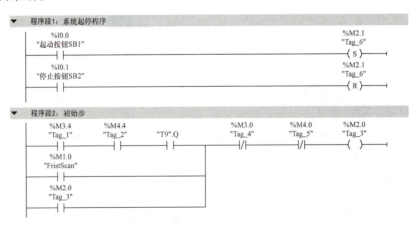

图 3-46　十字路口交通信号灯控制梯形图

项目三 S7-1200 PLC顺序控制的编程及应用

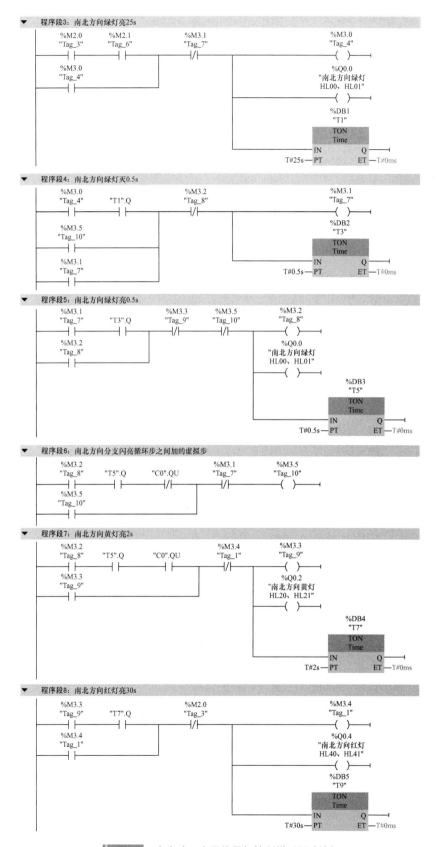

图 3-46 十字路口交通信号灯控制梯形图（续）

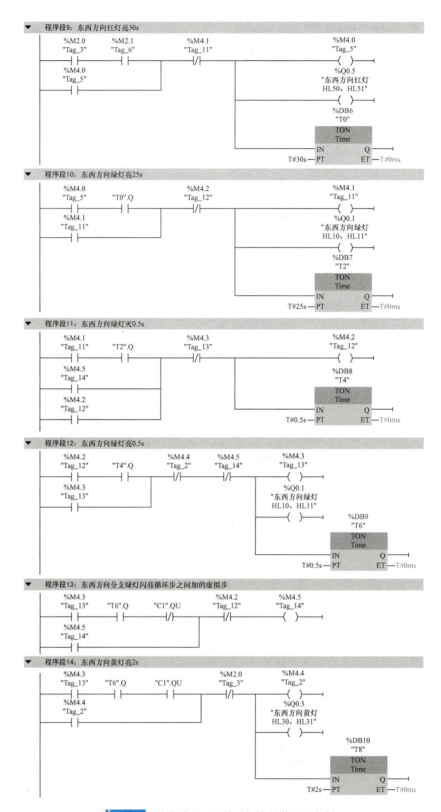

图 3-46　十字路口交通信号灯控制梯形图（续）

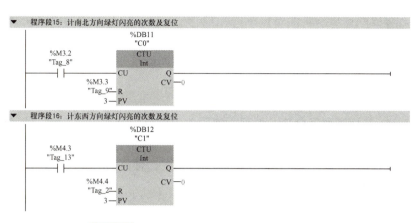

图 3-46 十字路口交通信号灯控制梯形图（续）

（四）分析与思考

1) 本任务中如果要求按下停止按钮，信号灯立即熄灭，程序如何编制？
2) 本任务如果用单序列顺序控制实现，程序如何编制？

四、任务考核

任务考核见表 3-13。

表 3-13 任务实施考核表

序号	考核内容	考核要求	评分标准	配分	得分
1	电路及程序设计	（1）能正确分配 I/O 地址，并绘制 I/O 接线图 （2）根据控制要求，正确编制并行序列顺序功能图 （3）设备组态 （4）能使用起保停编程方式将顺序功能图转换为梯形图	（1）I/O 分配错误或缺少，每个扣 5 分 （2）I/O 接线图设计不全或有错，每处扣 5 分 （3）功能图绘制不正确或画法不规范，每处扣 5 分 （4）CPU 组态与现场设备型号不匹配，扣 10 分 （5）功能图转换梯形图有错误，每处扣 5 分	40 分	
2	安装与连线	根据 I/O 接线图，正确连接电路	（1）连线每错一处，扣 5 分 （2）损坏元器件，每只扣 5～10 分 （3）损坏连接线，每根扣 5～10 分	20 分	
3	调试与运行	能熟练使用编程软件编制程序、下载至 CPU 并按要求调试运行	（1）不能熟练使用编程软件进行梯形图的编辑、修改、编译、下载及监视，每项扣 2 分 （2）不能按控制要求完成相应的功能，每少一项扣 5 分	20 分	
4	安全操作	确保人身和设备安全	违反安全文明操作规程，扣 10～20 分	20 分	
5			合计		

五、知识拓展

（一）置位复位指令编程方式在并行序列顺序控制中的应用

1. 并行序列分支的编程

对于图 3-35a 并行序列分支的编程，使用置位复位编程方式与使用选择序列的编程方式的思路相同，对应的梯形图是非常标准的，每一个控制置位、复位的电路块都由前级步对应的位存储器的常开触点和转移条件对应的触点组成的串联电路块以及一条置位指令（置位当前步）和一条复位指令（复位前级步）组成，但不同的是并行序列在分支处置位的转移目标有两个及以上，其对应的梯形图如图 3-47 所示。

2. 并行序列汇合的编程

对于图 3-36a 并行序列汇合处的编程，使用置位复位指令编程方式时，为了反映并行序列各分支同时结束，汇合至一个序列，起动条件为并行序列各分支最后一步的位存储器常开触点相串联、再串联汇合处的转移条件对应的触点，置位汇合步，复位汇合前各分支的最后一步，其对应的梯形图如图 3-48 所示。

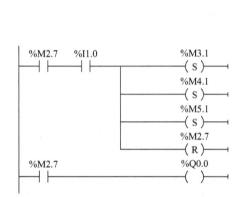

图 3-47　并行序列分支使用置位复位指令的编程

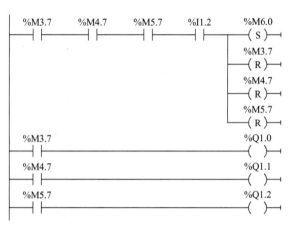

图 3-48　并行序列汇合使用置位复位指令方式的编程

（二）应用举例

图 3-49 是某剪板机的工作示意图，初始状态时，压钳和剪刀均在上限位置，限位开关 SQ1 和 SQ2 为 ON 状态。按下起动按钮 SB，工作过程如下：首先板料右行，右行至限位开关 SQ4 动作，然后压钳下行，压紧板料后，压力继电器 KP 为 ON，压钳保持压紧，剪刀开始下行。剪断板料后，剪刀限位开关变为 ON，延时 1s 后，压钳和剪刀同时上行，它们分别碰到限位开关 SQ1 和 SQ2 后，停止上行，均停止后，又开始下一周期的工作，剪完 5 块板料后停止工作并停在初始状态。

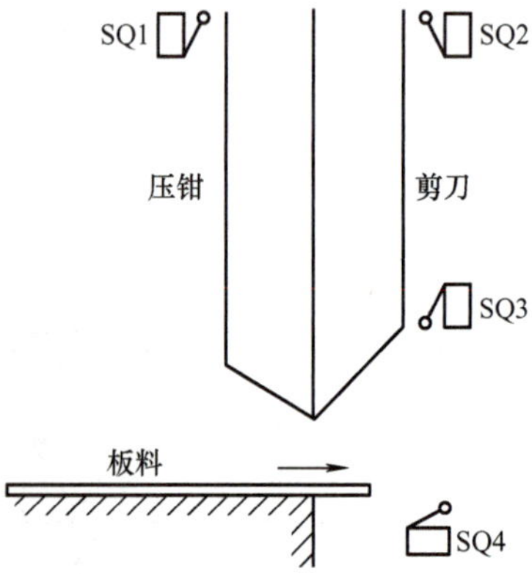

1. I/O 地址分配

根据控制要求确定 I/O 点数，剪板机控制的 I/O 地址分配见表 3-14。

图 3-49　剪板机工作示意图

2. 创建工程项目

打开博途编程软件，在 Portal 视图中选择"创建新项目"，输入项目名称"剪板机控制"，选择项目保存路径，然后单击"创建"按钮，创建项目完成，并完成项目硬件组态，启用系统存储器字节 MB1。

3. 绘制顺序功能图

根据控制要求，绘制顺序功能图，如图 3-50a 所示。

4. 编制梯形图

在项目树中，打开"程序块"文件夹中的"Main[OB1]"选项，在程序编辑区使用置位复位指令编程方式，将顺序功能图转换成梯形图，如图 3-50b 所示。注意分支与汇合处的转换。

表 3-14 剪板机控制 I/O 地址分配表

输入			输出		
设备名称	符号	I 元件地址	设备名称	符号	Q 元件地址
起动按钮	SB	I0.0	板料右行	KM1	Q0.0
压钳上限位	SQ1	I0.1	剪刀下行	KM2	Q0.1
剪刀上限位	SQ2	I0.2	剪刀上行	KM3	Q0.2
剪刀下限位	SQ3	I0.3	压钳下行	YV1	Q0.3
板料右限位	SQ4	I0.4	压钳上行	YV2	Q0.4
压力继电器	KP	I0.5			

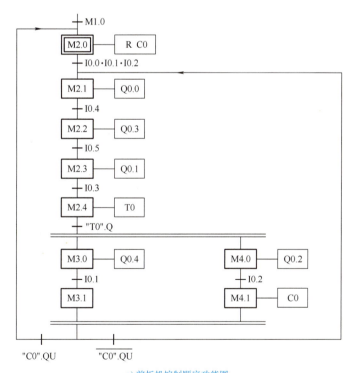

a) 剪板机控制顺序功能图

图 3-50 剪板机控制程序

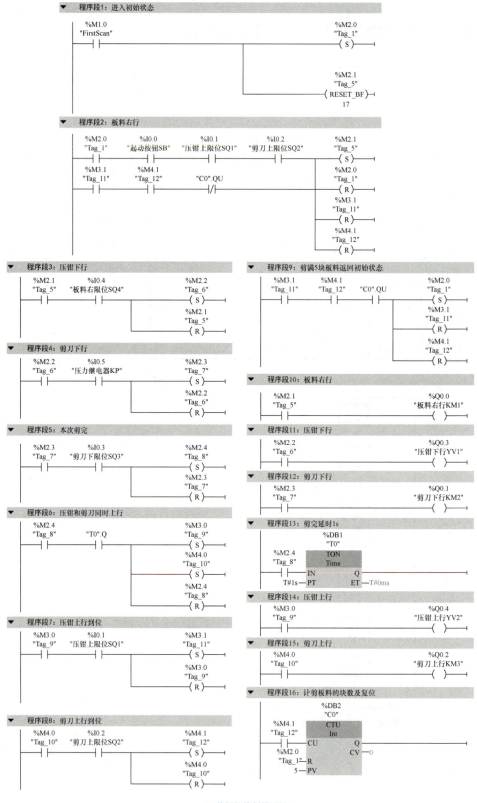

b) 剪板机控制梯形图

图 3-50 剪板机控制程序（续）

六、任务总结

本任务主要介绍了并行序列分支和汇合的编程方法，然后以按钮式人行横道交通信号灯控制为例，详细分析了并行序列顺序控制的编程方法。在此基础上进行了十字路口交通信号灯的 PLC 控制设备组态、程序编制、项目下载及调试运行等任务的实施，进一步掌握并行序列顺序控制的编程及应用。最后以剪板机控制为例，介绍了置位复位指令编程方式在并行序列顺序控制中的编程应用。

梳理与总结

本项目通过三种液体混合的 PLC 控制、四节传送带的 PLC 控制、十字路口交通信号灯的 PLC 控制三个任务的学习与实践，达成掌握 S7-1200 PLC 顺序控制的编程应用的目标。

1）顺序功能图由步、有向连线、转移、转移条件和动作组成。顺序功能图的绘制是顺序控制设计法的关键。

2）顺序功能图的基本结构有单序列、选择序列和并行序列三种类型。

3）顺序控制转移实现必须具备两个条件：即当前步的前级步必须是活动步，对应的转移条件必须满足。当转移实现时，必须完成两个动作，即当前步变为活动步，前级步变为不活动步。

4）S7-1200 PLC 针对顺序控制的编程，有两种编程方式：一种是使用起保停编程方式，另一种是使用置位复位指令编程方式。在程序设计时首先绘制顺序功能图，然后可以分别使用两种编程方式将顺序功能图转换为梯形图。

复习与提高

一、填空题

1. 顺序功能图组成的要素为_____、_____、_____、_____和_____。
2. 在顺序功能图中，转移实现必须满足的两个条件为_____和_____。
3. 顺序功能图的基本结构分为_____、_____和_____三种类型。
4. 在使用起保停编程方式时，当前步成为活动步的起动条件由_____和_____串联组成。
5. 在顺序控制系统中，程序设计时一般先绘制_____，然后使用_____或_____，将_____转换为_____。
6. 顺序控制中，在运行开始时，必须使初始步激活成为活动步，一般可用_____或_____进行驱动。

二、判断题

1. 顺序控制中的选择序列指的是多个流程分支可同时执行的分支流程。（　　）
2. 顺序控制程序中不允许出现双线圈输出。（　　）
3. S7-1200 PLC 的顺序控制程序可以直接使用顺序功能图编制。（　　）

4. 在含有两步构成循环的闭环顺序功能图中，使用起保停编程方式时可以直接编制梯形图。（   ）

5. 使用起保停编程方式将顺序功能图转换为梯形图时，每一步的动作可以直接与表示相应步的位存储器线圈并联。（   ）

6. 顺序功能图的基本结构除了单序列、选择序列和并行序列三种外，还有跳转序列、重复序列和循环序列三种形式。（   ）

7. 使用置位复位指令编程方式将顺序功能图转换为梯形图时，每一步的动作可以直接与表示相应步的位存储器线圈并联。（   ）

8. 在顺序功能图中，重复和循环实际上是一种特殊的选择序列。（   ）

9. 在含有跳步和循环的顺序功能图中，步与步之间的有向连线的箭头均可以省略不画。（   ）

10. 在顺序功能图中，当某一步有两个以上动作时，采用上下或左右方框表示该步的各动作，其顺序不隐含这些动作之间的任何顺序。（   ）

11. 对于顺序控制，在程序执行过程中，每一时刻活动步可能不止一步。（   ）

三、单项选择题

1. 下列不属于顺序功能图基本结构的是（   ）。
A. 单序列　　　B. 选择序列　　　C. 循环序列　　　D. 并行序列

2. （   ）通常由初始步、一般步、有向连线、转移、转移条件和动作组成。
A. 流程图　　　B. 顺序功能图　　　C. 梯形图　　　D. 功能块图

3. 在单序列顺序功能图中，（   ）。
A. 任何时候只有一个状态被激活　　　B. 任何时候只有两个状态同时被激活
C. 任何时候可以有限个状态同时被激活　　　D. 任何时候同时被激活状态没有限制

4. （   ）是转移条件满足时，同时执行几个分支，当所有分支都执行结束后，若转移条件满足，再转向汇合状态。
A. 选择序列　　　B. 并行序列　　　C. 循环　　　D. 跳转

5. 在顺序功能图中，向前面状态进行转移的流程称为（   ），用箭头指向转移的目标状态。
A. 选择序列　　　B. 并行序列　　　C. 循环　　　D. 跳转

四、简答题

1. 简述在使用置位复位指令编程方式时，当前步成为活动步、前级步变为不活动步是如何实现的。

2. 什么是顺序功能图？它由哪几部分组成？顺序功能图有哪几种基本结构形式？

3. 顺序控制中"步"的划分依据是什么？

4. 简述顺序控制中转移实现的条件和转移实现时应完成的动作。

五、程序设计题

1. 试用顺序控制编程方式编制三相异步电动机正反转控制的程序。

2. 试用顺序控制编程方式编制三相异步电动机丫–△减压起动控制的程序，假定三相异步电动机丫联结起动的时间为10s。

3. 试用顺序控制编程方式编制程序。要求：

1) 按下起动按钮，电动机 M1 立即起动，2s 后电动机 M2 起动，再过 2s 后电动机 M3 起动。

2) 进入正常运行状态后，按下停止按钮，电动机 M3 立即停止，5s 后电动机 M2 停止，再过 1.5s 电动机 M1 停止。不考虑起动过程的停止情况。

4. 设计一个汽车库自动门控制系统，具体控制要求是：汽车到达车库门前，超声波开关接收到来车的信号，门电动机正转，门上升，当门升到顶点碰到上限开关时，停止上升；汽车驶入车库后，光电开关发出信号，门电动机反转，门下降，当下降到下限位开关后，门电动机停止。试画出 PLC I/O 接线图、顺序功能图及梯形图。

5. 某液压动力滑台在初始状态时停在最左边，行程开关 SQ1 接通，按下起动按钮 SB1 后，动力滑台的进给运动如图 3-51 所示，工作一个循环后，返回并停在初始位置。电磁阀 YV1～YV4 的工作状态见表 3-15。试绘制 PLC I/O 接线图、顺序功能图及梯形图。

6. 两种液体混合控制，混合装置示意图如图 3-52 所示。控制要求如下：

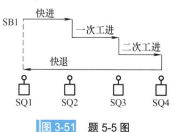

图 3-51　题 5-5 图

表 3-15　电磁阀工作状态表

工作阶段	YV1	YV2	YV3	YV4
快进	+	−	+	−
一次工进	+	−	−	−
二次工进	+	−	−	+
快退	−	+	−	−
停止	−	−	−	−

注：表中"+"号表示电磁阀处于工作状态，"−"号表示电磁阀处于非工作状态。

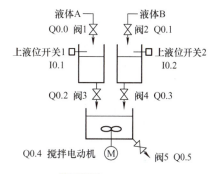

图 3-52　题 5-6 图

1) 在初始状态时，3 个容器都是空的，所有阀门均关闭，搅拌器未运行。

2) 按下起动按钮，阀 1 和阀 2 得电运行，注入液体 A 和 B。

3) 当两个容器的上液位开关闭合，停止进料，开始放料。分别经过 3s（阀 3）、5s（阀 4）的延时，放料完毕。搅拌电动机开始工作，1min 后，停止搅拌，混合液体开始放料（阀 5）。

4) 10s 后，放料结束（关闭阀 5）。

试绘制 PLC I/O 接线图、顺序功能图及梯形图。

7. 用 PLC 控制工业洗衣机，要求按下起动按钮后，洗衣机进水，当高位开关动作时，开始洗涤。先正向洗涤 20s，停 3s 后反向洗涤 20s，暂停 3s 后再正向洗涤 20s，停 3s…如此循环 3 次结束；然后排水，当水位下降到低水位时进行脱水（同时排水），脱水时间为 10s，这样完成一次大循环，经过 3 次大循环后，洗涤结束并报警，报警 6s 后自动停机。试绘制 PLC I/O 接线图、顺序功能图及梯形图。

项目四

S7-1200 PLC 函数块与模拟量的编程及应用

教学目标	知识目标	1. 熟悉 PLC 模拟量模块的分类和用途 2. 掌握模拟量输出模块 SM1232 的组态、硬件接线和使用方法 3. 掌握变频调速控制程序的编制 4. 掌握 FC、FB 的编程及应用
	能力目标	1. 能正确安装 CPU 模块、模拟量输出模块 2. 能合理分配 I/O 地址，绘制 I/O 接线图，并完成输入/输出的接线 3. 掌握函数、函数块及组织块的编程应用 4. 会使用博途编程软件组态硬件设备，应用缩放指令、标准化指令编制模拟量控制，编制梯形图并下载到 CPU 5. 能进行程序的仿真和在线调试
	素质目标	1. 在项目开展过程中，增强自信心，树立争做大国工匠的信念 2. 培养学以致用的工程意识，增强使命担当
教学重点		函数块的编程及应用、SM1232 的使用
教学难点		缩放指令、标准化指令的编程及应用
参考学时		8～12 学时

任务一 两台三相异步电动机起保停的 PLC 控制

一、任务导入

任意一控制系统都有起保停的要求，S7-1200 PLC 对于相同功能的控制要求，可以在程序块中新建函数或函数块，并在函数或函数块中编制这部分程序，然后，在主程序编程时直接调用函数或函数块。本任务以两台三相异步电动机起保停的 PLC 控制为例，来介绍 S7-1200 PLC 程序块的应用。

二、知识链接

用户程序工作在 S7-1200 CPU 的操作系统上，操作系统调用用户程序，以便于完成用户程序的执行。用户程序包括数据块（DB）和程序块，其中程序块有三种类型，分别为组织块（OB）、函数（FC）和函数块（FB）。

（一）数据块（DB）

数据块用于存储程序数据，数据块中包含由用户程序使用的变量数据。

1. 数据块类型

数据块有全局数据块和背景数据块两种类型。

（1）全局数据块　全局数据块存储所有其他块都可以使用的数据，数据块的大小因 CPU 的不同而各异。用户可以自定义全局数据块的结构，也可以选择使用 PLC 数据类型（UDT）作为创建全局数据块的模板。

每个组织块、函数或者函数块都可以从全局数据块中读取数据或向其写入数据。

（2）背景数据块　背景数据块直接分配给函数块（FB），背景数据块的结构不能任意定义，取决于函数块的接口声明。

背景数据块具有以下特性：

1）背景数据块通常分配给函数块。

2）背景数据块的结构与相应函数块的接口相同，且只能在函数块中更改。

3）背景数据块在调用函数块时自动生成。

2. 数据块的创建及变量编辑

（1）数据块创建　在项目树中单击"程序块"下拉按钮，双击"添加新块"选项，选择"数据块"按钮，并将其命名为"数据块_1"，如图 4-1 所示，然后单击"确定"按钮。

图 4-1　数据块的创建

（2）数据块变量编辑　进入数据块 DB1 的工作区，数据块变量的编辑如图 4-2 所示。

（3）数据块访问模式　在"常规"选项卡的"属性"选项中设置 DB 块的访问模式，如图 4-3 所示。勾选"优化的块访问"复选框为优化访问模式，取消勾选"优化的块访问"复选框为标准访问模式。

1）优化访问模式。优化访问的数据块仅为数据元素分配一个符号名称，而不分配固定地址，变量的存储地址是由 CPU 自动分配，每个变量无偏移地址。

图 4-2　数据块变量的编辑

2）标准访问模式（与 S7-300/400 兼容）。标准访问的数据块不仅为数据元素分配一个符号名称，并且有固定地址，变量的存储地址在 DB 块中，每个变量的偏移地址可见。

（4）数据块（DB）与位存储区（M）的使用区别　两者使用的区别如下。

1）数据块可以设置为优化的块访问，通过符号访问，不需要绝对的地址，而位存储区一定会分配绝对地址。

图 4-3　数据块访问设置

2）数据块由用户定义，而位存储区是在 CPU 中定义好的。

3）数据块中可以创建基于系统数据类型和 PLC 数据类型的数据，而位存储区不可以创建基于系统数据类型和 PLC 数据类型的数据。

（二）函数（FC）

函数（FC）是不带存储器的代码块。由于没有可以存储块参数值的数据存储器，因此，在调用函数时，必须给所有形参分配实参。

1. 函数的创建及接口区参数设置

（1）函数的创建 打开博途编程软件，进入 Portal 视图，创建一个名为"FC_1"的新项目，并完成设备组态。然后，在项目树中打开 PLC_1 下"程序块"文件夹，双击"添加新块"，弹出"添加新块"对话框，如图 4-4 所示，单击"函数"按钮，设置函数名称为"M_LX"，其他均采用默认设置，然后，单击"确定"按钮，生成函数。

图 4-4 添加新块 – 函数

（2）函数接口区参数设置 将鼠标的光标放在 FC1 的程序区最上面的分隔条上，按住鼠标左键，往下拉动分隔条，分隔条上方为函数的接口区，如图 4-5 所示，下方是程序编辑区。将水平分隔条拉至程序编辑器视窗的顶部，不再显示接口区，但接口区仍然存在。或者通过单击块接口区与程序编辑区之间的 ▲ 和 ▼ 隐藏或显示块接口区。

由图 4-5 可知，函数主要有以下 6 种局部变量。

1）Input（输入参数）：由调用它的块提供的输入数据。

2）Output（输出参数）：返回给调用它的块的程序执行结果。

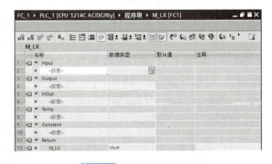

图 4-5 函数的接口区

3）InOut（输入/输出参数）：初值由调用它的块提供，块执行后将它的值返回给调用它的块。

4）Temp（临时数据）：暂时保存在局部堆栈中的数据。只在执行块时使用，执行完后，不再保存临时数据的数值，它可能被别的块的临时数据块覆盖。

5）Constant（常量）：在块中使用，且带有声明符号名。

6）Return（返回）：Return 中的 M_LX（返回值）属于输出参数。

使用此函数实现两台电动机的连续运行控制，控制方式相同：按下起动按钮（电动机 1 对应 I0.0，电动机 2 对应 I0.3），电动机起动运行（控制电动机 1 的交流接触器 KM1 对应 Q0.0，控制电动机 2 的交流接触器 KM2 对应 Q0.2），按下停止按钮（电动机 1 对应 I0.1，电动机 2 对应 I0.4），或者电动机运行过程中发生过载（控制电动机 1 的热继电器 1 对应 I0.2，控制电动机 2 的热继电器 2 对应 I0.5），电动机停止运行，电动机运行状态指示分别对应 Q0.1 和 Q0.3。在函数的接口区生成上述电动机连续运行控制的函数局部变量，如图 4-6 所示。

在 Input 下面的"名称"列生成变量"起动按钮"，"停止按钮"和"过载保护"，单击"数据类型"列下的图标，用下拉列表设置其数据类型为 Bool，默认为 Bool。

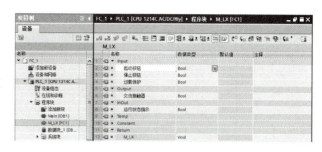

图 4-6　FC1 局部变量

在 Output 下面的"名称"列生成变量"交流接触器"，设置数据类型为 Bool。

在 InOut 下面的"名称"列生成变量"运行状态指示"，设置数据类型为 Bool。

生成局部变量时，不需要指定存储器地址。根据各变量的数据类型，PLC 程序编辑器自动地为所有局部变量指定存储器地址。

FC1 局部变量只能在它所在的块中使用，且为符号寻址访问。块的局部变量的名称由字符（包括汉字）、下划线和数字组成，在编程时程序编辑器自动地在局部变量名称前加上"#"号来标识它们（全局变量或符号用双引号，绝对地址用"%"）。

2. 函数的编程

（1）编辑 PLC 变量表　编辑两台电动机连续运行变量表，如图 4-7 所示。

（2）FC 程序的编写　进入函数 FC1 的程序编辑视区，编写上述电动机连续运行控制程序，编程时双击触点或线圈上方的 <??.?> 时，在弹出的输入框右侧单击图标，用下拉列表选择其变量，也可手动输入其名称，如图 4-8 所示，编程好后对其进行编译。

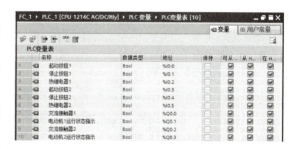

图 4-7　PLC 变量表

图 4-8　函数程序的编写

（3）在 OB1 中调用 FC　在 OB1 程序编辑视图，将项目树中的 FC1 拖拽到右边程序编辑区的水平线上，如图 4-9 所示。FC1 的方框中左边的"起动按钮""停止按钮"等是 FC1 接口区中定义的输入参数和输入/输出参数，右边的"交流接触器"是输出参数。它们被称为 FC 的形式参数，简称为形参。形参在 FC 内部的程序中使用，在其他程序块（包括组织块、函数和函数块）调用 FC 时，需要为每个形参指定实际的参数，简称实参。实参与它对应的形参应具有相同的数据类型。

指定实参后，可以使用变量表和全局数据块中定义的符号地址或绝对地址，也可以是调用 FC1 的（例如 OB1）的局部变量。

（4）调试 FC 程序　选中 PLC_1，将组态数据和用户程序下载到 CPU，将 CPU 切换到 RUN 模式。打开 FC 程序编辑视图，单击工具栏上的"启用/禁用监视"图标，启动程序状态监视功能。

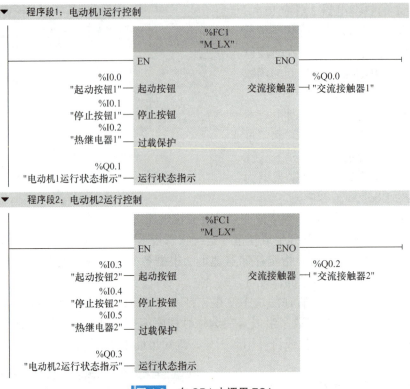

图 4-9　在 OB1 中调用 FC1

（三）函数块（FB）

函数块（FB）是用户编写的有自己的存储区（背景数据块）的代码块，它的典型应用是执行不能在一个扫描周期结束的操作。与函数（FC）相比，调用函数块时必须为其分配背景数据块。函数块的输入参数、输出参数、输入/输出参数和静态变量存储在背景数据块中，在执行完函数块后，这些值仍然有效。下面以两台电动机的能耗制动控制为例介绍函数块的编程及应用。

使用函数块实现两台电动机的能耗制动控制，控制方式相同：按下起动按钮（电动机 1 对应 I0.0，电动机 2 对应 I0.3），电动机起动运行（控制电动机 1 的交流接触器 KM1 对应 Q0.0，控制电动机 2 的交流接触器 KM2 对应 Q0.2），按下停止按钮（电动机 1 对应 I0.1，电动机 2 对应 I0.4），电动机运行参数为"0"状态，能耗制动控制（电动机 1 能耗制动交流接触器 1 对应 Q0.1，电动机 2 能耗制动交流接触器 2 对应 Q0.3）为"1"状态，关断延时定时器（TOF）开始延时，经过输入参数定时时间设置的时间预设值后（电动机 1 为 8s，电动机 2 为 10s），停止制动。如果电动机运行过程中发生过载（控制电动机 1 热继电器 1 对应 I0.2，控制电动机 1 热继电器 2 对应 I0.5），电动机停止运行。

1. 函数块的创建及接口区参数设置

（1）函数块的创建　打开博途编程软件，进入 Portal 视图，创建一个名为"FB_1"的新项目。双击项目树中的"添加新设备"，添加一新设备，CPU 型号为 CPU1214C AC/DC/Rly。在项目树中依次双击"PLC_1"下"程序块"→"添加新块"选项，在打开的添加新块对话框中，单击"函数块"按钮，设置函数块的名称为"M_NHZD"，其他均采用默认设置，单击"确定"按钮，生成 FB。此时，在项目树"程序块"中可以看到新生成的 FB1。然后，在项目树的"程序块"文件夹中，用鼠标右键单击"M_NHZD（FB1）"选项，在打开下拉列表中，单击"属性"选项，打开"M_NHZD[FB1]"对话框，如图4-10所示，在该对话框中取消勾选FB1属性项下的"优化的块访问"复选框，再单击"确定"按钮执行。

（2）生成函数块的局部变量 打开FB1，用鼠标拉动程序编辑器的分隔条，分隔条上方是函数块接口区，在该接口区编辑FB1的局部变量如图4-11所示。

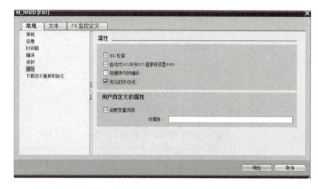

图4-10 "M_NHZD[FB1] 属性"对话框

IEC 定时器、计数器实际上是函数块，方框上方是它的背景函数块。在 FB 中，IEC 定义定时器、计数器的背景数据块如果是一个固定的数据块，在同时多次调用 FB1 时，该数据块将会被同时用于两处或多处，这在编程中是绝对不允许的，程序运行时将会出错。为了解决这一问题。在块接口中生成了数据类型为 IEC_TIMER 的静态变量"定时器DB"，用它提供定时器 TOF 的背景数据，其内部结构如图4-12所示。每次调用 FB1 时，在 FB1 不同的背景数据块中，不同的被控对象都有保存 TOF 的背景数据的存储区"定时器DB"。

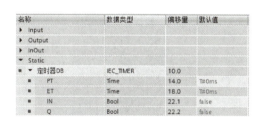

图4-11 FB1 的局部变量　　　　图4-12 定时器 DB 的内部变量

2. 编辑变量表

在项目树中，打开"PLC变量"文件夹，创建"变量表_1[0]"，在该变量表中根据控制要求编辑变量表，如图4-13所示。

3. 函数块的编程

（1）编写 FB 中的程序　FB1 的控制要求为：用 Input 参数"起动按钮"和"停止按钮"控制 InOut 参数"交流接触器"。按下"停止按钮"，"交流接触器"为 0 状态，关断延时定时器（TOF）开始定时，输出参数"能耗制动"为 1 状态，电动机开始能耗制动，经过输入参数"定时时间"设置的时间预设值后，制动停止。进入函数 FB1 的程序编辑区，编写的 FB 程序如图4-14所示，并对其进行编译。

图4-13 两台电动机能耗制动控制变量表

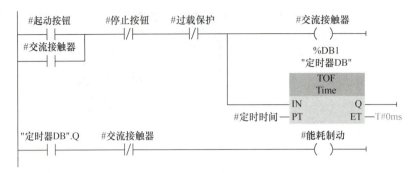

图 4-14 FB 中的程序

TOF 的参数用静态变量定时器 DB 来保存，其数据类型为 IEC_TIMER。

（2）在 OB1 中调用 FB　在 OB1 程序编辑区，将项目树中的 FB 分别拖放到程序段 1 和程序段 2 的水平"导线"上，松开鼠标左键时，在弹出的"调用选项"对话框中，分别输入两个 FB1 背景数据块名称，在此均采用默认名称，如图 4-15 所示，单击"确定"按钮后，则分别自动生成两个 FB1 背景数据块 DB2、DB3（DB1 为关断延时定时器 TOF 的背景数据块），打开 DB2 如图 4-16 所示。然后，分别对两个 FB1 方框中左侧和右侧的输入/输出参数进行赋值，如图 4-17 所示。

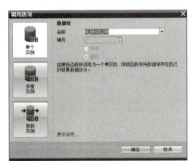

图 4-15　创建 FB1 背景数据块

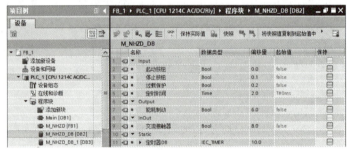

图 4-16　FB1 的背景数据块 DB2

（3）调试 FB 程序　选中 PLC_1，将组态数据和用户程序下载到 CPU，将 CPU 切换到 RUN 模式。打开 FB 程序编辑视图，单击工具栏上的"启用/禁用监视"图标 ，启动程序状态监视功能。

4. 处理调用错误

如果 OB1 中已经调用完 FB1，又在 FB1 中对程序进行了修改，则在 OB1 中被调用的 FB1 的方框、字符或背景数据块将变成红色，单击程序编辑器的工具栏上的"更新不一致的块调用"图标 ，此时 FB1 中红色错误标记将消失，或者在 OB1 中直接将 FB1 删除，重新调用即可。

5. FC 与 FB 的区别

1）函数块有背景数据块，函数没有背景数据块。

2）只能在函数内部访问它的局部变量，其他代码块或 HMI 可以访问函数块的背景数据块中的变量。

3）函数没有静态变量，函数块有保存在背景数据块中的静态变量。函数执行完后如果有需要保存的数据，只能存放在全局变量中（如全局数据块和 M 区），但这样会影响函数的可移植性。

如果代码块执行完后有需要保存的数据，显然应使用函数块，而不是函数。

4）函数块的局部变量（不包括 Temp）有默认值（初始值），函数的局部变量没有初始值。在调用函数块时如果没有设置某些输入/输出参数的实参，将使用背景数据块中的初始值。调用函数时应给所用的形参指定实参。

5）函数块的输出参数值不仅与来自外部的输入参数有关，还与用静态数据保存的内部状态数据有关。函数因为没有静态数据，相同的输入参数产生相同的执行结果。

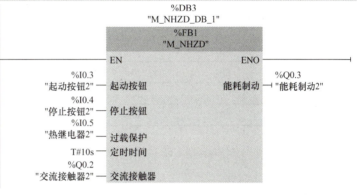

图 4-17 在 OB1 中调用 FB1

三、任务实施

（一）任务目标

1）熟练掌握 FC、FB 的编程及应用。
2）会 S7-1200 PLC I/O 接线。
3）能根据控制要求进行 FB 的编程。
4）熟练使用博途编程软件进行设备组态、梯形图程序编制，下载至 CPU 进行调试运行，并查看运行结果。

（二）设备与器材

本任务实施所需设备与器材见表 4-1。

表 4-1 所需设备与器材

序号	名称	符号	型号规格	数量	备注
1	常用电工工具		十字螺钉旋具、一字螺钉旋具、尖嘴钳、剥线钳等	1 套	表中所列设备、器材的型号规格仅供参考
2	计算机（安装博途编程软件）			1 台	
3	西门子 S7-1200 PLC	CPU	CPU 1214C AC/DC/Rly，订货号：6ES7 214-1AG40-0XB0	1 台	
4	三相异步电动机	M	WDJ26，P_N=40W，U_N=380V，I_N=0.3A，n_N=1430r/min，f=50Hz	2 台	
5	以太网通信电缆			1 根	
6	连接导线			若干	

(三) 内容与步骤

1. 任务要求

完成两台三相异步电动机起、保、停控制，控制方法相同。按下起动按钮，三相异步电动机延时 10s 起动运行，按下停止按钮，三相异步电动机停止运行。使用函数块进行编程。

2. I/O 地址分配与接线图

根据控制要求确定 I/O 点数，I/O 地址分配见表 4-2。

表 4-2　I/O 地址分配表

输入			输出		
设备名称	符号	I 元件地址	设备名称	符号	Q 元件地址
起动按钮	SB1	I0.0	交流接触器	KM1	Q0.0
	SB3	I0.3		KM2	Q0.1
停止按钮	SB2	I0.1			
	SB4	I0.4			
热继电器	FR1	I0.2			
	FR2	I0.5			

根据 I/O 地址分配表绘制 I/O 接线图，如图 4-18 所示。

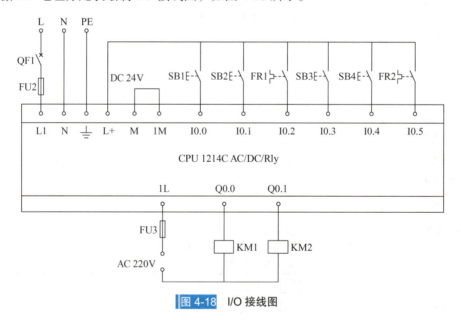

图 4-18　I/O 接线图

3. 创建工程项目

打开博途编程软件，在 Portal 视图中选择"创建新项目"，输入项目名称"4RW_1"，选择项目保存路径，然后单击"创建"按钮，创建项目完成，并完成项目硬件组态。

在项目树中，打开"PLC_1"下"PLC 变量"文件夹，双击"添加新变量表"选项，并将新添加的变量表命名为"PLC 变量表"，在"PLC 变量表"中新建变量，如图 4-19 所示。

4. 创建函数块

在项目树中，双击"PLC_1"下"程序块"→"添加新块"选项，在打开的"添加新块"对话框中，单击"函数块"按钮，设置函数块的名称为"M_QBT"，其他均采用默认设置，单击"确定"按钮，生成 FB。此时，在项目树的

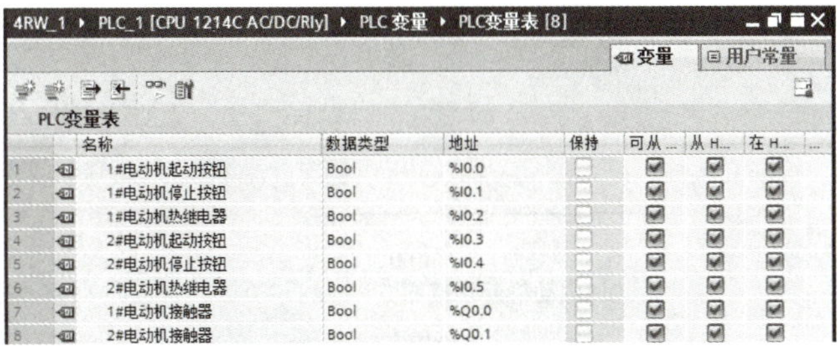

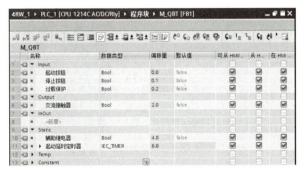

图 4-19　起保停控制 PLC 变量表

文件夹"PLC_1"→"程序块"中可以看到新生成的函数块 FB1。然后，在项目树的文件夹"PLC_1"→"程序块"中，用鼠标右键单击"M_QBT(FB1)"选项，在下拉列表中，单击"属性"选项，打开"M_QBT(FB1)属性"对话框，在该对话框中取消勾选 FB1 属性项下的"优化的块访问"复选框，再单击"确定"按钮执行。

打开 FB1，用鼠标拉动程序编辑器的分隔条，分隔条上方是函数块接口区，在接口区生成 FB1 的局部变量，如图 4-20 所示。

5. 编写函数块程序

在项目树中，打开"程序块"文件夹，双击"M_QBT(FB1)"选项，在程序编辑区根据控制要求，编写函数块的程序，如图 4-21 所示。

6. 函数块程序的调用及赋值

在项目树中，打开"程序块"文件夹中"Main[OB1]"选项，将函数块 FB1 拖拽到 OB1 程序编辑区，生成背景数据块，然后分别给函数块 FB1 赋值，如图 4-22 所示。

图 4-20　函数块接口区局部变量设置

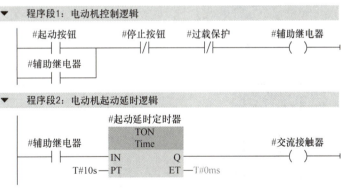

图 4-21　函数块程序的编写

7. 调试运行

将图 4-21、图 4-22 程序编译后下载至 CPU 中，按照图 4-18 进行 PLC 输入、输出端接线，启动 CPU，将 CPU 切换至 RUN 模式，然后调试运行，观察运行结果。

（四）分析与思考

1) 图 4-21 中，辅助继电器是函数块的何种局部变量，它是否可以用输入/输出参数表示？

2) 图 4-22 中，程序段 1 和程序段 2 的背景数据块是否是同一个？

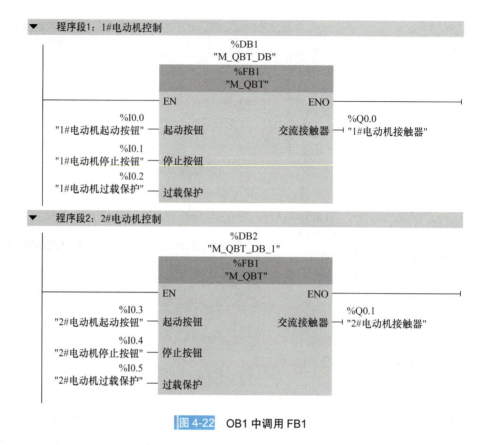

图 4-22　OB1 中调用 FB1

四、任务考核

任务考核见表 4-3。

表 4-3　任务实施考核表

序号	考核内容	考核要求	评分标准	配分	得分
1	电路及程序设计	（1）能正确分配 I/O 地址，并绘制 I/O 接线图 （2）设备组态 （3）根据控制要求，正确编制梯形图	（1）I/O 地址分配错误或缺少，每个扣 5 分 （2）I/O 接线图设计不全或有错，每处扣 5 分 （3）CPU 组态与现场设备型号不匹配，扣 10 分 （4）梯形图表达不正确或画法不规范，每处扣 5 分	40 分	
2	安装与连线	根据 I/O 接线图，正确连接电路	（1）连线每错一处，扣 5 分 （2）损坏元器件，每只扣 5～10 分 （3）损坏连接线，每根扣 5～10 分	20 分	
3	调试与运行	能熟练使用编程软件编制程序下载至 CPU，并按要求调试运行	（1）不能熟练使用编程软件进行梯形图的编辑、修改、编译、下载及监视，每项扣 2 分 （2）不能按照控制要求完成相应的功能，每少一项扣 5 分	20 分	
4	安全操作	确保人身和设备安全	违反安全文明操作规程，扣 10～20 分	20 分	
5			合计		

五、知识拓展

(一)组织块(OB)

组织块(Organization Block,OB)是操作系统和用户程序之间的接口,由操作系统进行调用。组织块中除了可以用来实现PLC扫描循环控制以外,还可以完成PLC的启动、中断程序的执行和错误处理等功能。熟悉各类组织块的使用对于提高编程效率和程序的执行速率有很大的帮助。

1. 事件和组织块

事件是S7-1200 PLC操作系统的基础,有能够启动OB和无法启动OB两种类型事件。能够启动OB的事件会调用已经分配给该事件的OB或按照事件的优先级将其输入队列,如果没有为该事件分配OB,则会触发默认系统响应。无法启动OB的事件会触发相关事件类别的默认事件响应。因此,用户程序循环取决于事件和给这些事件分配的OB,以及包括在OB中的程序代码或在OB中调用的程序代码。

能够启动OB的事件见表4-4。无法启动OB的事件见表4-5。

表4-4 能够启动OB的事件

事件类型	OB编号	OB个数	启动事件	队列深度	OB优先级	优先级组
程序循环	1或≥123	≥1	启动或结束前一循环OB	1	1	1
启动	100或≥123	≥0	从STOP切换到RUN	1	1	1
延时中断	20~23或≥123	≤4	延时时间到	8	3	2
循环中断	30~38或≥123	≤4	固定的循环时间到	8	4	2
硬件中断	40~47或≥123	≤50	上升沿(≤16个)、下降沿(≤16个)	32	5	2
			HSC:计数值=设定值、计数方向变化、外部复位,最多分别6次	16	6	2
诊断错误	82	0或1	模块检测到错误	8	9	2
时间错误	80	0或1	超过最大循环时间,调用的OB正在执行,队列溢出,因为中断负荷过高丢失中断	8	26	3

表4-5 无法启动OB的事件

事件类型	事件	事件优先级	系统反应
插入/拔出	插入/拔出模块	21	STOP
访问错误	刷新过程映像的I/O访问错误	22	忽略
编程错误	块内的编程错误	23	STOP
I/O访问错误	块内的I/O访问错误	24	STOP
超过最大循环时间的两倍	超过最大循环时间的两倍	27	STOP

当前的OB执行完,CPU将执行队列中最高优先级的事件OB,优先级相同的事件按"先来先服务"的原则处理。如果高优先级组中没有排队的事件了,CPU将返回较低的优先级组被中断的OB,从被中断的地方开始继续处理。

2. 程序循环组织块

主程序OB1属于程序循环OB,CPU在RUN模式时循环执行OB1,可以在OB1中调用 FC 或 FB。

如果用户程序中生成了其他程序循环 OB，CPU 将按 OB 编号的顺序执行它们。首先执行主程序 OB1，然后执行编号大于或等于 123 的程序循环 OB，一般只需要一个程序循环 OB。

S7-1200 PLC 允许使用多个程序循环 OB，并按 OB 编号的顺序执行。OB1 是默认设置，其他程序循环 OB 的编号必须大于或等于 123，程序循环 OB 的优先级为 1，可被高优先级的 OB 中断；程序循环执行一次需要的时间即为程序的循环扫描周期时间。最长循环时间默认设置为 150ms。如果用户程序超过了最长循环时间，操作系统将调用 OB80（时间错误 OB）；如果 OB80 不存在，则 CPU 停机。

3. 启动组织块

启动组织块（Startup）用于初始化，CPU 从 STOP 切换到 RUN 时，执行一次启动组织块。执行完后，开始执行程序循环组织块 OB1。允许生成多个启动 OB，默认的是 OB100，其他的启动 OB 编号应大于或等于 123。一般只需要一个启动 OB 或者不用。

S7-1200 PLC 支持 3 种启动模式：不重新启动模式、暖启动 -RUN 模式、暖启动 - 断电前的操作模式。不管选择哪种启动模式，已编写的所有启动 OB 都会执行，并且 CPU 按照 OB 的编号的顺序执行，首先执行启动 OB100，然后执行编号大于或等于 123 的启动 OB。

打开博途编程软件，进入 Portal 视图，创建一个新项目并完成设备组态，在项目树中双击"程序块"文件夹下"添加新块"选项，打开"添加新块"对话框，单击"组织块"按钮，选择组织块列表中"Startup"选项，其他均采用默认设置，如图 4-23 所示，单击"确定"按钮，生成启动组织块 OB100。打开启动组织块，在 OB100 中编制初始化程序，如图 4-24 所示，再将程序下载到 CPU，启动 CPU 运行程序，在监视状态下可以看到 QB0 的值被 OB100 初始化为 16#F0，其高 4 位为 1。

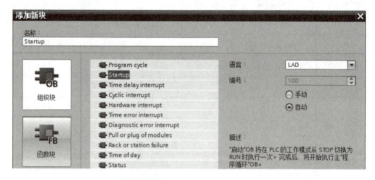

图 4-23 生成启动组织块

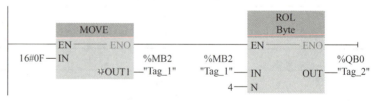

图 4-24 OB100 中的程序

4. 循环中断组织块

循环中断（Cyclic Interrupt）OB 按设定的时间（1 ~ 6000ms）周期性执行，而与程序循环 OB 的执行无关。S7-1200 PLC 用户程序使用循环中断和延时中断的个数和最多为 4 个，循环中断 OB 的编号为 30 ~ 38，或大于等于 123。

在 CPU 运行期间，可以使用"SET_CINT"扩展指令重新设置循环中断时间、相移时间；同时还可以使用"QBY_CINT"扩展指令查询循环中断的状态。

5. 延时中断组织块

延时中断 OB 在一段可设置的延时时间后启动。S7-1200 PLC 最多支持 4 个延时中断 OB，"SRT_DINT"扩展指令用于启动延时中断，该中断在超过参数指定的延时时间后调用延时中断 OB，延时时间范围为 1～6000ms，精度为 1ms。"CAN_DINT"扩展指令用于取消启动的延时中断。延时中断的编号为 20～23，或大于等于 123。

6. 硬件中断组织块

（1）硬件中断事件与硬件中断组织块　硬件中断（Hardware Interrupt）OB 在发生相关硬件事件时执行，可以快速地响应并执行硬件中断 OB 中的程序（例如立即停止某些关键设备）。硬件中断事件包括内置数字输入端的上升沿和下降沿事件以及 HSC（高速计数器）事件。当发生硬件中断事件时，硬件中断 OB 将中断正常的循环程序而优先执行硬件中断事件。

S7-1200 PLC 可以在硬件配置的属性中预先定义硬件中断事件，一个硬件中断事件只允许对应一个硬件中断 OB，而一个硬件中断 OB 可以分配给多个硬件中断事件。在 CPU 运行期间，可使用"ATTACH"中断连接指令和"DETACH"中断分离指令对中断事件重新分配。硬件中断 OB 的编号必须为 40～47，或大于等于 123。S7-1200 PLC 支持下列硬件中断事件。

1）上升沿事件：CPU 内置的数字量输入（根据 CPU 的型号而定，最多为 12 个）和 4 点信号板上的数字量输入由 OFF 变为 ON 时，产生的上升沿事件。

2）下降沿事件：上述数字量输入由 ON 变为 OFF 时，产生的下降沿事件。

3）高速计数器 1～6 的实际计数值等于设置值（CV=PV）。

4）高速计数器 1～6 的方向改变，计数值由增大变为减小，或由减小变为增大。

5）高速计数器 1～6 的外部复位，某些 HSC 的数字量外部复位输入由 OFF 变为 ON 时，将计数值复位为 0。

（2）生成硬件中断组织块　打开博途编程软件，进入 Portal 视图，用前述方法在打开的组织块列表中选择"Hardware interrupt"选项，其他均采用默认设置，然后单击"确定"按钮，生成硬件中断组织块 OB40。

（3）组态硬件中断事件　在项目树中，双击的"PLC_1"文件夹中的"设备组态"，打开设备视图，首先选中 CPU，打开工作区下面的巡航窗口的"属性"选项卡，选中左边的"数字量输入"的通道 0，即 I0.0，如图 4-25 所

图 4-25　组态硬件中断组织块

示。勾选"启用上升沿检测"复选框，单击"硬件中断"选择框右边的按钮，在弹出的对话框的 OB 列表中选择"Hardware interrupt[OB40]"，然后单击按钮确定，即将 OB40 指定给 I0.0 的上升沿中断事件。

（4）编写硬件中断 OB 程序　在项目树中，打开"程序块"文件夹中"Hardware interrupt[OB40]"选项，在程序编辑区根据控制要求，在硬件中断 OB 中编写相应的控制程序，其程序编辑视图同主程序及其他程序块，具体程序视控制要求而定。

CPU 运行过程中，当出现该中断时将会调用 OB40，并执行其中的用户程序。

（二）递增与递减指令（INC、DEC）及应用

递增指令是将参数 IN/OUT 中操作数的值加 1 后保存于原操作数中。递减指令是将参数 IN/OUT 中操作数的值减 1 后保存于原操作数中。只有当使能输入 EN 的信号状态为"1"时，才执行递增和递减指令。如果在执行期间未发生溢出错误，则使能输出 ENO 的信号状

态也为"1"。IN/OUT 的数据类型可选 SInt、Int、Dint、USInt、UInt、UDInt。INC、DEC 指令只适用于整数，对于浮点数无效。INC、DEC 指令应用如图 4-26 所示。

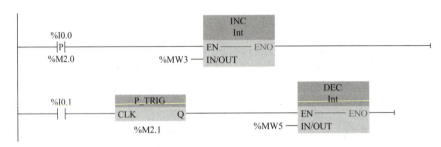

图 4-26　INC、DEC 指令应用

在图 4-26 中，当 I0.0 为 1 时，自动将 MW3 中的值加 1，保存于 MW3 中。当 I0.1 为 1 时，自动将 MW5 中的值减 1，保存于 MW5 中。这里需要说明的是，递增指令驱动信号 I0.0 使用的是上升沿触点信号，递减指令驱动信号 I0.1 在其常开触点后加了一扫描 RLO 信号的上升沿，这样保证了两条指令在执行中驱动信号闭合一次，IN/OUT 中操作数的值加 1 和减 1。一般情况下，使用这两条指令时，驱动信号均使用脉冲信号。

（三）组织块应用

使用 S7-1200 PLC 实现电机断续运行的控制，要求电动机在起动后，运行 30s、停 10s，如此循环；当按下停止按钮后立即停止运行。要求使用循环中断组织块实现上述工作和停止时间的延时功能。

1. I/O 地址分配

根据控制要求确定 I/O 点数，I/O 地址分配见表 4-6。

表 4-6　I/O 地址分配表

输入			输出		
设备名称	符号	I 元件地址	设备名称	符号	Q 元件地址
起动按钮	SB1	I0.0	交流接触器	KM	Q0.0
停止按钮	SB2	I0.1			
热继电器	FR	I0.2			

2. 创建工程项目

打开博途编程软件，在 Portal 视图中选择"创建新项目"，输入项目名称"电动机断续运行的 PLC 控制"，选择项目保存路径，然后单击"创建"按钮，创建项目完成，并完成项目硬件组态。

3. 编制梯形图

（1）编写启动组织块 OB100 程序　在项目树中，双击"PLC_1"下"程序块"→"添加新块"选项，在打开的"添加新块"对话框中，单击"组织块"按钮，选择组织块列表中"Startup"选项，其他均采用默认设置，单击"确定"按钮，生成一个启动组织块 OB100。

在"程序块"文件夹中，双击打开"Startup[OB100]"选项，在程序编辑区编制程序，如图 4-27 所示。在启动组织块中对循环中断计数值 MW4 清 0。

（2）编写循环中断组织块 OB30 程序　在项目树中，双击"PLC_1"下"程序块"→"添加新块"选项，在打开的"添加新块"话框中，单击"组织块"按钮，在打开的组织块列表中选择"Cyclic interrupt"选项，单击"确定"按钮，生成一个循环中断组织块 OB30，循环时间设置为 1000ms，即 1s。

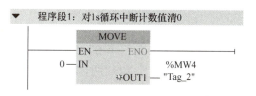

图 4-27　启动组织块 OB100 程序

在"程序块"文件夹中，双击打开"Cyclic interrupt [OB30]"选项，在程序编辑区编制程序如图 4-28a 所示。在循环中断组织块中对循环中断次数进行计数，当计数值为 40（即 40s）时对计数值 MW4 清 0。

（3）编写 OB1 程序　在"程序块"文件夹中，双击打开"Main[OB1]"选项，在程序编辑区编制程序，如图 4-28b 所示。在主程序 OB1 中主要完成电动机的断续运行控制，即系统起动后时间小于等于 30s 时电动机运行，时间为 30～40s 时电动机停止运行，并如此循环工作。

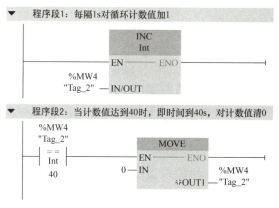

a）循环中断组织块OB30程序

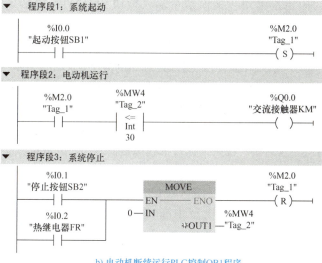

b）电动机断续运行PLC控制OB1程序

图 4-28　编制梯形图程序

六、任务总结

本任务主要介绍了 S7-1200 PLC 数据块、函数、函数块及组织块的基本知识及编程应用。在此基础上，以"两台三相异步电动机起停的 PLC 控制"为载体，进行了设备组态、函数块创建、编程编制、程序下载、硬件接线及调试运行，达到会使用函数、函数块编程的目标。最后以"电动机断续运行"为例，介绍了组织块的编程应用。

任务二 三相异步电动机变频调速的 PLC 控制

一、任务导入

在"电机与电气控制"课程中，我们已学习了关于三相异步电动机的变极调速控制，随着变频技术的发展，变频调速的使用越来越广泛。

本任务以三相异步电动机变频调速的 PLC 控制为例，来学习模拟量控制的应用。

二、知识链接

（一）模拟量模块

模拟量是有别于数字量的连续变化的电压或电流信号。模拟量可作为 PLC 的输入或输出，通过传感器或控制设备对控制系统的温度、压力、流量等模拟量进行检测或控制。通过模拟量模块或变送器可将传感器提供的电量或非电量转换成标准的直流电压（0～5V、0～10V、±10V 等）或直流电流（0～20mA、4～20mA）信号。

在自动化控制或工业生产过程中，特别是连续型的过程控制中，经常需要对模拟量信号进行处理，PLC 通过模拟量输入模块读取温度、压力、流量等信号，通过模拟量输出模块对阀门、变频器等设备进行控制。

1. 模拟量模块概述

S7-1200 PLC 的模拟量模块包括模拟量输入模块 SM1231、模拟量输出模块 SM1232、模拟量输入/输出模块 SM1234。

（1）模拟量输入模块　模拟量输入模块 SM1231 用于将现场各种模拟量测量传感器输出的直流电压或电流信号转换成 S7-1200 PLC 内部处理用的数字量信号。模拟量输入模块 SM 1231 的输入信号类型有电压型、电流型、电阻型、热电阻型和热电偶型等。目前，模拟量输入模块主要有 SM 1231 AI4×13/16bit、SM 1231 AI4×13bit、SM 1231 AI4/8×RTD、SM 1231 AI4/8×TC，直流信号主要有 ±1.25V、±2.5V、±5V、±10V 或 0～20mA、4～20mA。至于模块有几路输入、分辨率多少位、信号类型及大小，都是根据每个模拟量输入模块的订货号而定。

这里以 SM 1231 AI4×13bit 为例进行介绍。该模块的输入量范围可选 ±2.5V、±5V、±10V 或 0～20mA，分辨率为 12 位加符号位，电压输入的输入电阻大于或等于 9MΩ，电流输入的输入电阻为 250Ω。模块有中断和诊断功能，可监视电源电压短路和断线故障。所有通道的最大循环时间为 625μs。额定范围的电压转换后对应的数字量范围为 -27648～27648。模拟量模块的电源电压均为 DC 24V。

S7-1200 PLC 的紧凑型 CPU 模块已集成 2 通道模拟量输入，其中 CPU 1215C 和 CPU 1217C 还集成有 2 通道模拟量输出。

（2）模拟量输出模块　模拟量输出模块 SM 1232 用于将 S7-1200 PLC 的数字量信号转换成系统需要的模拟量信号，控制模拟量调节器或执行机械。目前，模拟量输出模块主要有 SM 1232 AQ2×14bit、SM 1232 AQ4×14bit，其输出电压为 ±10V、输出电流 0～20mA。

这里以模拟量输出模块 SM 1232 AQ2×14bit 为例进行介绍。该模块的输出电压为 -10～10V，分辨率为 14 位，最小负载阻抗 1000Ω。输出电流为 0～20mA 时，分辨率为 13 位，最大负载阻抗 600Ω。模块有中断和诊断功能，可监视电源电压短路和断线故障。数字量 -27648～27648 被转换为 -10～10V 的电压，数字量 0～27648 被转换为 0～20mA 的电流。其性能规格见表 4-7。

表 4-7　SM 1232 AQ2×14bit 模拟量输出模块性能规格

规格	电压输出	电流输出
输出点数	2 通道	
模拟量输出范围	DC ±10 V（输入电阻：198.7kΩ）	DC 0～20 mA 或 DC 4～20mA
分辨率	14 位	13 位
满量程范围（数据字）	-27648～27648	0～27648
精度（25℃/-20～60℃）	满量程的 ±0.3%/±0.6%	
稳定时间（新值的 95%）	300μs(R)750μs(1μF)	600 μs (1 mH)，2 ms (10 mH)
负载阻抗	≥1000 Ω	≤600 Ω
功耗	1.8W	
电流消耗（SM 总线）	80mA	
电流消耗（DC 24V）	45mA（无负载）	
隔离（现场侧与逻辑侧）	无	
电缆长度	100m 屏蔽双绞线	

模拟量输出模块 SM 1232 AQ2×14bit 的接线图如图 4-29 所示。

（3）模拟量输入/输出模块　模拟量输入/输出模块目前只有 4 通道模拟量输入/2 通道模拟量输出模块。模块 SM 1234 的模拟量输入通道和模拟量输出通道的性能指标分别与 SM 1231 AI4×13bit 和 SM 1232 AQ2×14bit 的相同，相当于这两种模块的组合。

在控制系统需要模拟量通道较少的情况下，为不增加设备占用空间，可通过信号板来增加模拟量通道。目前主要有 AI1×12bit、AI1×RTD、AI1×TC 和 AQ1×12bit 等几种信号板。

2. 模拟量模块的地址分配

模拟量模块以通道为单位，一个通道占一个字（2B）的地址，所以在模拟量地址中只有偶数。S7-1200 PLC 的模拟量模块的系统默认地址为 I/QW96～I/QW222。一个模拟量模块最多有 8 个通道，从 96 号字节块开始，S7-1200 PLC 给每一个模拟量模块分配 16B（8 个字）的地址。N 号槽的模拟量模块的起始地址为 (N-2)×16+96，其中 N≥2。集成的模拟量输入/输出系统默认地址是 I/QW64、I/QW66；信号板上的模拟量

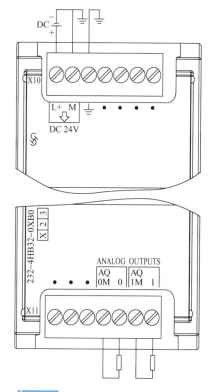

图 4-29　模拟量输出模块 SM 1232 AQ2×14bit 的接线图

输入/输出系统默认地址是 I/QW80。

模拟量输入地址的标识符是 IW，模拟量输出地址的标识符是 QW。

3. 模拟值的表示

模拟值用二进制补码表示，宽度 16 位，最高位是符号位。模拟量模块的精度最高位为 15 位，如果少于 15 位，则模拟值左移调整，然后再保存到模块中，未用的低位填入 "0"。若模拟值的精度为 12 位加符号位，左移 3 位后未使用的低位（第 0～2 位）为 0，相当于实际的模拟值被乘以 8。

电压测量范围为 ±10V、±5V、±2.5V 的模拟值的表示见表 4-8。

表 4-8　电压测量范围为 ±10V、±5V、±2.5V 的模拟值的表示

系统			测量范围			范围
百分比	十进制	十六进制	±10V	±5V	±2.5V	
118.515%	32767	7FFF	11.851V	5.926V	2.963V	上溢
117.593%	32512	7F00				
117.589%	32511	7EFF	11.759V	5.879V	2.940V	超出范围
	27649	6C01				
100.000%	27648	6C00	10V	5V	2.5V	正常范围
75.000%	20736	5100	7.5V	3.75V	1.875V	
0.003617%	1	1	361.7μV	180.8μV	90.4μV	
0%	0	0	0V	0V	0V	
−0.003617%	−1	FFFF	−361.7μV	−180.8μV	−90.4μV	
−75.000%	−20736	AF00	−7.5V	−3.75V	−1.875V	
−100.000%	−27648	9400	−10V	−5V	−2.5V	
	−27649	93FF				低于范围
−117.589%	−32511	8100	−11.759V	−5.879V	−2.940V	
−117.593%	−32512	80FF				下溢
−118.515%	−32767	8000	−11.851V	−5.926V	−2.963V	

电流测量范围为 0～20mA 和 4～20mA 的模拟值的表示见表 4-9。

表 4-9　电流测量范围为 0～20mA 和 4～20mA 的模拟值的表示

系统			测量范围		范围
百分比	十进制	十六进制	0～20mA	4～20mA	
118.515%	32767	7FFF	23.70mA	22.96 mA	上溢
117.593%	32512	7F00			
117.589%	32511	7EFF	23.52mA	22.81 mA	超出范围
	27649	6C01			
100.000%	27648	6C00	20mA	20mA	正常范围
75.000%	20736	5100	15mA	15mA	
	1	1	723.4nA	4 mA+578.7nA	
0%	0	0	0 mA	4mA	
−118.519%	−32768	8000			

（二）缩放指令（SCALE_X）和标准化指令（NORM_X）

1. 缩放指令（SCALE_X）

缩放指令（SCALE_X）将浮点数输入参数 VALUE（$0.0 \leq \text{VALUE} \leq 1.0$）线性转换（映射）为参数 MIN（下限）和 MAX（上限）定义的范围之间的数值。转换结果用 OUT 指定的地址保存。

缩放指令的梯形图如图 4-30 所示。

在图 4-30 中，单击指令方框内指令名称下面的问号，用下拉式列表设置变量的数据类型。参数 MIN、MAX 和 OUT 数据类型应相同，可以是整数、浮点数，也可以是常数，参数 VALUE 的数据类型为浮点数。输入、输出之间的线性关系（见图 4-31）如下：

$$\text{OUT} = \text{VALUE} \times (\text{MAX} - \text{MIN}) + \text{MIN}$$

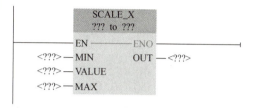

图 4-30　缩放指令的梯形图

2. 标准化指令（NORM_X）

标准化指令（NORM_X）将整数输入参数 VALUE（$\text{MIN} \leq \text{VALUE} \leq \text{MAX}$）线性转换（标准化，或称归一化）为 $0.0 \sim 1.0$ 之间的浮点数，转换结果用 OUT 指定的地址保存。

标准化指令的梯形图如图 4-32 所示。

在图 4-32 中，单击指令方框内指令名称下面的问号，用下拉式列表设置输入 VALUE 和输出 OUT 的数据类型，OUT 的数据类型为浮点数。输入参数 MIN、MAX 和 VALUE 的数据类型应相同，可以是整数、浮点数，也可以是常数。输入、输出之间的线性关系（见图 4-33）如下：

$$\text{OUT} = (\text{VALUE} - \text{MIN}) / (\text{MAX} - \text{MIN})$$

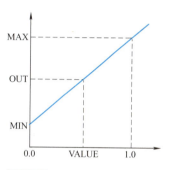

图 4-31　SCALE_X 线性关系

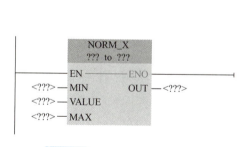

图 4-32　标准化指令的梯形图

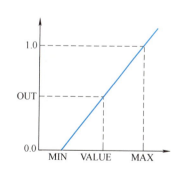

图 4-33　NORM_X 指令线性关系

【例 4-1】某温度变送器的量程为 $-200 \sim 850$℃，输出信号为 $4 \sim 20\text{mA}$，符号地址为"模拟值"的 IW96 将 $0 \sim 20\text{mA}$ 电流信号转换为数字量 $0 \sim 27648$，求以℃为单位的浮点数温度值。

4mA 对应的模拟值为 5530，IW96 将 $-200 \sim 850$℃的温度转换为模拟值 $5530 \sim 27648$，用标准化指令将 $5530 \sim 27648$ 的模拟值归一化为 $0.0 \sim 1.0$ 之间的浮点数，然后用缩放指令将归一化后的数值转换为 $-200 \sim 850$℃的浮点数温度值，保存至 MD40 中，梯形图如图 4-34 所示。

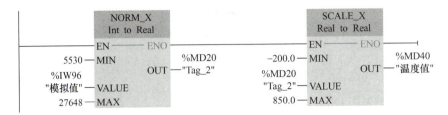

图 4-34 例 4-1 梯形图

【**例 4-2**】将地址为 QW96 的整数型变量"AQ 输入"转换后的 DC 0～10V 电压作为变送器的模拟量输入值，通过变频器内部参数的设置，0～10V 的电压对应的转速为 0～1800r/min。求以 r/min 为单位的整数型变量"转速"对应的 AQ 模块的输入值"AQ 输入"。

梯形图如图 4-35 所示。注意在使用博途软件编程时，应取消勾选 OB1 属性中的"IEC 检查"复选框，否则不能将 SCALE_X 指令的输出参数 OUT 的数据类型设置为 Int。

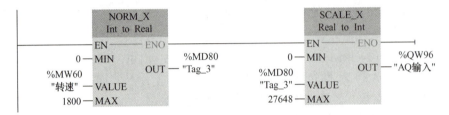

图 4-35 例 4-2 梯形图

三、任务实施

（一）任务目标

1）熟练掌握 SM 1232 AQ2×14bit 模拟量输出模块的接线和应用。
2）学会 S7-1200 系列 PLC I/O 接线。
3）学会西门子 G120C 变频器的接线和参数设置。
4）掌握缩放指令、标准化指令的编程及应用。
5）能根据控制要求编写梯形图程序。
6）熟练使用博途编程软件进行设备组态、梯形图程序编制，下载至 CPU 进行调试运行，并查看运行结果。

（二）设备与器材

本任务实施所需设备与器材，见表 4-10。

（三）内容与步骤

1. 任务要求

三相异步电动机变频调速的 PLC 控制要求：按下起动按钮，电动机先以 10Hz 频率正向运行，10s 后以 20Hz 频率运行，20s 后以 30Hz 频率运行，30s 后以 40Hz 频率运行，40s 后以 50Hz 频率运行，50s 后重新开始运行，循环两次后自动停止。运行过程中按下停止按钮，电动机立即停止运行。

项目四 S7-1200 PLC函数块与模拟量的编程及应用

表 4-10 所需设备与器材

序号	名称	符号	型号规格	数量	备注
1	常用电工工具		十字螺钉旋具、一字螺钉旋具、尖嘴钳、剥线钳等	1套	表中所列设备、器材的型号规格仅供参考
2	计算机（安装博途编程软件）			1台	
3	西门子 S7-1200 PLC	CPU	CPU 1214C AC/DC/Rly, 订货号: 6ES7 214-1AG40-0XB0	1台	
4	模拟量输出模块	SM 1232	AQ2×14bit, 订货号: 6ES7 232-4HB32-0XB0	1块	
5	变频器挂件（西门子变频器）		G120C	1个	
6	三相异步电动机	M	WDJ26, P_N=40W, U_N=380V, I_N=0.3A, n_N=1430r/min, f=50Hz	1台	
7	以太网通信电缆			1根	
8	连接导线			若干	

2. I/O 地址分配与接线图

根据控制要求确定 I/O 点数，I/O 地址分配见表 4-11。

表 4-11 I/O 地址分配表

输入			输出		
设备名称	符号	I 元件地址	设备名称	符号	Q 元件地址
起动按钮	SB1	I0.0	变频器正向运行端子	DI0	Q0.0
停止按钮	SB2	I0.1			

根据 I/O 地址分配表绘制 I/O 接线图，如图 4-36 所示。

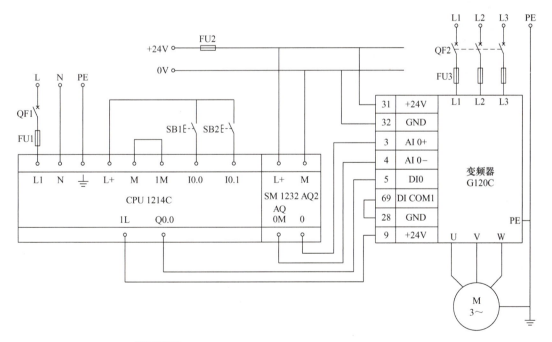

图 4-36 三相异步电动机变频调速 PLC 控制 I/O 接线图

3. 创建工程项目

打开博途编程软件,在 Portal 视图中选择"创建新项目",输入项目名称"4RW_1",选择项目保存路径,然后单击"创建"按钮,创建项目完成,组态 CPU 模块,并在 CPU 模块右侧 2 号槽组态一个模拟量输出模块 SM 1232 AQ2×14bit(订货号:6ES7 232-4HB32-0XB0)。

4. 编辑变量表

在项目树中,打开"PLC 变量"文件夹,双击"添加新变量表",生成"变量表_1[0]",在该变量表中根据 I/O 地址分配表编辑变量表,如图 4-37 所示。

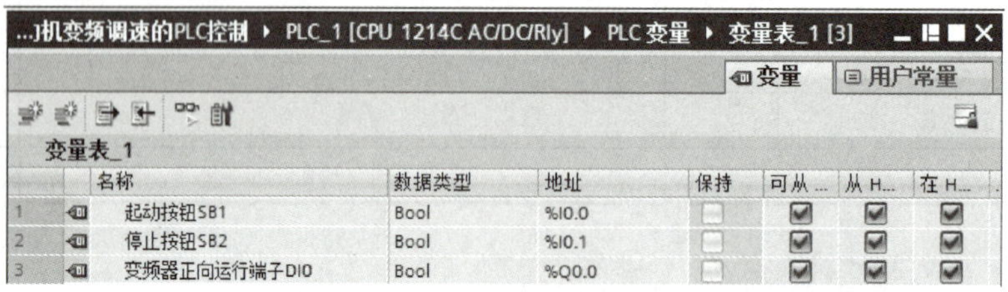

图 4-37 三相异步电动机变频调速的 PLC 控制变量表

5. 设置变频器参数

接通变频器电源,G120C 变频器参数设置见表 4-12。

表 4-12 变频器参数的设置

序号	参数	默认值	设置值	含义说明	备注
1	P0010	0	30	参数复位	
2	P0970	0	1	触发驱动参数复位	
3	P0010	0	1	快速调试	
4	P0015	7	17	两线制控制 2,模拟量调速	
5	P0300	1	1	设定为异步电动机	
6	P0304	400	380	电动机额定电压,单位为 V	
7	P0305	1.7	0.18	电动机额定电流,单位为 A	
8	P0307	0.55	0.03	电动机额定功率,单位为 kW	
9	P0310	50	50	电动机额定频率,单位为 Hz	
10	P0311	1395	1300	电动机额定转速,单位为 r/min	
11	P0341	0.001571	0.00001	电动机转动惯量,单位为 kg·m^2	
12	P0756[00]	4	0	单极电压输入(0~10V)	
13	P0776[00]	0	1	电压输出	
14	P1082	1500	1500	最大转速,单位为 r/min	
15	P1120	10	0.1	加速时间,单位为 s	
16	P1121	10	0.1	减速时间,单位为 s	
17	P1190	2	0	电动机数据检查	
18	P0010	0	0	电动机就绪	
19	P0971	0	1	保存驱动对象	

6. 编制程序

在项目树中,打开"程序块"文件夹中"Main[OB1]"选项,在程序编辑区根据控制要求编制梯形图,如图 4-38 所示。

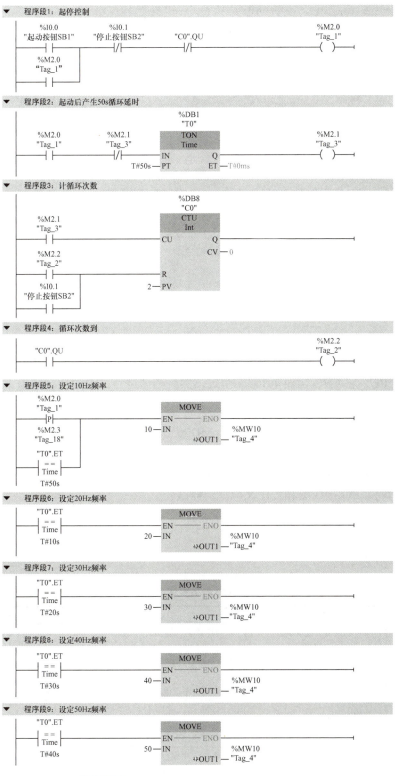

图 4-38　三相异步电动机变频调速控制梯形图

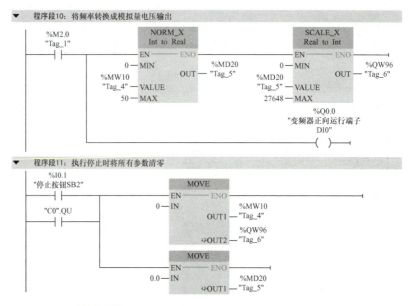

图 4-38 三相异步电动机变频调速控制梯形图(续)

7. 调试运行

将硬件组态及图 4-38 程序编译后下载至 CPU 中,按照图 4-36 进行 PLC 输入、输出端接线,启动 CPU,将 CPU 切换至 RUN 模式,然后调试运行,观察运行结果。

(四)分析与思考

1)在图 4-38 梯形图程序中,MW10、MD20 分别是什么数据类型、多少位,QW96 表示什么?

2)本任务中若要求三相异步电动机反向运行,I/O 接线图和程序应如何修改?若要实现固定转速运行,I/O 接线图和程序又应如何修改?

四、任务考核

任务考核见表 4-13。

表 4-13 任务实施考核表

序号	考核内容	考核要求	评分标准	配分	得分
1	电路及程序设计	(1)能正确分配 I/O 地址,并绘制 I/O 接线图 (2)设备组态 (3)根据控制要求,正确编制梯形图	(1)I/O 地址分配错误或缺少,每个扣 5 分 (2)I/O 接线图设计不全或有错,每处扣 5 分 (3)CPU、SM1232 模块组态与现场设备型号不匹配,每项扣 10 分 (4)梯形图表达不正确或画法不规范,每处扣 5 分	40 分	
2	安装与连线	根据 I/O 接线图,正确连接电路	(1)连线每错一处,扣 5 分 (2)损坏元器件,每只扣 5~10 分 (3)损坏连接线,每根扣 5~10 分	20 分	
3	调试与运行	能熟练使用编程软件编制程序下载至 CPU,并按要求调试运行	(1)不能熟练使用编程软件进行梯形图的编辑、修改、编译、下载及监视,每项扣 2 分 (2)不能按照控制要求完成相应的功能,每少一项扣 5 分	20 分	
4	安全操作	确保人身和设备安全	违反安全文明操作规程,扣 10~20 分	20 分	
5			合计		

五、知识拓展

（一）高速计数器

PLC 的普通计数器按照顺序扫描的方式进行工作，在每个扫描周期中，对计数脉冲只能进行一次累加，计数频率一般仅有几十赫。当输入脉冲信号频率大于 PLC 的扫描频率时，普通计数器会失去很多输入脉冲信号。而高速计数器能对数千赫的频率脉冲进行计数。

在 PLC 中，处理比扫描频率高的输入信号的任务是由高速计数器来完成的。S7-1200 PLC 拥有 6 个高速计数器 HSC1～HSC6，用以响应快速的脉冲输入信号，可以设置多达 12 种不同的操作模式。高速计数器的运行速度比 CPU 的扫描速度快得多，可测量的单相脉冲频率最高为 100kHz，双相或 A/B 相最高为 30 kHz。

高速计数器可用于连接增量式旋转编码器，通过对硬件组态和调用相关指令来使用此功能。

1. 高速计数器工作模式

S7-1200 PLC 具有以下 4 种高速计数器工作模式。

1）单相计数，内部方向控制，如图 4-39 所示。计数器采集并记录时钟信号的个数，当内部方向信号为高电平时，计数器的当前值增加；当内部方向信号为低电平时，计数器的当前值减小。

2）单相计数，外部方向控制，如图 4-39 所示。计数器采集并记录时钟信号的个数，当外部方向信号（例如外部按钮信号）为高电平时，计数器的当前数值增加，当外部方向信号为低电平时，计数器的当前数值减小。

3）双相加/减计数器，双脉冲输入，如图 4-40 所示。计数器采集并记录时钟信号的个数，加计数信号端子和减计数信号端子分开。当加计数有效时，计数器的当前值增加，当减计数有效时，计数器的当前数值减少。

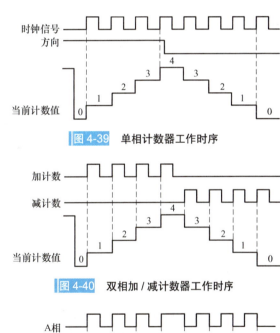

图 4-39 单相计数器工作时序

图 4-40 双相加/减计数器工作时序

4）A/B 相正交计数器。A/B 相正交计数器的工作时序如图 4-41 所示。计数器采集并记录时钟信号的个数。A 相计数信号端子和 B 相计数信号端子分开。当 A 相计数信号超前时，计数器的当前数值增加；当 B 相计数信号超前时，计数器的当前数值减少。利用光电编码器测量位移和速度时，通常采用这种模式。

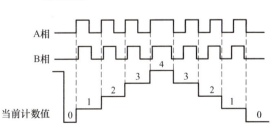

图 4-41 A/B 相正交计数器工作时序

每种高速计数器都有外部复位和内部复位两种工作状态，所有的计数器无需启动条件设置，在硬件向导中设置完成后下载至 CPU 中，即可启动高速计数器。高速计数器功能支持的输入电压为 DC 24V,目前不支持 DC 5V 的脉冲输入。高速计数器的硬件输入定义和工作模式见表 4-14。

表 4-14 S7-1200 PLC 高速计数器的硬件输入定义和工作模式

项目		描述	输入点			功能
HSC	HSC1	使用 CPU 上集成 I/O 或信号板	I0.0（CPU） I4.0（信号板）	I0.1（CPU） I4.1（信号板）	I0.3（CPU） I4.3（信号板）	
	HSC2	使用 CPU 上集成 I/O 或信号板	I0.2（CPU） I4.2（信号板）	I0.3（CPU） I4.3（信号板）	I0.1（CPU） I4.1（信号板）	
	HSC3	使用 CPU 上集成 I/O	I0.4（CPU）	I0.5（CPU）	I0.7（CPU）	
	HSC4	使用 CPU 上集成 I/O	I0.6（CPU）	I0.7（CPU）	I0.5（CPU）	
	HSC5	使用 CPU 上集成 I/O 或信号板	I1.0（CPU） I4.0（信号板）	I1.1（CPU） I4.1（信号板）	I1.2（CPU）	
	HSC6	使用 CPU 上集成 I/O	I0.3（CPU）	I0.4（CPU）	I0.5（CPU）	
模式		单相计数,内部方向控制	时钟脉冲发生器		复位	计数或频率 计数
		单相计数,外部方向控制	时钟脉冲发生器	方向	复位	计数或频率 计数
		双相计数,两路脉冲输入	增时钟脉冲发生器	减时钟脉冲发生器	复位	计数或频率 计数
		A/B 相正交计数	时钟脉冲发生器 A	时钟脉冲发生器 B	Z 相	计数或频率

并非所有的 CPU 都可以使用 6 个高速计数器,例如 CPU1211C 由于本体上只有 6 个集成输入点,所有最多只能支持 4 个（使用信号板的情况下）高速计数器。

由于不同高速计数器在不同模式下,同一个物理点会有不同的定义,在使用多个高速计数器时需要注意不是所有高速计数器都可以同时定义为任意工作模式。高速计数器的输入使用与普通数字量输入相同的地址,当某个输入点已定义为高速计数器的输入点时,就不能再应用于其他功能,但在某个模式下,没有用到的输入点还可以用于其他功能的输入。

S7-1200 PLC 除了提供计数功能外,还提供了频率测量功能,有 3 种不同的频率测量周期:1.0s、0.1s 和 0.01s。频率测量周期是这样定义的:计算并返回频率值的时间间隔。返回的频率值为上一个测量周期中所有测量值的平均值,无论测量周期如何选择,测量出的频率值总是以 Hz（每秒脉冲数）为单位。

2. 高速计数器寻址

CPU 将每个高速计数器的测量值以 32 位双整数型有符号数的形式存储在过程映像输入区内,用户在程序中可以直接访问这些地址,也可以在设备组态中修改这些存储地址。由于过程映像输入区受扫描周期的影响,在一个扫描周期内高速计数器的测量数值不会发生变化,但高速计数器中的实际值有可能会在一个扫描周期内发生变化,因此可通过直接读取外设地址的方式读取到当前时刻的实际值。以 ID1004 为例,其外设地址为 "ID1004:P"。高速计数器默认寻址见表 4-15。

3. 中断功能

S7-1200 PLC 在高速计数器中提供了中断功能，用以在某些特定条件下触发程序，有以下 3 种中断条件：

表 4-15 高速计数器默认寻址

高速计数器号	数据类型	默认地址	高速计数器号	数据类型	默认地址
HSC1	DInt	ID1000	HSC4	DInt	ID1012
HSC2	DInt	ID1004	HSC5	DInt	ID1016
HSC3	DInt	ID1008	HSC6	DInt	ID1020

1）当前值等于预置值。
2）使用外部信号复位。
3）带有外部方向控制时，计数方向发生改变。

4. 高速计数器指令

高速计数器指令（CTRL_HSC）用于组态和控制高速计数器，该指令通常放置在触发计数器硬件中断事件时执行的硬件中断组织块中。高速计数器指令需要使用背景数据块存储参数，在编辑器中放置 CTRL_HSC 指令后系统自动分配 DB。高速计数器指令的梯形图及端子参数说明见表 4-16。

表 4-16 高速计数器指令的梯形图及端子参数说明

LAD/FBD	参数	数据类型	说明
%DB1 "CTRL_HSC_0_DB" CTRL_HSC — EN ENO — — HSC BUSY — — DIR STATUS — — CV — RV — PERIOD — NEW_DIR — NEW_CV — NEW_RV — NEW_PERIOD	EN	Bool	使能输入
	ENO	Bool	使能输出
	HSC	HW_HSC	高速计数器的硬件标识符
	DIR	Bool	1—使能新方向
	CV	Bool	1—使能新初值
	RV	Bool	1—使能新参考值
	PERIOD	Bool	1—使能新频率测量周期（仅限频率测量模式）
	NEW_DIR	Int	方向选择，1—加计数；-1—减计数
	NEW_CV	DInt	新初始值
	NEW_RV	DInt	新参考值
	NEW_PERIOD	Int	新频率测量周期（仅限频率测量模式），1000:1s；100:0.1s；10:0.01s
	BUSY	Bool	处理状态
	STATUS	Word	运行状态

（二）高速计数器应用

将型号为 E6H-CWZ5B 的欧姆龙增量型旋转编码器安装在三相异步电动机转轴上，通过高速计数器对其脉冲进行计数，用于控制指示灯 HL 的点亮和熄灭。要求按下起动按钮时，电动机起动运行，当计数 20000 个脉冲时，指示灯 HL 点亮，并设定新参考值为 40000 个脉冲。当计满 40000 个脉冲后，指示灯 HL 熄灭，计数器复位，并将新参考值再设置为 20000，如此循环运行。运行过程中按下停止按钮或电动机发生过载，电动机停止运行，指示灯熄灭。

1. I/O 地址分配

根据控制要求确定 I/O 点数，I/O 地址分配见表 4-17。

2. 硬件组态

打开博途编程软件，在 Portal 视图中选择"创建新项目"，输入项目名称"高速计数器应用"，选择项目保存路径，然后单击"创建"按钮，创建项目完成，并完成项目硬件组态。

表 4-17　I/O 地址分配表

输入			输出		
设备名称	符号	I 元件地址	设备名称	符号	Q 元件地址
起动按钮	SB1	I0.0	接触器	KM	Q0.0
停止按钮	SB2	I0.1	指示灯	HL	Q0.5
热继电器	FR	I0.2			

3. 添加硬件中断组织块

完成项目硬件组态后，在项目树中依次双击"PLC_1"→"程序块"→"添加新块"选项，在打开的添加新块对话框中，依次单击"组织块"→"Hardware interrupt"选项，其他均采用默认设置，单击"确定"按钮，添加一硬件中断组织块 OB40。

4. 配置高速计数器

在项目树中用鼠标右键单击"PLC_1"，在弹出的下拉列表中，单击"属性"执行，在打开的"属性"对话框中，依次单击"常规"→"高速计数器（HSC）"→"HSC1"选项，对高速计数器 HSC1 参数进行设置。

1）单击"HSC1"下的"常规"选项，在右边的窗口勾选"启用该高速计数器"复选框，启用 HSC1，如图 4-42 所示。

图 4-42　高速计数器"常规"选项

2）单击"HSC1"下的"功能"选项，设置高速计数器的计数类型、工作模式和初始计数方向，如图 4-43 所示。

图 4-43　高速计数器"功能"选项

3）单击"HSC1"下的"初始值"选项，设置高速计数器的初始计数器值、初始参考值、初始参考值 2，如图 4-44 所示。

4）单击"HSC1"下的"事件组态"选项，勾选"为计数器值等于参考值这一事件生成中断。"复选框，在"硬件中断"下拉列表中选择新建的硬件中断"Hardware interrupt"组织块 OB40，如图 4-45 所示。

5）单击"HSC1"下的"硬件输入"选项，配置编码器信号输入点，如图 4-46 所示。配置的输入点一定要与实际接线时的输入信号地址一致。

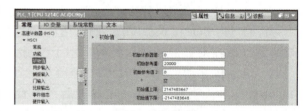

图 4-44　高速计数器"初始值"选项

6）单击"HSC1"下的"I/O 地址"选项，配置高速计数器记录的脉冲数存储地址，脉冲数存储地址是一个双整数的存储空间，对于 HSC1，其默认的起始地址为 ID1000，如

图 4-47 所示。配置的输入点一定要与实际接线时的输入信号地址一致。

图 4-45 高速计数器"事件组态"选项

图 4-46 高速计数器"硬件输入"选项

7）依次单击常规选项卡的"DI 14/DQ 10 地址"→"数字量输入"→"通道 3"选项，选择输入滤波器的时间，如图 4-48 所示。按照同样的方法选择通道 4 输入滤波器的时间，如图 4-49 所示。

图 4-47 I/O 地址配置

图 4-48 通道 3 输入滤波时间的选择

5. 编制程序

（1）硬件中断组织块程序　在项目树中，依次双击"PLC_1"下"程序块"→"Hardware interrupt[OB40]"选项，在打开的程序编辑区编写硬件中断组织块程序，如图 4-50 所示。

（2）OB1 程序　在项目树中，依次双击"程序块"→"Main[OB1]"选项，在打开的程序编辑区根据控制要求编写 OB1 程序，如图 4-51 所示。

图 4-49 通道 4 输入滤波时间的选择

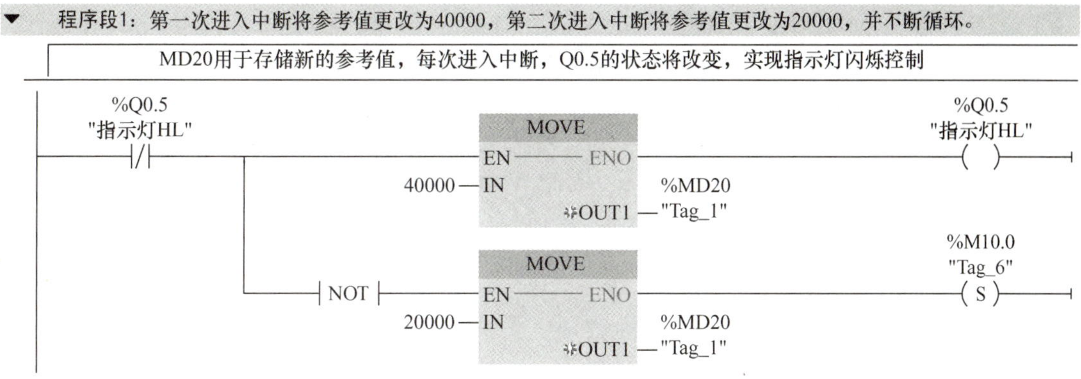

▼ 程序段1：第一次进入中断将参考值更改为40000，第二次进入中断将参考值更改为20000，并不断循环。

MD20用于存储新的参考值，每次进入中断，Q0.5的状态将改变，实现指示灯闪烁控制

```
    %Q0.5                                                          %Q0.5
   "指示灯HL"          MOVE                                        "指示灯HL"
    ──┤/├──────────EN ─── ENO──────────                          ──( )──
                 40000─IN
                       ❊OUT1─%MD20
                             "Tag_1"
                                                                  %M10.0
                                                                  "Tag_6"
    ──┤NOT├────────MOVE                                          ──( S )──
                   EN ─── ENO
                 20000─IN
                       ❊OUT1─%MD20
                             "Tag_1"
```

图 4-50 硬件中断组织块 OB40 程序

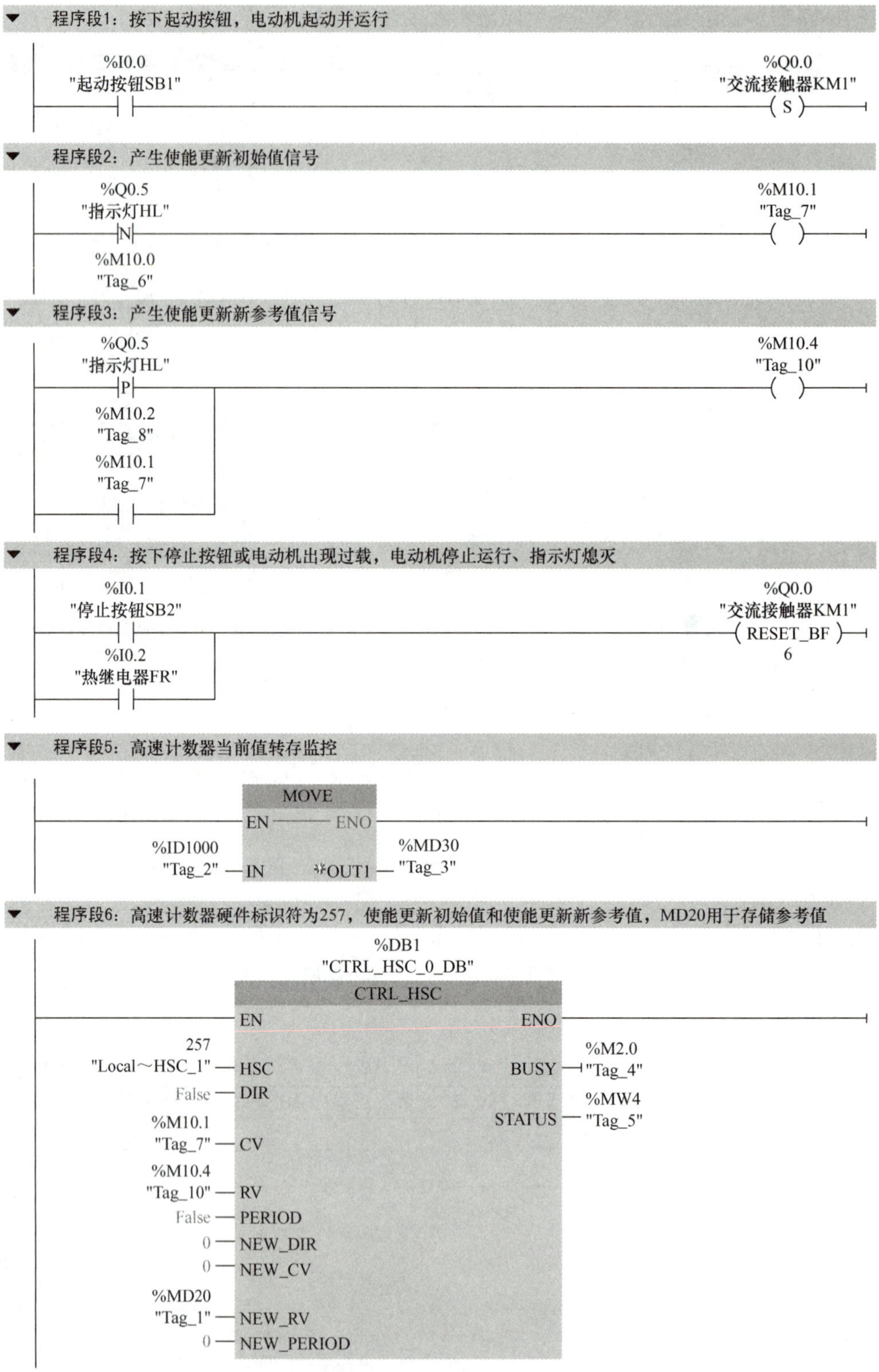

程序段1：按下起动按钮，电动机起动并运行

```
%I0.0                                          %Q0.0
"起动按钮SB1"                                  "交流接触器KM1"
──┤ ├──────────────────────────────────────────( S )──
```

程序段2：产生使能更新初始值信号

```
%Q0.5                                          %M10.1
"指示灯HL"                                     "Tag_7"
──┤N├──────────────────────────────────────────(   )──
%M10.0
"Tag_6"
```

程序段3：产生使能更新新参考值信号

```
%Q0.5                                          %M10.4
"指示灯HL"                                     "Tag_10"
──┤P├──────────────────────────────────────────(   )──
%M10.2
"Tag_8"
%M10.1
"Tag_7"
──┤ ├──
```

程序段4：按下停止按钮或电动机出现过载，电动机停止运行、指示灯熄灭

```
%I0.1                                          %Q0.0
"停止按钮SB2"                                  "交流接触器KM1"
──┤ ├──────────────────────────────────────────( RESET_BF )──
%I0.2                                               6
"热继电器FR"
──┤ ├──
```

程序段5：高速计数器当前值转存监控

```
            MOVE
          ┌───────┐
       ── EN   ENO──
%ID1000              %MD30
"Tag_2" ── IN  ✱OUT1──"Tag_3"
```

程序段6：高速计数器硬件标识符为257，使能更新初始值和使能更新新参考值，MD20用于存储参考值

```
                    %DB1
              "CTRL_HSC_0_DB"
              ┌──CTRL_HSC──┐
           ── EN        ENO──
       257                      %M2.0
"Local~HSC_1"── HSC     BUSY──"Tag_4"
     False── DIR               %MW4
    %M10.1              STATUS──"Tag_5"
    "Tag_7"── CV
    %M10.4
    "Tag_10"── RV
     False── PERIOD
         0── NEW_DIR
         0── NEW_CV
    %MD20
    "Tag_1"── NEW_RV
         0── NEW_PERIOD
```

图 4-51　高速计数器控制指示灯循环点亮主程序 OB1

六、任务总结

本任务主要介绍了 S7-1200 PLC 模拟量模块、标准化指令、缩放指令、高速计数器等相关知识。在此基础上以"三相异步电动机变频调速的 PLC 控制"为载体，进行了设备组态、程序编制、程序下载、硬件接线及调试运行，达到会应用模拟量控制的目标。然后拓展了高速计数器组态及编程应用。

梳理与总结

本项目通过两台电动机起停的 PLC 控制、三相异步电动机变频调速的 PLC 控制两个任务的学习与实践，达成掌握 S7-1200 PLC 函数块与模拟量控制应用的目标。

（1）S7-1200 PLC 用户程序中的块 S7-1200 PLC 用户程序中包含组织块（OB）、函数（FC）、函数块（FB）、数据块（DB），其中数据块又分为背景数据块和全局数据块。

1）组织块（OB）。用于 CPU 中特定的事件，可中断用户程序的执行。

2）函数（FC）。函数是用户编写的子程序，又称为功能，它包含完成特定任务的代码和参数。

3）函数块（FB）。函数块是用户编写的子程序，又称为功能块。

4）数据块（DB）。数据块是用于存放执行代码块时所需数据的区域，与代码块不同，数据块没有指令，STEP7 按数据生成的顺序自动地为数据块中的变量分配地址。

（2）S7-1200 PLC 模拟量控制

1）S7-1200 5 个型号产品中均带有两通道模拟量输入，其中 CPU1215C、CPU1217C 还带有两通道模拟量输出。

2）S7-1200 CPU 可以扩展的模拟量模块有：模拟量输入模块 SM 1231 AI4、SM 1231 AI8，模拟量输出模块 SM 1232 AQ2、SM1231 AQ4，模拟量输入/输出模块 SM 1234 AI4/ AQ2。无论是模拟量输入，还是模拟量输出，其信号只能用直流电压或直流电流表示。模拟量输入模块直流信号的范围为：±10V、±5V、±2.5V 或 0～20mA、4～20mA，模拟量输出模块直流信号的范围为：±10V 或 0～20mA、4～20mA。使用时模拟量模块扩展在 S7-1200 CPU 的右侧。

3）模拟量控制编程主要是用缩放指令（SCALE_X）和标准化指令（NORM_X）实现的。

（3）S7-1200 PLC 高速计数器 高速计数器经常使用在高频率场合，其特点是计数不受 PLC 扫描周期的影响。S7-1200 PLC 最多可以提供 6 个高速计数器，它们默认地址为 ID1000～ID1020，使用高速计数器可以通过组态和控制高速计数器指令（CTRL_HSC）实现。

复习与提高

一、填空题

1. S7-1200 PLC 用户程序包括_____和程序块，其中程序块有_____、_____

____和_____三种类型。

2. S7-1200 PLC 数据块用于_____，数据块中包含由用户程序使用的变量数据。数据块分为_____和_____两种类型。

3. S7-1200 PLC 调用_____、_____、功能性等指令及_____时均需要指定其背景数据块。

4. S7-1200 PLC 在梯形图调用函数块时，方框内参数是函数块的_____，方框外是它们对应的_____。方框的左侧是块的_____和_____，右侧是块的_____。

5. PLC 的模拟量信号可以用_____、_____表示。

6. S7-1200 PLC 的模拟量信号模块的型号有_____、_____和_____。

7. SM 1232 AQ2 是_____模拟量输出、分辨率为_____位二进制的模拟量输出模块。模拟量输出信号均可以是电压或电流，其中，电压的范围是_____，电流的范围是_____。

8. S7-1200 PLC 第 2 号槽扩展的模拟量输入模块的起始地址为_____，第 3 号槽扩展的模拟量输出模块的起始地址为_____。

9. S7-1200 PLC 最多可以为用户提供_____个高速计数器。

10. S7-1200 PLC 的高速计数器有_____、_____、_____、_____4 种工作模式。

11. 标准化指令（NORM_X）输入、输出之间的线性关系为：OUT=_____。

12. 对于 S7-1200 PLC，扩展模拟量模块时，将它安装在 CPU 模块的_____，扩展能力最强的 CPU 最多可以扩展_____模拟量模块，以增加模拟量输入、输出点。

二、判断题

1. SM 1231 AQ4 模拟量输入模块将接收的 4 路模拟量输入信号转换为数字量信号。（   ）

2. S7-1200 PLC 模拟量输入用 DI 表示。（   ）

3. S7-1200 PLC 模拟量输出用 AQ 表示。（   ）

4. S7-1200 PLC 编程时，当调用 FB 时会自动生成背景数据块，关闭 PLC 时背景数据块内的数据能保持不会丢失。（   ）

5. 函数与函数块的主要区别在于函数块有背景数据块，而函数没有背景数据块。（   ）

6. S7-1200 PLC 右侧最多只能扩展 8 台模拟量模块。（   ）

7. S7-1200 PLC 由 STOP 切换至 RUN 时，首先调用启动组织块 OB30。（   ）

8. S7-1200 PLC 用户程序中最多可以使用 6 个循环中断 OB 或延时中断 OB。（   ）

9. 标准化指令（NORM_X）的功能是将整数输入参数 VALUE（MIN≤VALUE≤MAX）线性转换为 0.0～1.0 之间的浮点数，转换结果保存在 OUT 指定的地址。（   ）

10. 循环中断组织块的编号为 20～23，或≥123。（   ）

11. 高速计数器在计数过程中不受 PLC 扫描周期的影响。（   ）

12. 控制高速计数器指令块输入端参数 RV=1 时，高速计数器将改变新参考值。（   ）

三、单项选择题

1. 在使用博途 STEP7 生成程序时，自动生成的块是（   ）。
A. OB100   B. OB1   C. FC1   D. FB1

2. 下列不属于 S7-1200 CPU 所支持的程序块类型的是（　　）。
A. LAD　　　　B. DB　　　　C. FC　　　　D. FB
3. 下列不属于高速计数器工作模式的是（　　）。
A. 单相计数，外部方向控制　　　B. 双相加/减计数
C. A/B 相正交计数器　　　　　　D. 监控 PTO 输出
4. 高速计数器 HSC1 的默认地址是（　　）。
A. ID1002　　B. ID1003　　C. ID1000　　D. ID1001
5. SM 1232 模拟量输出模块模拟量电压输出的范围是（　　）。
A. ±5V　　　B. ±2.5V　　C. 0～10V　　D. ±10V

四、简答题

1. 函数与函数块有何区别？
2. 在变量声明表内，所有声明的静态变量与临时变量有何区别？
3. 延时中断与定时器都可以实现延时，两者有何区别？
4. 全局数据块与背景数据块有何区别？
5. 如何组态模拟量输入模块的测量类型及测量范围？
6. 如何组态模拟量输出模块的信号类型及输出范围？

五、程序设计题

1. 试用函数 FC 实现电动机正反转运行控制。
2. 试用函数块 FB 实现两台电动机顺序起动逆序停止控制，延时时间均为 10s，在 FB 的输入参数中设置初始值或使用静态变量实现。
3. 试用循环中断实现两台电动机顺序起动的控制，顺序起动的延时时间为 10s。
4. 试用循环中断实现 8 盏灯以流水灯形式每隔 1.5s 点亮的控制。
5. 三相异步电动机变频调速控制。按下起动按钮，电动机以 40Hz 频率运行，在运行过程中根据生产的需要可以调节电动机的转速，当需要调高转速时，按下调高按钮，电动机便以 50Hz 的频率运行；当需要调低转速时，按下调低按钮，电动机便以 30Hz 的频率运行。运行过程中，若电动机出现故障或按下停止按钮，电动机应立即停止运行，试绘制 I/O 接线图并编写程序。
6. 某自动化流水线传送带系统由 1 台 S7-1200 PLC 控制，调试时要求按下调试按钮 SB，传送带驱动三相异步电动机分别以 40Hz、30Hz、20Hz 频率正向运行 30s、20s、10s 后自动停止，正向运行过程中绿灯 HL1 以 1Hz 频率闪烁。再次按下调试按钮 SB，传送带驱动三相异步电动机分别以 40Hz、30Hz、20Hz 频率反向运行 30s、20s、10s 后自动停止，反向运行时黄灯 HL2 以 1Hz 频率闪烁。试绘制 I/O 接线图并编写程序。

项目五

S7-1200 PLC 通信的编程及应用

教学目标	知识目标	1. 熟悉 S7-1200 PLC 使用的各种通信类型 2. 熟悉 S7-1200 PLC 串行通信、以太网通信相关协议 3. 掌握串口通信模块 CM1241 RS485 的硬件接线和使用方法 4. 掌握 Modbus RTU 通信、S7 通信和 TCP 通信的通信连接组态方法及程序编制
	能力目标	1. 能正确安装 CPU 模块、串行通信模块 2. 能合理分配 I/O 地址,绘制 I/O 接线图,并完成输入 / 输出的接线 3. 会制作串行通信、以太网通信的通信线并能正确连接通信线 4. 会使用博途编程软件组态硬件设备、组态串行通信和以太网通信连接,应用相关通信指令编制梯形图并下载到 CPU 5. 能进行程序的仿真和在线调试
	素质目标	1. 培养求真务实的科学态度,对工程技术精益求精,增强创新素养 2. 发挥团队合作,取长补短,提高综合能力
教学重点		以太网通信的编程应用
教学难点		串行通信的编程应用
参考学时		12~18 学时

◆ 任务一 / 两组流水灯正反向运行 PLC 控制的 Modbus RTU 通信

一、任务导入

S7-1200 PLC 向其他仪器仪表读取数据、S7-1200 PLC 之间的串行通信都可以通过 RS485 串口标准实现。本任务以两组流水灯正反向运行 PLC 控制的 Modbus RTU 通信为例,介绍 S7-1200 PLC 串行通信的相关知识及编程应用。

二、知识链接

(一) 串行通信简介

1. 串行通信基础知识

串行通信是指 PLC 与仪器和仪表等设备之间通过数据信号线连接,并按位传输数据的一种通信方式。串行通信方式使用的数据线少,非常适用于远距离通信。

串行通信按照数据流的方向分为单工、半双工和全双工三种方式,按照传输数据格式分为同步通信和异步通信两种模式。PLC 串行通信的电气接口标准主要分为 RS232、RS422 和 RS485 三种类型,其中 RS232 和 RS485 是最常用的两种类型。

(1) 并行通信和串行通信

1) 并行通信。并行通信是以字节或者字为单位的数据传输方式，需要多根数据线和控制线，虽然传输速度比串行通信的传输速度快，但由于信号容易受到干扰，在工业应用中很少使用。

2) 串行通信。串行通信是以二进制数为单位的数据传输方式，每次只传送一位，最多只需要两根传输线即可完成数据传送，由于抗干扰能力较强，其通信距离可以达到几千米，在工业自动化控制应用中，通常选择串行通信方式。

串行通信又可分为异步通信和同步通信。

① 同步通信。同步通信是一种以字节（一个字节由 8 位二进制数组成）为单位传送数据的通信方式，一次通信只传送一帧信息。这里的信息帧与异步通信中的字符帧不同，通常含有 1～2 个数据字符。

信息帧均由同步字符、数据字符和校验字符（CRC）组成。其中，同步字符位于帧开头，用于确定数据字符的开始；数据字符在同步字符之后，个数没有限制，由所需传送的数据块长度决定；校验字符有 1～2 个，以便接收端对接收到的字符序列进行正确性的校验。

同步通信的缺点是要求发送时钟和接收时钟保持严格的同步。

② 异步通信。在异步通信中，数据通常以字符或者字节为单位组成字符帧传送。字符帧由发送端逐帧发送，通过传输线被接收设备逐帧接收。发送端和接收端可以由各自的时钟来控制数据的发送和接收，这两个时钟源彼此独立，互不同步。

异步通信的数据格式如图 5-1 所示。

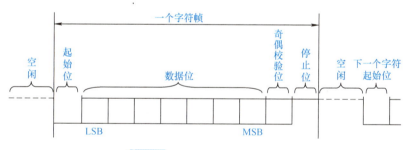

图 5-1 异步通信的数据格式

起始位：位于字符帧开头，占 1 位，始终为逻辑"0"电平，用于向接收设备表示发送端开始发送一帧信息。

数据位：紧跟在起始位之后，可以设置为 5 位、6 位、7 位、8 位，低位在前，高位在后。

奇偶校验位：位于数据位之后，仅占 1 位，用于表示串行通信中采用奇校验还是偶校验。

停止位：位于字符帧最后，始终为逻辑"1"电平，用于向接收设备表示字符帧发送完毕。

接收端检测到传输线上发送过来的低电平逻辑"0"（即字符帧起始位）时，确定发送端已开始发送数据，每当接收端收到字符帧中的停止位时，就知道一帧字符已经发送完毕。

异步通信的优点是不需要传送同步脉冲，字符帧长度也不受限制；缺点是字符帧中因包含了起始位和停止位，因此降低了有效数据的传输速率。

PLC 与其他设备通信主要采用串行异步通信方式。

(2) 数据传输方向　在串行通信中，根据数据的传输通方向不同，可分为单工、半双工、全双工三种通信方式，如图 5-2 所示。

1）单工通信方式。单工通信方式就是指信息的传送始终保持同一方向，而不能进行反向传送，即只允许数据按照一个固定方向传送，通信两点中的一点为接收端，另一点为发送端，且这种确定是不可更改的，如图 5-2a 所示。其中 A 端只能作为发送端，B 端只能作为接收端。

2）半双工通信方式。半双工通信就是指信息可在两个方向上传输，但同一时刻只限于一个方向传送，如图 5-2b 所示。其中 A 端发送 B 端接收，或者 B 端发送 A 端接收。

3）全双工通信方式。全双工通信能在两个方向上同时发送和接收，如图 5-2c 所示。A 端和 B 端同时作为发送端、接收端。

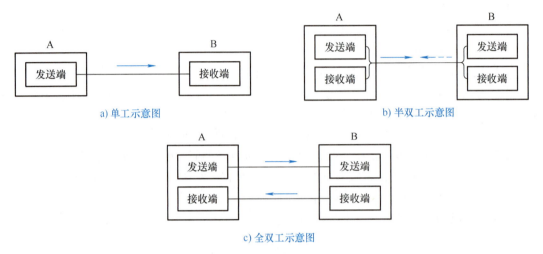

图 5-2 数据通信方式示意图

PLC 使用半双工或全双工异步通信方式。

（3）PLC 常用串行通信接口标准　PLC 通信主要采用串行异步通信，其中常用的串行通信接口标准有 RS232、RS422 和 RS485，其中 RS232 和 RS485 比较常用。

1）RS232 接口。RS232 接口是 PLC 与仪器和仪表等设备通信的一种串行通信接口，它以全双工方式工作，需要发送线、接收线和地线三条线。RS232 只能实现点对点的通信。逻辑 "1" 的电平为 $-15 \sim -5V$，逻辑 "0" 的电平为 $5 \sim 15V$。通常 RS232 接口以 9 针 D 形接头出现，其接线图如图 5-3 所示。

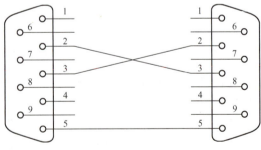

图 5-3　RS232 接线图

2）RS485 接口。RS485 接口是 PLC 与仪器和仪表等设备通信的一种串行通信接口方式，采用两线制方式，组成半双工通信网络。在 RS485 通信网络中一般采用主从通信方式，即一个主站带多个从站，RS485 采用差分信号，逻辑 "1" 电平为 $2 \sim 6V$，逻辑 "0" 的电平为 $-6 \sim -2V$，其网络如图 5-4 所示，RS485 需要在总线电缆的开始和末端都并接终端电阻，终端电阻阻值一般为 120Ω。

RS485 接口一般采用 9 针的 D 形连接器。普通计算机一般不配备 RS485 接口，但工业控制计算机和小型 PLC 上都设有 RS485 通信接口。

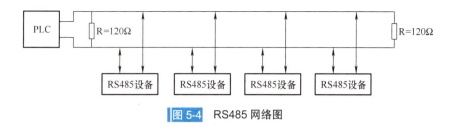

图 5-4　RS485 网络图

3) RS232 接口与 RS485 接口的区别。

① 从电气特性上，RS485 接口信号电平比 RS232 接口信号电平低，不易损坏接口电路。

② 从接线上，RS232 是三线制，RS485 是两线制。

③ 从传输距离上，RS232 传输距离最大约为 15m，RS485 传输距离可以达到 1000m 以上。

④ 从传输方式上，RS232 是全双工传输，RS485 是半双工传输。

⑤ 从协议层上，RS232 一般针对点对点通信使用，而 RS485 支持总线形式通信，即一个主站带多个从站，建议不超过 32 个从站。

(4) 串行通信的常数　串行通信网络中的设备，通信参数必须匹配，才能保证通信正常。通信参数主要包括波特率、数据位、停止位和奇偶校验位。

1) 波特率 (Bit Per Second, 简称 bps, 单位 bit/s) 是通信速度的参数，表示每秒钟传送位的个数。例如：300bit/s 表示每秒钟发送 300 个位。串行通信典型的波特率为 600bit/s、1200bit/s、2400bit/s、4800bit/s、9600bit/s、19200bit/s 和 38400bit/s 等。

2) 数据位。数据位是通信中实际数据位数的参数，典型值为 7 位和 8 位。

3) 停止位。用于表示单个数据包的最后一位，典型值为 1 位或 2 位。

4) 奇偶校验位。奇偶校验是串行通信中一种常用的校验方式，有三种校验方式：奇校验、偶校验和无校验。通信时，应设定串口奇偶校验位，以确保传输的数据有偶数个或者奇数个逻辑高位，例如，如果数据是 0110 0011，那么对于偶数校验，奇校验位为 0。

2. 串口通信模块及支持的协议

(1) 串口通信模块　S7-1200 PLC 的串行通信需要增加通信模块或者通信板来扩展 RS232 或 RS485 电气接口。S7-1200 PLC 有 3 种串口通信模块（CM1241 RS232、CM1241 RS422/485 和 CM1241 RS485）和 1 种通信板（CB1241 RS485)，它们的外观分别如图 5-5 和图 5-6 所示。

图 5-5　串口通信模块　　图 5-6　串口通信板

串口通信模块安装在 S7-1200 CPU 的左侧，最多扩展 3 个通信模块。通信板安装在 S7-1200 CPU 的正面插槽中，最多扩展 1 个通信板。S7-1200 CPU 同时最多扩展 4 个串行通信接口，各模块的相关信息见表 5-1。

表 5-1　串口通信模块和通信板

类型	CM1241 RS232	CM1241 RS485	CM1241 RS422/485	CB1241 RS485
订货号	6ES7241-1AH32-0XB0	6ES7241-1CH30-0XB0	6ES7241-1CAH32-0XB0	6ES7241-1CH30-1XB0
接口类型	RS232	RS485	RS422/485	RS485

CM1241 RS422/485 串口通信模块上集成了一个 9 针 D 形母接头，RS422/485 采用差分

传输方式，RS422 为全双工模式，RS485 为半双工模式，符合 RS485 接口标准，连接电缆为 3 芯屏蔽电缆，最长可达 1000m。CM1241 RS422/485 接口各引脚分布及功能描述见表 5-2。

表 5-2　CM1241 RS422/485 接口各引脚分布及功能描述

连接器	引脚号	引脚名称	功能描述
	1	SG 或 GND	逻辑接地或通信接地
	2	TxD+①	用于连接 RS422，不适用于 RS485：输出
	3	RxD/TxD+②	信号 B (RxD/TxD+)：输入/输出
	4	RTS③	请求发送（TTL 电平）输出
	5	GND	逻辑接地或通信接地
	6	PWR	+5V 与 100Ω 串联电阻：输出
	7	—	未使用
	8	RxD/TxD-②	信号 A (RxD/TxD-)：输入/输出
	9	TxD-①	用于连接 RS422 不适用于 RS485：输出
		SHELL	机壳接地

① 引脚 2（TxD+）和引脚 9（TxD-）是 RS422 的传送信号。

② 引脚 3（RxD/TxD+）和引脚 8（RxD/TxD-）是 RS485 的传送和接收信号。对于 RS422，引脚 3 是 RxD+，引脚 8 是 RxD-。

③ RTS 是 TTL 电平信号，可用于控制基于该信号进行工作的其它半双工设备。该信号会在发送时激活，在所有其它时刻都不激活。

（2）支持的协议　S7-1200 PLC 主要支持的常用通信协议有自由口协议（ASCⅡ）和 Modbus RTU 协议，USS 协议，见表 5-3。

表 5-3　S7-1200 PLC 主要支持的常用通信协议

类型	CM1241 RS232	CM1241 485	CM1241 RS422/485	CB1241 RS485
自由口	√	√	√	√
Modbus RTU	√	√	√	√
USS	×	√	√	√

注：√表示支持，×表示不支持。

（3）通信模块和通信板指示灯功能说明　串口通信模块 CM1241 有三个 LED 指示灯：DIAG、Tx 和 Rx；串口通信板 CB1241 有两个 LED 指示灯：TxD 和 RxD。其指示灯功能说明见表 5-4。

表 5-4　串口通信模块和通信板指示灯

指示灯	功能	说明
DIAG	诊断显示	红闪：CPU 未正确识别到通信模块，诊断 LED 会一直红色闪烁 绿闪：CPU 上电后已经识别到通信模块，但是通信模块还没有配置 绿灯：CPU 已经识别到通信模块，且配置也已经下载到了 CPU 中
Tx/TxD	发送显示	通信端口向外传送数据时，LED 指示灯点亮
Rx/RxD	接收显示	通信端口接收数据时，LED 指示灯点亮

(二)数组（Array）

数组（Array）是由固定数目的同一种数据类型的元素组成的数据结构。可以创建包含多个相同数据类型的元素的数组，可为数组命名并选择数据类型"Array [lo..hi] of type"。其中"lo"（low）和"hi"（high）分别是数组元素下标的起始（下限）和结束（上限），两者之间用两个小数点隔开，它们可以是任意的整数（-32768～32767），下限值应小于等于上限值；"type"是数组元素的数据类型，例如 Bool、SInt、UDInt。允许使用除 Array、Variant（指针）类型之外的所有数据类型作为数组的元素，数组维数最多为 6 维。数组元素通过下标进行寻址。

示例：数组声明

Array[1..10] of Real 一维，10 个实数元素

Array[-5..10] of Int 一维，16 个整数元素

Array[1..3, 4..6] of Char 二维，6 个字符元素

图 5-7 给出了一个名为"电动机电流"的二维数组 Array[1..2, 1..3] of Byte 的内部结构，它一共有 6 个字节型元素，第一维的下标 1、2 是电动机编号，第二维的编号 1、2、3 是三相电流的序号。如数组元素"电动机电流 [1,2]"是 1 号电动机的第二相电流。

在用户程序中，可以用符号地址"数据块_1".电动机电流 [1,2] 进行访问。

图 5-7　二维数组的结构

(三) Modbus RTU 通信

1. 功能简介

（1）概述　Modbus 串行通信协议是由 Modicon 公司 1979 年开发的，在工业自动化控制领域得到了广泛应用，已成为一种通用的工业标准协议，许多工业设备都通过 Modbus 串行通信协议连成网络，进行集中控制。

Modbus 串行通信协议有 Modbus ASCⅡ和 Modbus RTU 两种模式，Modbus RTU 协议通信效率较高，应用更为广泛。Modbus RTU 协议是基于 RS232 或 RS485 串行通信的一种协议，数据通信采用主、从方式进行传送，主站发出具有从站地址的数据报文，从站接收到报文后发送相应报文到主站进行应答。Modbus RTU 网络上只能有一个主站存在，主站在 Modbus RTU 网络上没有地址，每个从站必须有唯一的地址，从站的地址范围为 0～247，其中 0 为广播地址，从站的实际地址范围为 1～247。使用通信模块 CM1241 RS232 作为 Modbus RTU 主站时，只能与 1 个从站通信，使用通信模块 CM1241 RS485 或 CM1241 RS422/485 作为 Modbus RTU 主站时，最多可以与 32 个从站通信。

（2）报文结构　Modbus RTU 协议报文结构见表 5-5。

表 5-5　Modbus RTU 协议报文结构

从站地址码	功能码	数据区	错误校验码	
			2B	
1B	1B	（0～252）B	CRC 低	CRC 高

1）从站地址码表示 Modbus RTU 从站地址，1B。
2）功能码表示 Modbus RTU 的通信功能，1B。
3）数据区表示传输的数据，N（0～252）个字节，格式由功能码决定。
4）错误校验码用于数据校验，2B。

（3）功能码及数据地址　Modbus 设备之间数据交换是通过功能码实现的，功能码有按位操作，也有按字操作。

在 S7-1200 PLC Modbus RTU 通信中，不同的 Modbus RTU 数据地址区对应不同的 S7-1200 PLC 数据区，常用的功能码及数据地址区见表 5-6。

表 5-6　Modbus 功能码及数据地址区

功能码	描述	位/字操作	Modbus 数据地址	数据地址区
01	读取数据位	位操作	00001～09999	Q0.0～Q1023.7
02	读取输入位	位操作	10001～19999	I0.0～I1023.7
03	读取保存寄存器	字操作	40001～49999	字 0～9998
			400001～465535	字 0～65534
04	读取输入字	字操作	30001～39999	IW0～IW1022
05	写一个输出位	位操作	00001～09999	Q0.0～Q1023.7
06	写一个保持寄存器	字操作	40001～49999	字 0～9998
			400001～465535	字 0～65534
15	写多个输出位	位操作	00001～09999	Q0.0～Q1023.7
16	写多个保持寄存器	字操作	40001～49999	字 0～9998
			400001～465535	字 0～65534

报文举例：从站地址：02，功能码：06，数据地址：0002，数据区：0014，错误校验码：9804。

该例报文这一串数据的作用是把数据 16#0014（十进制数为 20）写入 02 号从站的地址 16#0002。

2. 通信指令

在指令窗格中依次选择"通信"→"通信处理器"→"MODBUS（RTU）"选项，出现 Modbus RTU 指令列表，如图 5-8 所示。

Modbus RTU 指令主要包括 3 条指令，Modbus_Comm_Load（通信参数装载指令）、Modbus_Master（主站通信指令）和 Modbus_Slave（从站通信指令），每个指令块拖拽到程序工作区中将自动分配背景数据块，背景数据块的名称可自行修改，背景数据块的编号可以手动或自动分配。

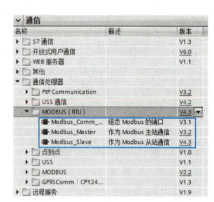

图 5-8　Modbus RTU 指令列表

（1）Modbus_Comm_Load 指令　Modbus_Comm_Load 指令用于组态 RS232 和 RS485 通信模块端口的通信参数，以便进行 Modbus RTU 协议通信。每个 Modbus RTU 通信的端口都必须执行一次 Modbus_Comm_Load 指令来组态。该指令的格式及输入/输出端子参数的说明见表 5-7。

表 5-7 Modbus_Comm_Load 指令的格式及端子参数的说明

LAD/FBD	参数	数据类型	说明
%DB1 "Modbus_Comm_ Load_DB" Modbus_Comm_Load —EN ENO— —REQ DONE— —PORT ERROR— —BAUD STATUS— —PARITY —FLOW_CTRL —RTS_ON_DLY —RTS_OFF_DLY —RESP_TO —MB_DB	REQ	Bool	在上升沿时执行该指令
	PORT	Port	通信端口的硬件标识符。安装并组态通信模块后，通信端口的硬件标识符将出现在 PORT 功能框连接的"参数助手"下拉列表中。通信端口的硬件标识符在 PLC 变量表的"系统常数"(System constants) 选项卡中指定并可应用于此处
	BAUD	UDInt	选择通信波特率：300bit/s、600 bit/s、1200 bit/s、2400 bit/s、4800 bit/s、9600 bit/s、19200 bit/s、38400 bit/s、57600 bit/s、76800 bit/s、115200 bit/s
	PARITY	UInt	选择奇偶校验：0- 无；1- 奇数校验；2- 偶数校验
	FLOW_CTRL	UInt	流控制选择：0-（默认值）无流控制
	RTS_ON_DLY	UInt	RTS 接通延时选择：0-（默认值）
	RTS_OFF_DLY	UInt	RTS 关断延时选择：0-（默认值）
	RESP_TO	UInt	响应超时："Modbus_Master"允许用于从站响应的时间（以 ms 为单位）。如果从站在此时间段内未响应，"Modbus_Master"将重试请求，或者在发送指定次数的重试请求后终止请求并提示错误。默认值为 1000
	MB_DB	MB_BASE	对"Modbus_Master"或"Modbus_Slave"指令所使用的背景数据块的引用。在用户的程序中放置"Modbus_Master"或"Modbus_Slave"后，该 DB 标识符将出现在 MB_DB 功能框连接的"参数助手"下拉列表中
	DONE	Bool	如果上一个请求完成并且没有错误，DONE 位将变为 TRUE 并保持一个周期
	ERROR	Bool	如果上一个请求完成出错，那么 ERROR 位将变为 TRUE 并保持一个周期。STATUS 参数中的错误代码仅在 ERROR = TRUE 的周期内有效
	STATUS	Word	错误代码

指令使用说明如下：

① 在进行 Modbus RTU 通信前，必须先执行 Modbus_Comm_Load 指令组态模块通信端口，然后才能使用通信指令进行 Modbus RTU 通信。在启动 OB 块中调用 Modbus_Comm_Load，或者在 OB1 中使用首次循环标志位调用执行一次。

② 将"Modbus_Master"和"Modbus_Slave"指令拖拽到用户程序中时，将为其分配背景数据块，Modbus_Comm_Load 指令的 MB_DB 参数将引用该背景数据块。

（2）Modbus_Master 指令　Modbus_Master 指令可通过由 Modbus_Comm_Load 指令组态的端口作为 Modbus RTU 主站进行通信，该指令的格式及端子参数的说明见表 5-8。

（3）Modbus_Slave 指令　Modbus_Slave 指令可通过由 Modbus_Comm_Load 指令组态的端口作为 Modbus RTU 从站进行通信，该指令的格式及端子参数的说明见表 5-9。

表 5-8 Modbus_Master 指令的格式及端子参数的说明

LAD/FBD	参数	数据类型	说明
%DB2 "Modbus_Master_DB" Modbus_Master —EN ENO— —REQ DONE— —MB_ADDR BUSY— —MODE ERROR— —DATA_ADDR STATUS— —DATA_LEN —DATA_PTR	REQ	Bool	在上升沿时执行该指令
	MB_ADDR	UInt	Modbus RTU 从站地址。标准地址范围：1～247
	MODE	USInt	模式选择：0—读操作；1—写操作
	DATA_ADDR	UDInt	从站中的起始地址：指定 Modbus 从站中将访问的数据的起始地址
	DATA_LEN	UInt	数据长度：指定此指令将访问的位或字的个数
	DATA_PTR	Variant	数据指针：指向要进行数据写入或数据读取的标记或数据块地址
	DONE	Bool	如果上一个请求完成并且没有错误，DONE 位将变为 TRUE 并保持一个周期
	BUSY	Bool	0—无激活命令；1—命令执行中
	ERROR	Bool	如果上一个请求完成出错，那么 ERROR 位将变为 TRUE 并保持一个周期。如果执行因错误而终止，那么 STATUS 参数中的错误代码仅在 ERROR = TRUE 的周期内有效
	STATUS	Word	错误代码

指令使用说明如下：

① 同一串行通信端口只能作为 Modbus RTU 主站或者从站；

② 同一串行通信端口使用多个 Modbus_Master 指令时，Modbus_Master 指令必须使用同一个背景数据块，用户程序必须使用轮询方式执行指令。

表 5-9 Modbus_Slave 指令的格式及端子参数的说明

LAD/FBD	参数	数据类型	说明
%DB3 "Modbus_Slave_DB" Modbus_Slave —EN ENO— —MB_ADDR NDR— —MB_HOLD_REG DR— ERROR— STATUS—	MB_ADDR	UInt	Modbus 从站的地址，默认地址范围：0～247
	MB_HOLD_REG	Variant	Modbus 保持寄存器 DB 数据块的指针：Modbus 保持寄存器可能为 M 存储区或者数据块的存储区
	NDR	Bool	新数据就绪：0—无新数据；1—新数据已由 Modbus 主站写入
	DR	Bool	数据读取：0—未读取数据；1—该指令已将 Modbus 主站接收到的数据存储在目标区域中
	ERROR	Bool	如果上一个请求完成出错，那么 ERROR 位将变为 TRUE 并保持一个周期。如果执行因错误而终止，那么 STATUS 参数中的错误代码仅在 ERROR = TRUE 的周期内有效
	STATUS	Word	错误代码

三、任务实施

（一）任务目标

1）熟练掌握串行通信模块 CM1241 RS422/485 接线和使用。

2）学会 S7-1200 PLC I/O 接线。

3）学会串行通信模块端口组态，并能根据控制要求编写梯形图程序。

4）熟练使用博途编程软件进行设备组态、梯形图程序编制并下载至 CPU 进行调试运行，查看运行结果。

（二）设备与器材

本任务实施所需设备与器材见表 5-10。

表 5-10　所需设备与器材

序号	名称	符号	型号规格	数量	备注
1	常用电工工具		十字螺钉旋具、一字螺钉旋具、尖嘴钳、剥线钳等	2 套	表中所列设备、器材的型号规格仅供参考
2	计算机（安装博途编程软件）			2 台	
3	西门子 S7-1200 PLC	CPU	CPU 1214C AC/DC/Rly，订货号：6ES7 214-1AG40-0XB0	2 台	
4	通信模块	CM	CM1241 RS422/485，订货号：6ES7 241-1CH32-0XB0	2 块	
5	以太网通信电缆			1 根	
6	RS485 串行通信电缆			1 根	
7	连接导线			若干	

（三）内容与步骤

1. 任务要求

两台 S7-1200 PLC 之间进行 Modbus RTU 通信，一台作为主站，另一台作为从站。要求在主站上按下起动按钮能控制从站上 8 盏指示灯每隔 1s 依次反向循环点亮，按下停止按钮时立即熄灭；在从站上按下起动按钮能控制主站上 8 盏指示灯每隔 1s 依次正向循环点亮，按下停止按钮时立即熄灭。

2. I/O 地址分配与接线图

根据控制要求确定 I/O 点数，两台 PLC I/O 地址分配（两台相同）见表 5-11。

表 5-11　I/O 地址分配表

输入			输出		
设备名称	符号	I 元件地址	设备名称	符号	Q 元件地址
起动按钮	SB1	I0.0	第 1 盏指示灯	HL1	Q0.0
停止按钮	SB2	I0.1	第 2 盏指示灯	HL2	Q0.1
			…	…	…
			第 8 盏指示灯	HL8	Q0.7

根据 I/O 地址分配表绘制 I/O 接线图，如图 5-9 所示。两台 PLC 均扩展了串行通信模块 CM1241 RS422/485，用双绞线将两通信模块连接起来。

3. 创建工程项目

打开博途编程软件，在 Portal 视图中选择"创建新项目"，输入项目名称"5RW_1"，选择项目保存路径，然后单击"创建"按钮，创建项目完成。

4. 硬件组态

在项目树中双击"添加新设备"，添加设备名称为"PLC_1"，设备型号为"CPU1214C AC/DC/Rly"（订货号：6ES7 214-1AG40-0XB0），打开 PLC_1 的设备视图，在右边的硬件目录窗口依次单击"通信模块"→"点到点"→"CM1241（RS422/485）"文件夹前面下拉按钮 ▶，在打开的"CM1241（RS422/485）"文件夹中，将订货号"6ES7 241-1CH32-0XB0"

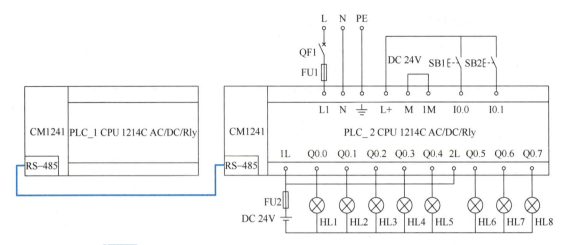

图 5-9 两组流水灯正反向运行 PLC 控制的 Modbus RTU 通信 I/O 接线图

的模块拖放到 CPU 左边的 101 号槽。选中该模块，依次单击其巡视窗口的"属性"→"常规"选项，然后单击"RS422/485 接口"前面下拉按钮 ▶，在展开的各选项中单击"端口组态"选项，可以在右边的窗口设置串口通信模块的参数，端口组态如图 5-10 所示；按上述方法再次添加设备名称为"PLC_2"的设备 CPU1214C 和点到点通信模块 CM1241 RS422/485，配置的规格与订货号和 PLC_1 配置的相同；启用系统存储字节 MB1，组态完成后分别对其进行编译和保存。

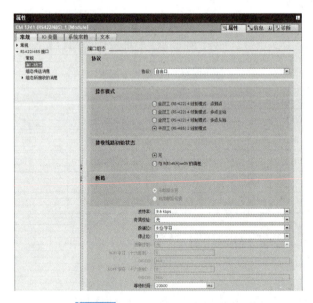

图 5-10 串行通信模块端口组态

5. 编辑表量表

在项目树中，单击"PLC_1[CPU1214C AC/DC/Rly]（PLC_2[CPU1214C AC/DC/Rly]）"下"PLC 变量"文件夹前下拉按钮 ▶，在打开的"PLC 变量"文件夹中双击"添加新变量表"选项，在生成的"变量表 _1[0]（变量表 _1[0]）"中，根据控制要求编辑变量表，如图 5-11 所示。

5RW_1 ▸ PLC_1 [CPU 1214C AC/DC/Rly] ▸ PLC 变量 ▸ 变量表_1 [23]

变量　用户常量

变量表_1

	名称	数据类型	地址	保持	可从 ...	从 H...	在 H...
1	通信组态完成	Bool	%M10.1	☐	☑	☑	☑
2	通信组态错误	Bool	%M10.2	☐	☑	☑	☑
3	通信组态状态	Word	%MW12	☐	☑	☑	☑
4	主站读取完成	Bool	%M20.1	☐	☑	☑	☑
5	主站读取进行	Bool	%M20.2	☐	☑	☑	☑
6	主站读取错误	Bool	%M20.3	☐	☑	☑	☑
7	主站读取状态	Word	%MW22	☐	☑	☑	☑
8	主站写入完成	Bool	%M30.1	☐	☑	☑	☑
9	主站写入进行	Bool	%M30.2	☐	☑	☑	☑
10	主站写入错误	Bool	%M30.3	☐	☑	☑	☑
11	主站写入状态	Word	%MW32	☐	☑	☑	☑
12	主站读取使能	Bool	%M40.1	☐	☑	☑	☑
13	主站写入使能	Bool	%M40.2	☐	☑	☑	☑
14	起动按钮SB1	Bool	%I0.0	☐	☑	☑	☑
15	停止按钮SB2	Bool	%I0.1	☐	☑	☑	☑
16	指示灯HL1	Bool	%Q0.0	☐	☑	☑	☑
17	指示灯HL2	Bool	%Q0.1	☐	☑	☑	☑
18	指示灯HL3	Bool	%Q0.2	☐	☑	☑	☑
19	指示灯HL4	Bool	%Q0.3	☐	☑	☑	☑
20	指示灯HL5	Bool	%Q0.4	☐	☑	☑	☑
21	指示灯HL6	Bool	%Q0.5	☐	☑	☑	☑
22	指示灯HL7	Bool	%Q0.6	☐	☑	☑	☑
23	指示灯HL8	Bool	%Q0.7	☐	☑	☑	☑

a) PLC_1变量表

5RW_1 ▸ PLC_2 [CPU 1214C AC/DC/Rly] ▸ PLC 变量 ▸ 变量表_1 [17]

变量　用户常量

变量表_1

	名称	数据类型	地址	保持	可从 ...	从 H...	在 H...
1	起动按钮SB1	Bool	%I0.0	☐	☑	☑	☑
2	停止按钮SB2	Bool	%I0.1	☐	☑	☑	☑
3	指示灯HL1	Bool	%Q0.0	☐	☑	☑	☑
4	指示灯HL2	Bool	%Q0.1	☐	☑	☑	☑
5	指示灯HL3	Bool	%Q0.2	☐	☑	☑	☑
6	指示灯HL4	Bool	%Q0.3	☐	☑	☑	☑
7	指示灯HL5	Bool	%Q0.4	☐	☑	☑	☑
8	指示灯HL6	Bool	%Q0.5	☐	☑	☑	☑
9	指示灯HL7	Bool	%Q0.6	☐	☑	☑	☑
10	指示灯HL8	Bool	%Q0.7	☐	☑	☑	☑
11	通信组态完成	Bool	%M10.1	☐	☑	☑	☑
12	通信组态错误	Bool	%M10.2	☐	☑	☑	☑
13	通信组态状态	Word	%MW12	☐	☑	☑	☑
14	从站数据更新	Bool	%M20.1	☐	☑	☑	☑
15	从站读取完成	Bool	%M20.2	☐	☑	☑	☑
16	从站通信错误	Bool	%M20.3	☐	☑	☑	☑
17	从站通信状态	Word	%MW22	☐	☑	☑	☑

b) PLC_2变量表

图 5-11　两组流水灯正反向运行 PLC 控制的 Modbus RTU 通信变量表

6. 编写程序

在项目树中分别打开 PLC_1 和 PLC_2 下的“程序块”文件夹，双击“Main[OB1]”，分别在程序编辑区编写主站和从站的程序，如图 5-12 所示。本任务设置通信端口为 Modbus RTU 模式，采用在首次循环标志位执行一次 M1.0 实现。

在使用 Modbus RTU 通信时，应注意以下几点：

1）Modbus_Comm_Load 指令背景数据块中的静态变量“MODE”用于描述通信模块的工作方式，设置为数值 4，表示半双工（RS485）两线制模式。

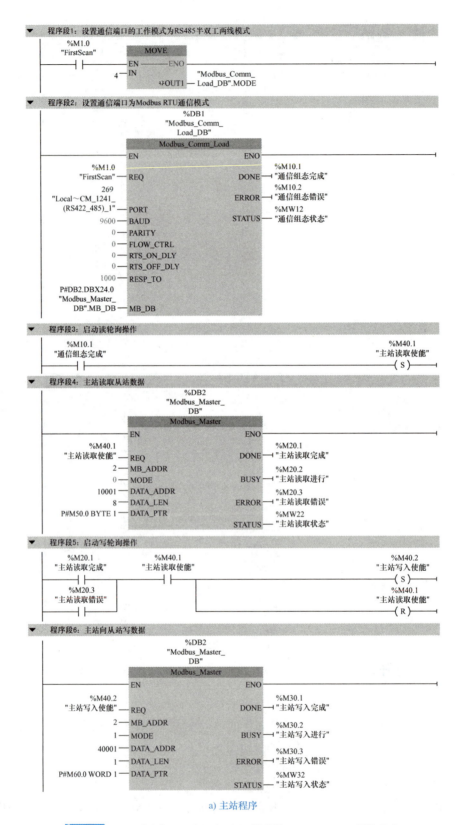

a) 主站程序

图 5-12 两组流水灯正反向运行 PLC 控制的 Modbus RTU 通信程序

项目五 S7-1200 PLC通信的编程及应用

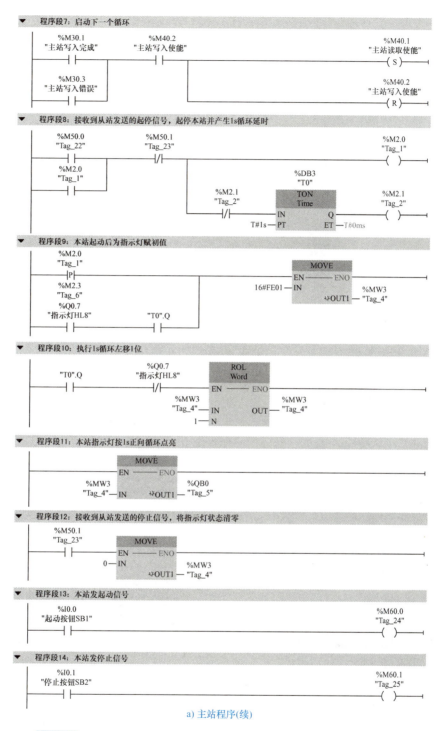

a) 主站程序(续)

图 5-12 两组流水灯正反向运行 PLC 控制的 Modbus RTU 通信程序（续）

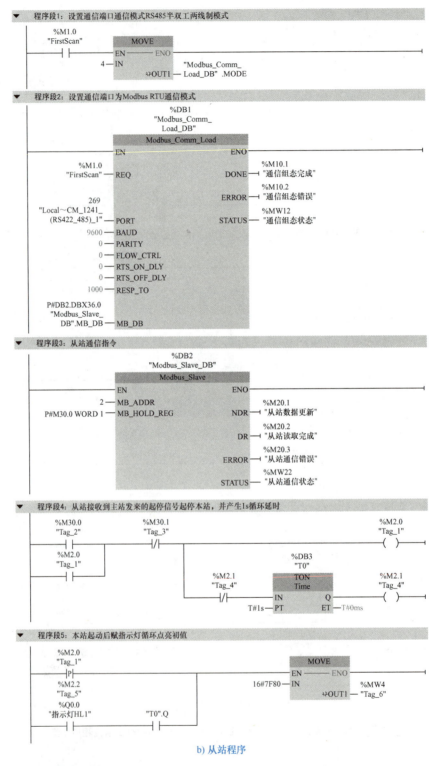

b) 从站程序

图 5-12 两组流水灯正反向运行 PLC 控制的 Modbus RTU 通信程序（续）

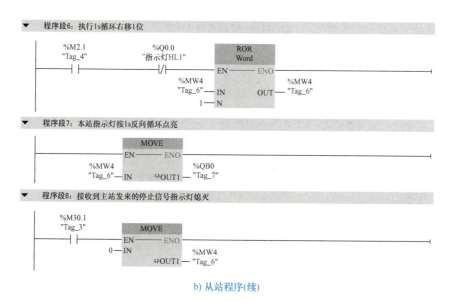

b) 从站程序（续）

图 5-12　两组流水灯正反向运行 PLC 控制的 Modbus RTU 通信程序（续）

2）Modbus_Master 指令因错误而终止后，ERROR 将变为 1 并保持一个扫描周期，并且 STATUS 参数中的错误代码值仅在 ERROR=1 的一个扫描周期内有效，因此，无法通过程序或监控表查看错误的状态。可采用编程方式将 ERROR 和 STATUS 参数读出。

3）Modbus RTU 通信是主 – 从协议，主站在同一时刻只能发起一个 Modbus_Master 指令请求。当需要调用多个 Modbus_Master 指令时，Modbus_Master 指令之间需要采用轮询方式调用，并且多个 Modbus_Master 指令需要使用同一个背景数据块。

7. 调试运行

将设备组态及两单元程序分别下载到 PLC_1、PLC_2 的 CPU 中，按图 5-9 进行两台 PLC 的 I/O 接线，并将两台 PLC 的通信模块 CM1241 用串行通信线连起来。启动 CPU，将 CPU 切换至 RUN 模式，按下 PLC_1 对应的起动按钮，观察 PLC_2 控制的 8 盏指示灯是否每隔 1s 依次反向循环点亮，若按下 PLC_1 对应的停止按钮，PLC_2 控制的流水灯立即熄灭。按下 PLC_2 对应的起动按钮，观察 PLC_1 控制的 8 盏指示灯是否每隔 1s 依次正向循环点亮，若按下 PLC_2 对应的停止按钮，PLC_1 控制的流水灯立即熄灭。若上述运行现象与控制要求完全相同，则说明本任务实现。否则需进一步调试，直至实现控制要求。

（四）分析与思考

1）在图 5-12 中，两台 PLC 在实现 Modbus RTU 通信过程中，主站程序中的 Modbus_Master 指令是如何进行轮询的？

2）在图 5-12 中，主站程序中 Modbus_Master 指令使用的是同一背景数据块吗？是否可以分别使用两个背景数据块？

3）若本任务中两台 PLC 控制的是两组跑马灯正反向运行，程序中 MW3、MW4 的初始值应该是多少？

四、任务考核

任务考核见表 5-12。

表 5-12 任务实施考核表

序号	考核内容	考核要求	评分标准	配分	得分
1	电路及程序设计	（1）能正确分配 I/O 地址，并绘制 I/O 接线图 （2）设备组态 （3）根据控制要求，正确编制梯形图	（1）I/O 地址分配错误或缺少，每个扣 5 分 （2）I/O 接线图设计不全或有错，每处扣 5 分 （3）CPU 组态、通信模块组态与现场设备型号不匹配，每项扣 10 分 （4）梯形图表达不正确或画法不规范，每处扣 5 分	40 分	
2	安装与连线	根据 I/O 接线图，正确连接电路	（1）连线错一处，扣 5 分 （2）损坏元器件，每只扣 5～10 分 （3）损坏连接线，每根扣 5～10 分	20 分	
3	调试与运行	能熟练使用编程软件编制程序下载至 CPU，并按要求调试运行	（1）不能熟练使用编程软件进行梯形图的编辑、修改、转换、写入及监视，每项 2 分 （2）不能按照控制要求完成相应的功能，每缺一项扣 5 分	20 分	
4	安全操作	确保人身和设备安全	违反安全文明操作规程，扣 10～20 分	20 分	
5			合计		

五、知识拓展

（一）点对点通信指令及通信程序的轮询结构

1. 点对点通信指令

在指令窗格中依次选择"通信"→"通信处理器"→"点到点"选项，出现点到点指令列表，如图 5-13 所示。

在程序编辑器中，每条指令块拖拽到程序编辑区时将自动分配背景数据块，背景数据块的名称可自行修改，背景数据块的编号可以手动或自动分配。点对点通信指令中 SEND_PTP 指令和 RCV_PTP 指令是常用的指令，下面分别介绍。

图 5-13 点对点通信指令

（1）SEND_PTP 指令 使用 SEND_PTP 指令启动数据传输。将发送缓冲区中的数据传输到相关点对点通信模块（CM）。SEND_PTP 指令不执行数据的实际传输，由 CM 来执行实际传输。发送指令（SEND_PTP）块的格式及端子参数的意义见表 5-13。

（2）RCV_PTP 指令 使用 RCV_PTP 指令可启用已发送消息的接收。必须单独启用每条消息的接收确认。只有相关通信伙伴确认消息后，发送的数据才会传送到接收区中。RCV_PTP 指令的格式及端子参数的意义见表 5-14。

所有的点对点指令的操作是异步的，用户程序可以使用轮询方式确认发送和接收的状态，这两条指令可以同时执行。通信模块发送和接收报文的缓冲区最大为 1024B。

2. 通信程序的轮询结构

由于点对点通信采用的是半双工通信方式，发送和接收不能同时执行，因此，在实现点对点通信时，必须周期性调用 S7-1200 PLC 的点对点通信指令，检查接收的通信报文，下面是主站的典型轮询顺序。

项目五　S7-1200 PLC通信的编程及应用

表 5-13　SEND_PTP 指令的格式及端子参数说明

LAD/FBD	参数	数据类型	说明
%DB1 "SEND_PTP_DB" SEND_PTP EN　　ENO REQ　　DONE PORT　　ERROR BUFFER　STATUS LENGTH PTRCL	REQ	Bool	在该使能输入的上升沿启用所请求的传输。发送缓冲区中的内容传输到点对点通信模块(CM)
	PORT	Port	串口通信模块的硬件标识符
	BUFFER	Variant	指向发送缓冲区起始地址的指针。不支持布尔值或 Array of Bool
	LENGTH	UInt	发送缓冲区的长度（发送的消息帧中包含多少字节的数据）
	PTRCL	Bool	此参数选择使用正常的点对点通信缓冲区还是在连接的 CM 中执行的特定 Siemens 协议缓冲区 FALSE = 由用户程序控制的点对点操作（仅有效选项）
	DONE	Bool	状态参数，可具有以下值： 0—作业尚未启动或仍在执行 1—作业已执行，且无任何错误
	ERROR	Bool	状态参数，可具有以下值： 0—无错误 1—出现错误
	STATUS	Word	执行指令操作的状态

表 5-14　RCV_PTP 指令的格式及端子参数的说明

LAD/FBD	参数	数据类型	说明
%DB2 "RCV_PTP_DB" RCV_PTP EN　　ENO EN_R　　NDR PORT　　ERROR BUFFER　STATUS 　　　　LENGTH	EN_R	Bool	接收请求，当此输入端为"1"时，检测通信模块接收的信息，如果成功接收则将接收的数据传送到 CPU
	PORT	Port	串口通信模块的硬件标识符
	BUFFER	Variant	指向接收缓冲区的起始地址。请勿在接收缓冲区中使用 STRING 类型的变量
	NDR	Bool	状态参数，可具有以下值： 0—作业尚未启动或仍在执行 1—作业已执行，且无任何错误
	ERROR	Bool	状态参数，可具有以下值： 0—无错误 1—出现错误
	STATUS	Word	执行指令操作的状态
	LENGTH	UInt	接收缓冲区中消息的长度（接收的消息帧中包含多少字节的数据）

1）在 SEND_PTP 指令的 REQ 信号的上升沿，启动发送过程。

2）继续执行 SEND_PTP 指令，完成报文的发送。

3）SEND_PTP 指令的输出位 DONE 为"1"时，表示发送完成，用户程序可以准备接收从站返回的响应报文。

4）反复执行 RCV_PTP 指令，模块接收到响应报文后，RCV_PTP 指令的输出位 NDR 为"1"，表示已接收到新数据。

5）用户程序处理响应报文。

6）返回第 1）步，重复上述循环。

从站的典型轮询顺序。

1）在 OB1 中调用 RCV_PTP 指令。

2）模块接收到请求报文后，RCV_PTP 指令的输出位 DONE 为 "1"，表示新数据已准备就绪。

3）用户程序处理请求报文，并生成响应报文。

4）用 SEND_PTP 指令将响应报文发送给主站。

5）反复执行 SEND_PTP 指令，确保发送完成。

6）返回第 1）步，重复上述循环。

从站的等待响应时间里，必须尽量频繁地调用 RCV_PTP 指令，以便能够在主站超时之前接收来自主站的发送。

可以在循环中断 OB 中调用，但是循环时间间隔不能太长，应保证在主站的超时时间内执行两次 "RCV_PTP" 指令。

（二）应用举例

两台 S7-1200 PLC 点对点通信控制要求：按下 PLC_1 上的正向起动按钮，PLC_2 控制的三相异步电动机正向起动运行，若按下 PLC_1 上的反向起动按钮，PLC_2 控制的三相异步电动机反向起动运行，运行过程若按下 PLC_1 上的停止按钮，则 PLC_2 控制的三相异步电动机停止运行。如果按下 PLC_2 上的起动按钮，PLC_1 控制的三相异步电动机首先以星形联结减压起动，10s 后进入三角形联结全压运行，运行过程中，若按下 PLC_2 上的停止按钮，则 PLC_1 控制的三相异步电动机停止运行。

1. I/O 地址分配

根据控制要求确定 I/O 点数，两台 PLC I/O 地址分配见表 5-15。

表 5-15 PLC I/O 地址分配表

PLC_1					
输入			输出		
设备名称	符号	I 元件地址	设备名称	符号	Q 元件地址
正向起动按钮	SB1	I0.0	控制电源接触器	KM1	Q0.0
反向起动按钮	SB2	I0.1	三角形联结接触器	KM2	Q0.1
停止按钮	SB3	I0.2	星形联结接触器	KM3	Q0.2
热继电器	FR	I0.3			

PLC_2					
输入			输出		
设备名称	符号	I 元件地址	设备名称	符号	Q 元件地址
起动按钮	SB1	I0.0	正向交流接触器	KM1	Q0.0
停止按钮	SB2	I0.1	反向交流接触器	KM2	Q0.1
热继电器	FR	I0.2			

2. 创建工程项目

打开博途编程软件，在 Portal 视图中选择 "创建新项目"，输入项目名称 "点对点通信"，选择项目保存路径，然后单击 "创建" 按钮，创建项目完成。

3. 硬件组态

按照前面介绍的方法，在项目树中双击 "添加新设备" 选项，添加设备名称为 "PLC_1" 的设备 CPU1214C AC/DC/Rly 和点到点通信模块 CM1241 RS422/485，并完成通信端口的组态，配置通信模块接口参数为：波特率为 9.6kbit/s，奇偶校验无，数据位为 8 位 / 字符，停止位 1 位，其他保持默认设置；按上述方法添加设备名称为 "PLC_2" 的设备 CPU 1214C AC/DC/Rly 和点到点通信模块 CM1241 RS422/485，并配置相同的通信模块接口参数；启用系统存储字节 MB1，组态完成后分别对其进行编译和保存。

4. 添加数据块

在项目树中，单击 "PLC_1" 下 "程序块" 文件夹前下拉按钮 ▶，在打开的 "程序块" 文件夹中双击 "添加新块" 选项，弹出 "添加新块" 对话框，如图 5-14 所示，单击 "数据块”按钮，设置数据块名称为“DB1”，手动修改数据块的编号为“10”，单击“确定”按钮，生成数据块“DB1[DB10]”。然后用鼠标右键单击新生成的数据块“DB1[DB10]”，在弹出的下拉列表选项中单击“属性”选项，在弹出的“属性”对话框中，单击“常规”选项卡下的“属性”选项，取消勾选“优化的块访问”复选框，弹出“优化的块访问”对话框，单击该对话框中的“确定”按钮，再单击“属性”对话框中的“确定”按钮。这样对该数据块中的数据访问就可采用绝对地址寻址，否则不能建立通信，如图 5-15 所示。用同样的方法为 PLC_2 添加数据块“DB1[DB20]”，并取消勾选数据块的“优化的块访问”属性。在数据块“DB1[DB10]”“DB1[DB20]”中分别创建数组 LTKZ_S[0..2]、LTKZ_R[0..1] 和 LTKZ_S[0..1]、LTKZ_R[0..2]，数据类型均为 Byte，如图 5-16 所示，然后对设置参数进行编译和保存。

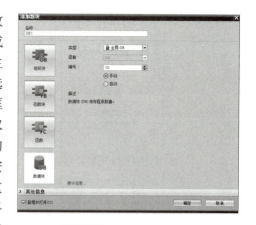

图 5-14　添加新的数据块

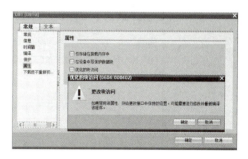

图 5-15　将数据块 DB1[DB10] 设置为绝对寻址

5. 编写程序

在项目树中，分别打开 PLC_1 和 PLC_2 下的“程序块”文件夹，双击“Main[OB1]”，分别在程序编辑区编写 PLC_1、PLC_2 梯形图程序，如图 5-17 所示。

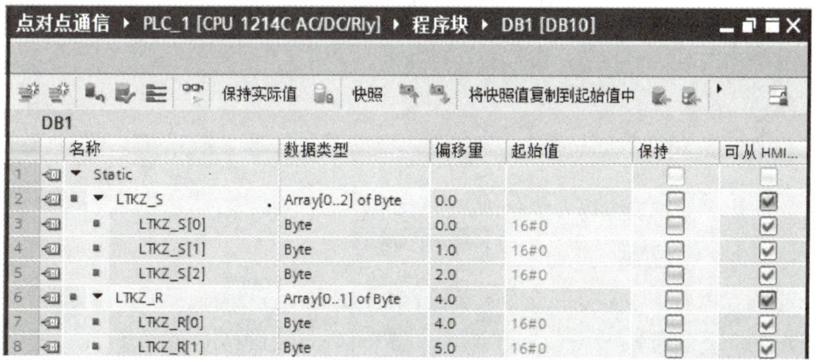

点对点通信 ▸ PLC_1 [CPU 1214C AC/DC/Rly] ▸ 程序块 ▸ DB1 [DB10]

DB1

	名称	数据类型	偏移量	起始值	保持	可从 HMI...
1	▼ Static					
2	▼ LTKZ_S	Array[0..2] of Byte	0.0		☐	☑
3	LTKZ_S[0]	Byte	0.0	16#0	☐	☑
4	LTKZ_S[1]	Byte	1.0	16#0	☐	☑
5	LTKZ_S[2]	Byte	2.0	16#0	☐	☑
6	▼ LTKZ_R	Array[0..1] of Byte	4.0		☐	☑
7	LTKZ_R[0]	Byte	4.0	16#0	☐	☑
8	LTKZ_R[1]	Byte	5.0	16#0	☐	☑

a) PLC_1数据块

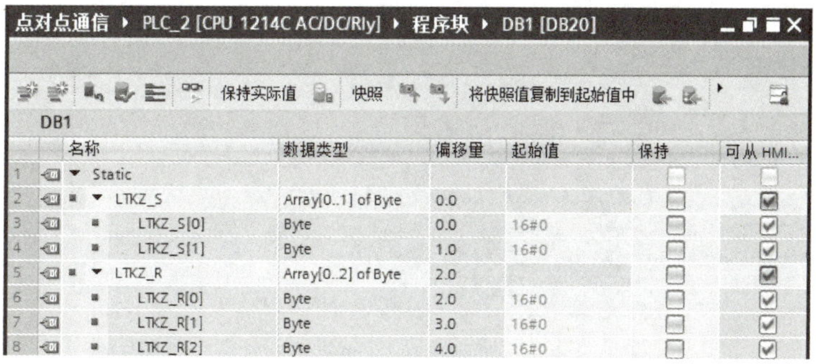

点对点通信 ▸ PLC_2 [CPU 1214C AC/DC/Rly] ▸ 程序块 ▸ DB1 [DB20]

DB1

	名称	数据类型	偏移量	起始值	保持	可从 HMI...
1	▼ Static					
2	▼ LTKZ_S	Array[0..1] of Byte	0.0		☐	☑
3	LTKZ_S[0]	Byte	0.0	16#0	☐	☑
4	LTKZ_S[1]	Byte	1.0	16#0	☐	☑
5	▼ LTKZ_R	Array[0..2] of Byte	2.0		☐	☑
6	LTKZ_R[0]	Byte	2.0	16#0	☐	☑
7	LTKZ_R[1]	Byte	3.0	16#0	☐	☑
8	LTKZ_R[2]	Byte	4.0	16#0	☐	☑

b) PLC_2数据块

图 5-16　两台 S7-1200 PLC 之间的点对点通信数据块

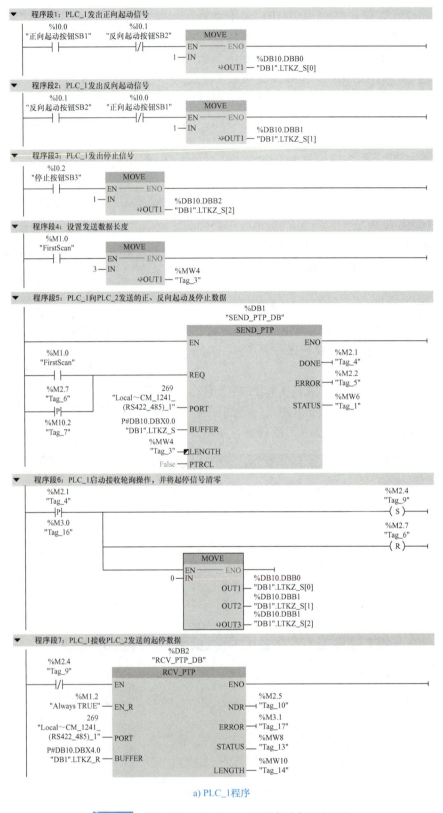

a) PLC_1程序

图 5-17 两台 S7-1200 PLC 之间的点对点通信程序

项目五　S7-1200 PLC通信的编程及应用

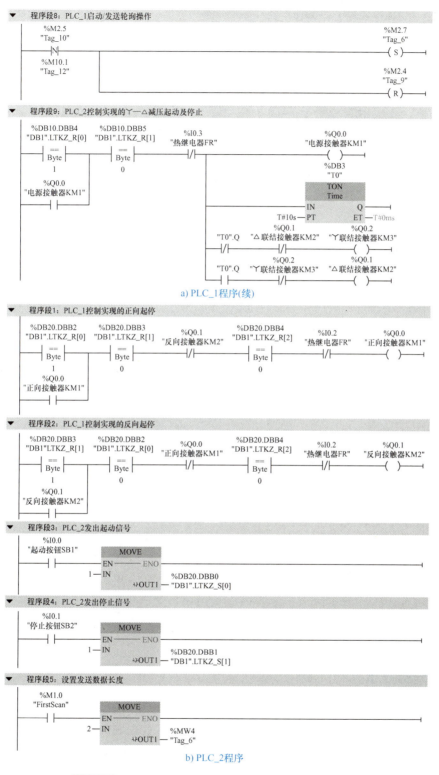

图 5-17　两台 S7-1200 PLC 之间的点对点通信程序（续）

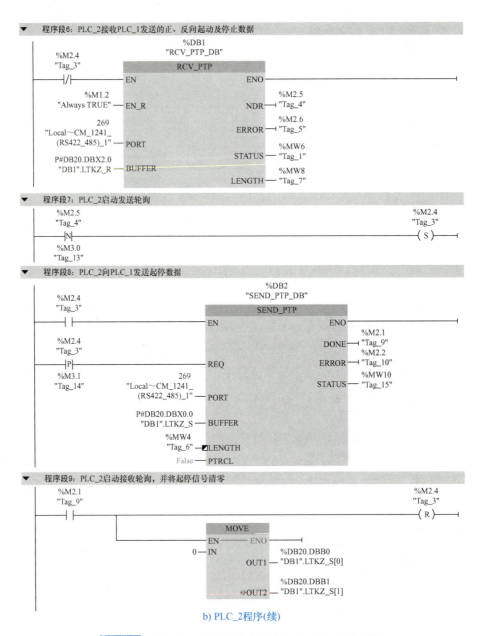

b) PLC_2程序(续)

图 5-17 两台 S7-1200 PLC 之间的点对点通信程序（续）

六、任务总结

本任务主要介绍了 S7-1200 PLC 串行通信的基本知识、Modbus RTU 通信的通信组态及编程应用。在此基础上以"两组流水灯正反向运行 PLC 控制的 Modbus RTU 通信"为载体，进行了硬件组态、通信连接、程序编制、下载及调试运行的任务实施，达到会使用串行通信的目标。最后以两台 S7-1200 PLC 之间的点对点通信为例，介绍了点对点通信的编程应用。

任务二 两台三相异步电动机 PLC 控制的 S7 通信

一、任务导入

S7-1200 PLC 除了通过扩展通信板或扩展通信模块实现串口通信外，其本体上集成的 PROFINET 接口还可以支持 TCP、ISO on TCP、S7 通信。本任务以两台三相异步电动机 PLC 控制的 S7 通信为例，介绍 S7-1200 PLC S7 通信的相关知识及编程应用。

二、知识链接

（一）以太网通信简介

工业以太网是在以太网技术和 TCP/IP 技术的基础上开发的一种工业网络，在技术上与商业以太网（即 IEEE802.3 标准）兼容，是通过对商业以太网技术的通信实时性和工业应用环境等进行改进，并添加了一些控制应用功能后开发形成的。

S7-1200 PLC 本体上集成一个或两个以太网（PROFINET）接口，其中 CPU1211C、CPU1212C 和 CPU1214C 集成了一个以太网接口，CPU1215C 和 CPU1217C 集成了两个以太网接口，两个以太网接口共用一个 IP 地址，它们既可以作为编程下载接口，又可作为以太网通信接口，该接口支持以下通信协议及服务：TCP、ISO on TCP、S7 通信等。目前 S7-1200 PLC 只支持服务器端的 S7 通信，还不支持客户端的通信。

1. S7-1200 PLC 以太网接口的连接方式

S7-1200 PLC 以太网（PROFINET）接口有两种连接方法：直接连接和交换机连接。

（1）直接连接　当一个 S7-1200 CPU 与一个编程设备、HMI 或是其他 PLC 通信时，也就是说只有两个通信设备时，可以实现直接通信。直接连接不需要使用交换机，用网线直接连接两个设备即可，如图 5-18 所示。

（2）交换机连接　当两个以上的 CPU 或 HMI 设备连接网络时，需要增加以太网交换机。使用安装在机架上的 CSM1277 4 端口以太网交换机连接多个 CPU 和 HMI 设备，如图 5-19 所示。CSM1277 交换机是即插即用的，使用前不需要做任何设置。

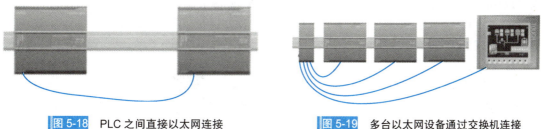

图 5-18　PLC 之间直接以太网连接　　　　图 5-19　多台以太网设备通过交换机连接

2. 通信服务

S7-1200 PLC 通过以太网接口可以支持非实时和实时通信。非实时通信包括 PG 通信、HMI 通信、S7 通信、开放式用户通信和 Modbus TCP 通信等，实时通信包括 PROFINET 通信，通信服务见表 5-16。

表 5-16　S7-1200 PLC 以太网接口的通信服务

通信服务	功能	使用以太网接口
PG 通信	调试、测试、诊断	√
HMI 通信	操作员控制和监视	√
PROFINET 通信	IO 控制器和 IO 设备之间的数据交换	√
S7 通信	使用已组态连接交换数据	√
Modbus TCP 通信	使用 Modbus TCP 协议通过工业以太网交换数据	√
开放式用户通信	使用 TCP/IP、ISO on TCP、UDP 协议通过工业以太网交换数据	√

注：√表示支持。

3. 通信连接资源

S7-1200 PLC 以太网接口分配给每个通信服务的最大连接资源数为固定值，但可组态 6 个"动态连接"，在 CPU 硬件组态的"属性"→"常规"→"连接资源"中可以查看，如图 5-20 所示。

例如：S7-1200 PLC 具有 12 个 HMI 连接资源，根据使用的 HMI 类型或型号以及使用的 HMI 功能，每个 HMI 实际可能使用的连接资源为 1 个、2 个或 3 个，所以可以使用 4 个以上的 HMI 同时连接 S7-1200 CPU，至少确保 4 个 HMI。

（二）S7 通信

1. 功能概述

S7 通信是西门子 S7 系列 PLC 基于 MPI、PROFIBUS 和以太网的一种

图 5-20　S7-1200 PLC 以太网的连接资源

优化的通信协议，它是面向连接的协议，在进行数据交换前，必须与通信伙伴建立连接。本协议属于西门子私有协议，这里主要介绍基于以太网的 S7 通信。

S7 通信服务集成在 S7 控制器中，属于 ISO 参考模型第 7 层（应用层）的服务，采用客户端–服务器原则。S7 连接属于静态连接，可以与同一个通信伙伴建立多个连接，同一时刻可以访问的通信伙伴的数量取决于 CPU 的连接资源。

S7-1200 PLC 通过集成的 PROFINET 接口支持 S7 通信，使用单边通信方式，只要客户端调用 GET/PUT 通信指令即可。

2. 通信指令

在指令窗格中依次选择"通信"→"S7 通信"选项，出现 S7 通信指令列表，如图 5-21 所示。S7 通信指令主要包括 2 条通信指令：GET 指令和 PUT 指令，每个指令块拖拽到程序工作区中将自动分配背景数据块，背景数据块的名称可自行修改，背景数据块的编号可以手动或自动分配。

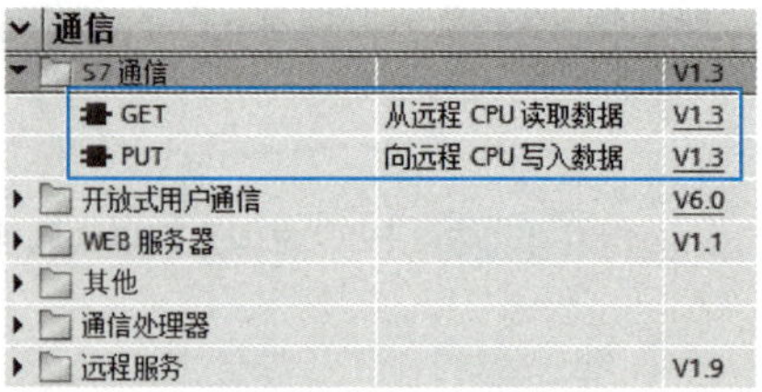

图 5-21　S7 通信指令

（1）GET 指令　GET 指令可以从远程伙伴 CPU 读取数据。伙伴 CPU 无论处于 RUN 模式或 STOP 模式，S7 通信都可以正常运行。GET 指令的格式及端子参数的说明见表 5-17。

（2）PUT 指令　PUT 指令可以将数据写入一个远程伙伴 CPU。伙伴 CPU 无论处于 RUN

模式或 STOP 模式，S7 通信都可以正常运行。PUT 指令的格式及端子参数的说明见表 5-18。

表 5-17　GET 指令的格式及端子参数的说明

LAD/FBD	参数	数据类型	说　明
%DB1 "GET_DB" GET Remote – Variant EN　　　　　ENO REQ　　　　　NDR ID　　　　　ERROR ADDR_1　　　STATUS RD_1	REQ	Bool	在上升沿时执行该指令
	ID	Word	用于指定与伙伴 CPU 连接的寻址参数
	NDR	Bool	0—作业尚未开始或仍在运行 1—作业已成功完成
	ERROR	Bool	如果上一个请求完成有错，ERROR 将变为 TRUE 并保持一个周期
	STATUS	Word	错误代码
	ADDR_1	REMOTE	指向伙伴 CPU 上待读取区域的指针 指针 REMOTE 访问某个数据块时，必须始终指定该数据块 示例：P#DB10.DBX5.0 WORD 10
	ADDR_2	REMOTE	
	ADDR_3	REMOTE	
	ADDR_4	REMOTE	
	RD_1	Variant	指向本地 CPU 上用于输入已读数据的区域的指针
	RD_2	Variant	
	RD_3	Variant	
	RD_4	Variant	

表 5-18　PUT 指令的格式及端子参数的说明

LAD/FBD	参数	数据类型	说明
%DB2 "PUT_DB" PUT Remote – Variant EN　　　　　ENO REQ　　　　　NONE ID　　　　　ERROR ADDR_1　　　STATUS SD_1	REQ	Bool	在上升沿时执行该指令
	ID	Word	用于指定与伙伴 CPU 连接的寻址参数
	NONE	Bool	完成位：如果上一个请求完成无错，将变为 TRUE 并保持一个周期
	ERROR	Bool	如果上一个请求完成有错，将变为 TRUE 并保持一个周期
	STATUS	Word	错误代码
	ADDR_1	REMOTE	指向伙伴 CPU 上用于写入数据的区域的指针 指针 REMOTE 访问某个数据块时，必须始终指定该数据块 示例：P#DB10.DBX5.0 BYTE 10
	ADDR_2	REMOTE	
	ADDR_3	REMOTE	
	ADDR_4	REMOTE	
	SD_1	Variant	指向本地 CPU 上包含要发送数据的区域的指针
	SD_2	Variant	
	SD_3	Variant	
	SD_4	Variant	

三、任务实施

（一）任务目标

1）会 S7-1200 PLC I/O 接线。

2）会组态两台 S7-1200 PLC 之间的 S7 通信网络连接。

3）能根据控制要求编写两台 PLC S7 通信的梯形图程序。

4）熟练使用博途编程软件进行设备组态、梯形图程序编制并下载至 CPU 进行调试运行，查看运行结果。

（二）设备与器材

本任务所需设备与器材见表 5-19。

表 5-19 所需设备与器材

序号	名称	符号	型号规格	数量	备注
1	常用电工工具		十字螺钉旋具、一字螺钉旋具、尖嘴钳、剥线钳等	2 套	表中所列设备、器材的型号规格仅供参考
2	计算机（安装博途编程软件）			2 台	
3	S7-1200 PLC	CPU	CPU1214C AC/DC/Rly，订货号：6ES7 214-1AG40-0XB0	2 台	
4	三相异步电动机	M		2 台	
5	以太网通信电缆			2 根	
6	连接导线			若干	

（三）内容与步骤

1. 任务要求

两台 S7-1200 PLC 进行 S7 通信，一台作为客户端，一台作为服务器端。控制要求：在客户端按下起动按钮，服务器端控制的三相异步电动机起动运行，20s 后客户端控制的三相异步电动机起动运行。在服务器端按下停止按钮，客户端控制的三相异步电动机停止运行，10s 后服务器控制的三相异步电动机才停止运行。

2. I/O 地址分配与接线图

根据控制要求确定两台 PLC 的 I/O 点数，I/O 地址分配见表 5-20。

表 5-20 PLC I/O 地址分配表

PLC_1					
输入			输出		
设备名称	符号	I 元件地址	设备名称	符号	Q 元件地址
起动按钮	SB1	I0.0	接触器	KM1	Q0.0
热继电器	FR	I0.1			
PLC_2					
输入			输出		
设备名称	符号	I 元件地址	设备名称	符号	Q 元件地址
停止按钮	SB2	I0.0	接触器	KM1	Q0.0
热继电器	FR	I0.1			

根据 I/O 分配表，绘制 I/O 接线图，如图 5-22 所示，两台 PLC 通过带水晶头的网线连接。

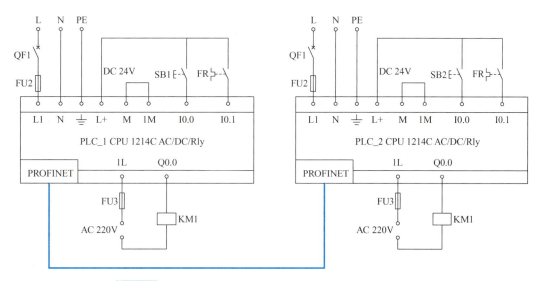

图 5-22 两台三相异步电动机 PLC 控制的 S7 通信 I/O 接线图

3. 创建工程项目

打开博途编程软件，在 Portal 视图中选择"创建新项目"，输入项目名称"5RW_2"，选择项目保存路径，然后单击"创建"按钮，创建项目完成。

4. 硬件组态

在项目树中双击"添加新设备"选项，添加两台设备，名称分别为"PLC_1"和"PLC_2"，型号均为 CPU1214C AC/DC/Rly（订货号：6ES7 214-1AG40-0XB0）。

双击"PLC_1[CPU1214C AC/DC/Rly]"下"设备组态"选项，在工作区打开"设备视图"，选中 PLC_1，依次单击其巡视窗口中的"属性"→"常规"→"PROFINET 接口 [X1]"→"以太网地址"选项，修改 PLC_1 的以太网 IP 地址为 192.168.0.1，如图 5-23 所示。

依次单击其巡视窗口的"属性"→"常规"→"系统和时钟存储器"选项，在右侧窗口中勾选"启用时钟存储器字节"复选框，如图 5-24 所示。在此采用默认的字节 MB0，将 M0.3 设置为 2Hz 的脉冲。

用同样的方法设置 PLC_2 的 IP 地址为 192.168.0.2，如图 5-25 所示，并启用时钟存储器字节。

在 PLC_2 巡视窗口中，依次单击"属性"→"常规"→"防护与安全"→"连接机制"选项，勾选"允许来自远程对象的 PUT/GET 通信"复选

图 5-23 PLC_1 以太网 IP 地址

图 5-24 PLC_1 启用时钟存储器字节

框，如图 5-26 所示。

图 5-25　PLC_2 以太网 IP 地址　　　　图 5-26　启用连接机制

5. 组态 S7 连接

在项目树中，选择"设备和网络"选项，在网络视图中，单击"连接"按钮，在"连接"的下拉列表中，选择"S7 连接"，首先单击 PLC_1 的 PROFINET 通信口的绿色小方框，按住鼠标拖拽出一条线到 PLC_2 的 PROFINET 通信口的绿色小方框上，然后松开鼠标，这样 S7 连接就建立起来了，如图 5-27 所示。

图 5-27　组态 S7 连接

在网络视图中，单击"连接"选项卡，可以查看 S7 连接参数，如图 5-28 所示。

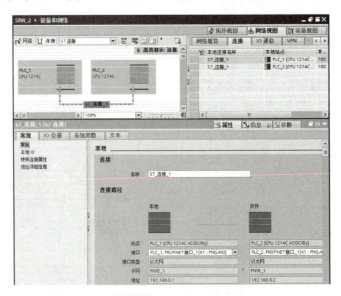

图 5-28　S7 连接参数

6. 编辑变量表

在项目树中，单击" PLC_1[CPU1214C AC/DC/Rly]（PLC_2[CPU1214C AC/DC/Rly]）"下"PLC 变量"文件夹前下拉按钮 ▶，在打开的"PLC 变量"文件夹中双击"添加新变量表"选项，在生成的"变量表_1[0]"（变量表_1[0]）中，根据控制要求编辑图 5-29 所示的变量表。

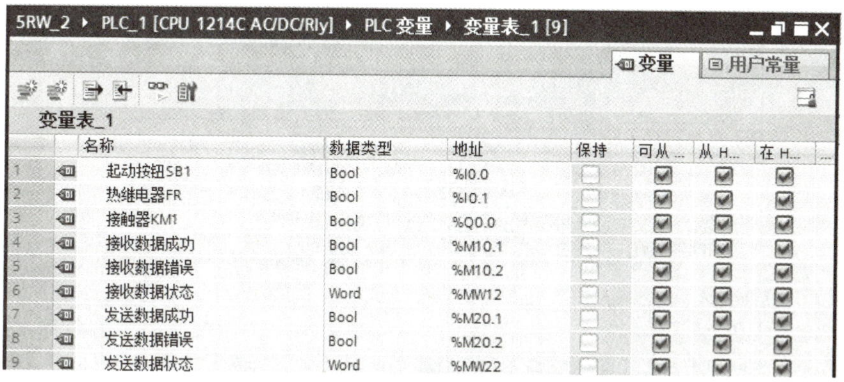

项目五　S7-1200 PLC通信的编程及应用

a) PLC_1变量表

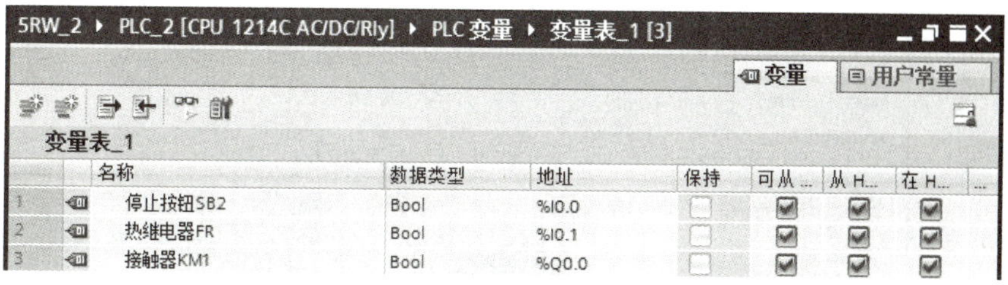

b) PLC_2变量表

图5-29　两台三相异步电动机PLC控制的S7通信变量表

7. 添加数据块

在项目树中，依次双击"PLC_1[CPU1214C AC/DC/Rly]"下"程序块"→"添加新块"选项，在打开的"添加新块"对话框中，单击"数据块"按钮，设置数据块名称为"DB1"，手动修改数据块编号为10，单击"确定"按钮，生成数据块DB1[D10]。然后选中该数据块，进入其属性对话框，单击复选框，取消"优化的块访问"属性，单击"确定"按钮。

在该DB块中，分别创建2个字节的数组JS[0..1]用于存放接收数据，2个字节的数组FS[0..1]用于存放发送数据，如图5-30所示。

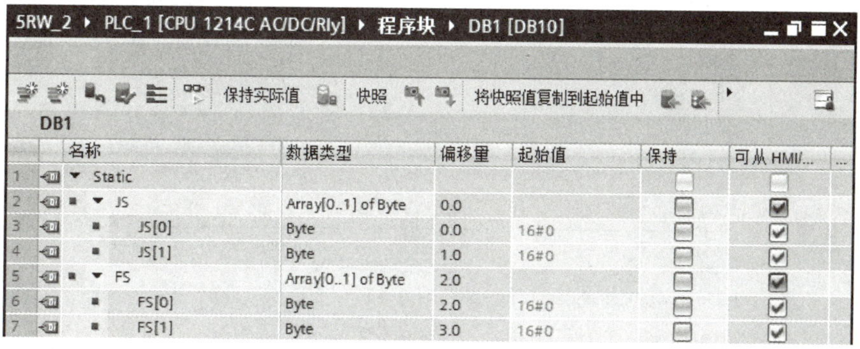

图5-30　创建数据块DB1[DB10]

8. 编写程序

在项目树中，分别打开PLC_1和PLC_2下的"程序块"文件夹，双击"Main[OB1]"，分别在程序编辑区编写两台三相异步电动机PLC控制的S7通信程序，如图5-31所示。

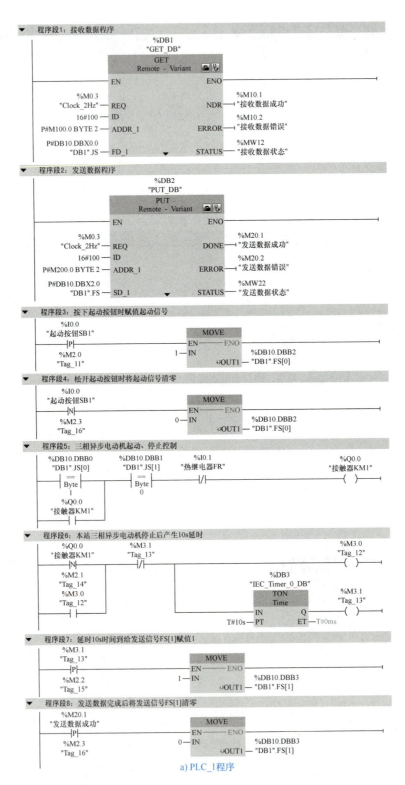

a) PLC_1程序

图 5-31 两台三相异步电动机 PLC 控制的 S7 通信程序

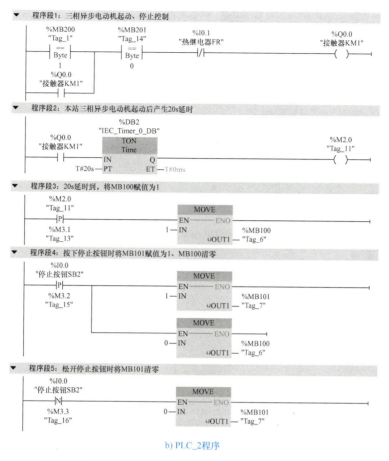

b) PLC_2程序

图 5-31 两台三相异步电动机 PLC 控制的 S7 通信程序（续）

9. 调试运行

将设备组态及调试好的两单元程序分别下载到 PLC_1、PLC_2 的 CPU 中，按图 5-22 进行两台 PLC 的 I/O 接线，并将两台 PLC 的 PROFINET 通信口用带水晶头的网线连接起来。启动 CPU，将 CPU 切换至 RUN 模式，按下 PLC_1 的起动按钮，观察 PLC_2 控制的三相异步电动机是否立即起动，20s 后 PLC_1 控制的三相异步电动机是否起动。按下 PLC_2 的停止按钮，观察 PLC_1 控制的三相异步电动机是否立即停止，10s 后 PLC_2 控制的三相异步电动机才停止。若上述运行现象与控制要求完全相同，则说明本任务实现。否则需进一步调试，直至实现控制要求。

（四）分析与思考

1）S7-1200 PLC 组态 S7 通信连接和编程是如何实现的？

2）在图 5-31 程序中客户端和服务器端延时 20s 起动、延时 10s 停止是如何实现的？

3）在图 5-31 程序中客户端 GET、PUT 指令中指向本地 CPU 中用于输入已读数据区域和指向本地 CPU 中包含要发送数据区域的指针使用的都是数据块，能否使用位存储器？

四、任务考核

任务考核见表 5-21。

表 5-21　任务实施考核表

序号	考核内容	考核要求	评分标准	配分	得分
1	电路及程序设计	（1）能正确分配 I/O 地址，并绘制 I/O 接线图 （2）设备组态 （3）根据控制要求，正确编制梯形图	（1）I/O 地址分配错误或缺少，每个扣 5 分 （2）I/O 接线图设计不全或有错，每处扣 5 分 （3）CPU 组态与现场设备型号不匹配，扣 10 分 （4）梯形图表达不正确或画法不规范，每处扣 5 分	40 分	
2	安装与连线	根据 I/O 接线图，正确连接电路	（1）连线每错一处，扣 5 分 （2）损坏元器件，每只扣 5～10 分 （3）损坏连接线，每根扣 5～10 分	20 分	
3	调试与运行	能熟练使用编程软件编制程序下载至 CPU，并按要求调试运行	（1）不能熟练使用编程软件进行梯形图的编辑、修改、编译、下载及监视，每项扣 2 分 （2）不能按照控制要求完成相应的功能，每少一项扣 5 分	20 分	
4	安全操作	确保人身和设备安全	违反安全文明操作规程，扣 10～20 分	20 分	
5	合计				

五、知识拓展

（一）PROFINET I/O 通信

1. 功能

（1）概述　PROFINET 基于工业以太网技术，使用 TCP/IP 和 IT 标准，是一种实时的现场总线标准。PROFINET 为自动化通信领域提供了一个完整的网络解决方案，包括实时以太网、运动控制、分布式自动化、故障安全以及网络安全等应用，可以实现通信网络的"一网到底"，即从上到下都可以使用同一网络。西门子公司在十多年前就已经推出 PROFINET，到目前为止已经大规模应用于各个行业。

PROFINET 设备分为 I/O 控制器、I/O 设备和 I/O 监视器。

1) PROFINET I/O 控制器指用于对连接的 I/O 设备进行寻址的设备，这意味着 I/O 控制器将与分配的现场设备交换输入和输出信号。

2) PROFINET I/O 设备指分配给其中一个 I/O 控制器的分布式现场设备，例如远程 I/O、变频器和伺服控制器等。

3) PROFINET I/O 监视器指用于调试和诊断的编程设备，例如 PC 或 HMI 设备等。

（2）PROFINET 传输方式　PROFINET 有三种传输方式：非实时数据传输（NRT）；实时数据传输（RT）；等时实时数据传输（IRT）。

PROFINET I/O 通信使用 OSI 参考模型第 1 层、第 2 层和第 7 层，支持灵活的拓扑方式，如总线型、星型、树型和环型等。

S7-1200 CPU 通过集成的以太网接口既可以作为 I/O 控制器控制现场 I/O 设备，也可以同时作为 I/O 设备被上一级 I/O 控制器控制，此功能称为智能 I/O 设备功能。

（3）S7-1200 CPU PROFINET 通信口的通信能力　S7-1200 CPU PROFINET 通信口的通信能力见表 5-22。

项目五　S7-1200 PLC通信的编程及应用　　243

表 5-22　S7-1200 CPU PROFINET 通信口的通信能力

CPU 硬件版本	接口类型	控制器功能	智能 IO 设备功能	可带 I/O 设备最大数量
V4.0	PROFINET	√	√	16
V3.0	PROFINET	√	×	16
V2.0	PROFINET	√	×	8

2. PROFINET I/O 通信网络组态

（1）I/O 控制器的组态

1）组态作为 I/O 控制器的 CPU。打开博途编程软件，在 Portal 视图中选择"创建新项目"，输入项目名称"PROFINET IO 通信"，选择项目保存路径，然后单击"创建"按钮，创建项目完成。

在项目树中，双击"添加新设备"选项，添加设备名称为"PLC_1"，型号为 CPU 1214C（AC/DC/Rly）。

2）设置 I/O 控制器 CPU 的属性。在项目树中，双击"PLC_1[CPU1214C AC/DC/Rly]"下"设备组态"选项，在工作区打开"设备视图"，选中 PLC_1，依次单击其巡视窗口中的"属性"→"常规"→"PROFINET 接口 [X1]"→"以太网地址"选项，设置 CPU 以太网 IP 地址为"192.168.0.1"，单击右侧"接口连接到"栏的"添加新子网"按钮，生成子网 PN/IE_1，如图 5-32 所示。

（2）I/O 设备的组态

1）组态 I/O 设备的 CPU。在项目树中，按上述相同的方法，添加新设备"PLC_2 [CPU1214C AC/DC/ Rly]"。

图 5-32　设置 I/O 控制器 CPU 的 IP 地址

2）设置 I/O 设备 CPU 的属性。在项目树中，双击"PLC_2[CPU1214C AC/DC/Rly]"下"设备组态"选项，在工作区打开"设备视图"，选中 PLC_2，依次单击其巡视窗口中的"属性"→"常规"→"PROFINET 接口 [X1]"→"以太网地址"选项，设置 CPU 以太网 IP 地址为"192.168.0.2"，单击右侧"接口连接到"栏的"添加新子网"按钮，生成子网 PN/IE_1，如图 5-33 所示。

3）组态 PROFINET I/O 通信数据交换区。PROFINET 通信数据交换区只需在 I/O 设备中设置，为此，在项目树中，双击"PLC_2[CPU1214C AC/DC/ Rly]"下"设备视图"选项，在工作区打开"设备视图"，选中 PLC_2，依次单击其巡视窗口中的"属性"→"常

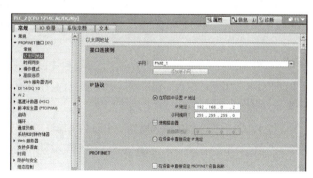

图 5-33　设置 I/O 设备 CPU 的 IP 地址

规"→"PROFINET 接口 [X1]"→"操作模式"选项，在操作模式窗口，勾选"IO 设备"复选框，在"已分配的 IO 控制器"下拉列表中选择"PLC_1.PROFINET 接口 _1"，传输区域组

态按照控制要求分别单击"＜新增＞"设置"传输区_1""传输区_2",如图 5-34 所示。

在完成 PROFINET I/O 网络组态后,在项目树中,双击"设备和网络"选项,在弹出的"设备和网络"窗口中,单击"网络视图"选项卡,将显示两个设备之间的网络连接,如图 5-35 所示。

(二)应用举例

两台 S7-1200 PLC 之间进行 PROFINET I/O 通信,一台作为 PROFINET I/O 控制器,另一台作为 PROFINET I/O 设备。控制要求:在 I/O 控制器上按下起动按钮,I/O 设备上控制的 8 盏指示灯按正向(即 HL1、HL2 → HL3、HL4 → HL5、HL6 → HL7、HL8 → HL1、HL2)每隔 1s 依次循环两两点亮,按下停止按钮时立即熄灭;在 I/O 设备上按下起动按钮,I/O 控制器上控制的 8 盏指示灯按反向(即 HL8、HL7 → HL6、HL5 → HL4、HL3 → HL2、HL1 → HL8、HL7)每隔 1s 依次循环两两点亮,按下停止按钮时立即熄灭。

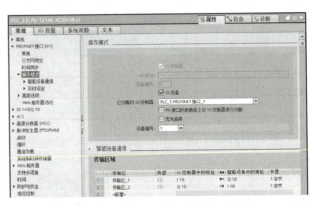

图 5-34　PROFINET 通信数据交换区配置

图 5-35　RPOFINET I/O 通信网络视图

表 5-23　I/O 地址分配表

输入			输出		
设备名称	符号	I 元件地址	设备名称	符号	Q 元件地址
起动按钮	SB1	I0.0	第一盏指示灯	HL1	Q0.0
停止按钮	SB2	I0.1	第二盏指示灯	HL2	Q0.1
			…	…	…
			第八盏指示灯	HL8	Q0.7

1. I/O 地址分配

根据控制要求确定两台 PLC I/O 点数,两台 PLC I/O 地址分配(两台相同)见表 5-23。

2. 创建工程项目

打开博途编程软件,在 Portal 视图中选择"创建新项目",输入项目名称" PROFINET IO 通信",选择项目保存路径,然后单击"创建"按钮,创建项目完成。

3. 硬件组态

按照上面介绍的方法,分别组态两台 PLC,分别为 PLC_1、PLC_2,CPU 的型号均为:CPU 1214C AC/DC/Rly(订货号:6ES7 214-1AG40-0XB0)。

4. PROFINET I/O 网络组态

将 PLC_1 作为 I/O 控制器、PLC_2 作为 I/O 设备,其 PROFINET I/O 网络组态的方法如前所述,参照图 5-32 ～图 5-35。需要说明的是,调试运行时,两台 CPU 均需要下载网络组态。

5. 编写程序

在项目树中,分别打开 PLC_1 和 PLC_2 下的"程序块"文件夹,双击" Main[OB1]",在程序编辑区分别编写 PROFINET I/O 控制器和 PROFINET I/O 设备的程序,如图 5-36 所示。

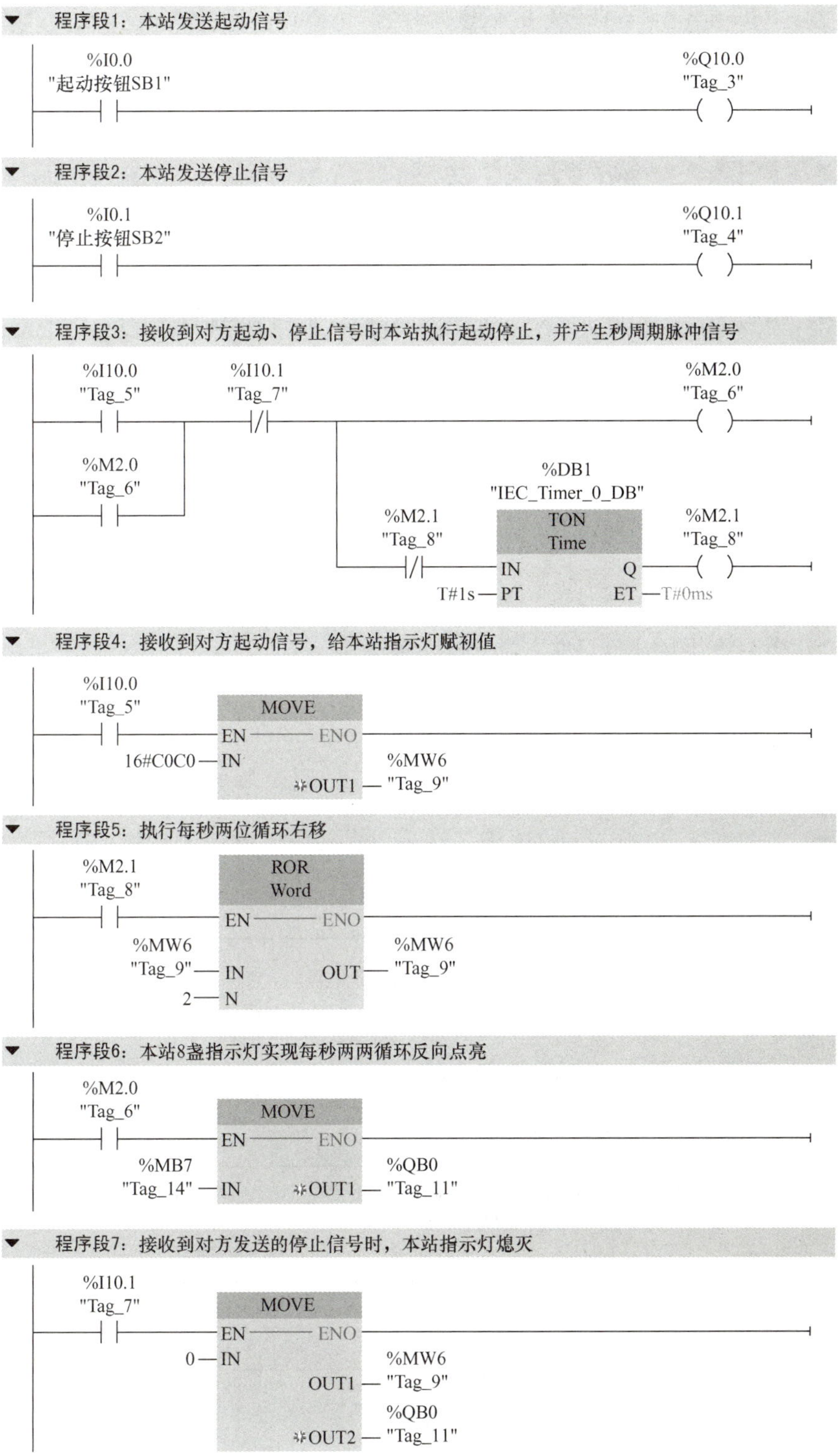

项目五 S7-1200 PLC通信的编程及应用

▼ 程序段1：本站发送起动信号

```
    %I0.0                                                    %Q10.0
"起动按钮SB1"                                                  "Tag_3"
─────┤ ├──────────────────────────────────────────────────────( )─────
```

▼ 程序段2：本站发送停止信号

```
    %I0.1                                                    %Q10.1
"停止按钮SB2"                                                  "Tag_4"
─────┤ ├──────────────────────────────────────────────────────( )─────
```

▼ 程序段3：接收到对方起动、停止信号时本站执行起动停止，并产生秒周期脉冲信号

```
   %I10.0      %I10.1                                        %M2.0
   "Tag_5"     "Tag_7"                                       "Tag_6"
─────┤ ├────────┤/├──┬─────────────────────────────────────────( )─────
                    │
   %M2.0            │                         %DB1
   "Tag_6"          │                   "IEC_Timer_0_DB"
─────┤ ├────────────┤         %M2.1          ┌─────┐         %M2.1
                    │         "Tag_8"        │ TON │         "Tag_8"
                    └───────────┤/├──────────┤ Time├───────────( )─────
                                             │     │
                                         ────┤IN  Q├────
                                     T#1s────┤PT  ET├──── T#0ms
                                             └─────┘
```

▼ 程序段4：接收到对方起动信号，给本站指示灯赋初值

```
   %I10.0
   "Tag_5"        ┌──────────┐
─────┤ ├──────────┤   MOVE   ├──────────────────────────────────────
                  │EN    ENO │
        16#C0C0 ──┤IN        │     %MW6
                  │     ✻OUT1├──── "Tag_9"
                  └──────────┘
```

▼ 程序段5：执行每秒两位循环右移

```
   %M2.1          ┌──────────┐
   "Tag_8"        │   ROR    │
─────┤ ├──────────┤   Word   ├──────────────────────────────────────
                  │EN    ENO │
   %MW6           │          │     %MW6
   "Tag_9"────────┤IN    OUT ├──── "Tag_9"
              2 ──┤N         │
                  └──────────┘
```

▼ 程序段6：本站8盏指示灯实现每秒两两循环反向点亮

```
   %M2.0          ┌──────────┐
   "Tag_6"        │   MOVE   │
─────┤ ├──────────┤EN    ENO ├──────────────────────────────────────
                  │          │
   %MB7           │          │     %QB0
   "Tag_14"──────┤IN   ✻OUT1├──── "Tag_11"
                  └──────────┘
```

▼ 程序段7：接收到对方发送的停止信号时，本站指示灯熄灭

```
   %I10.1         ┌──────────┐
   "Tag_7"        │   MOVE   │
─────┤ ├──────────┤EN    ENO ├──────────────────────────────────────
                  │          │     %MW6
              0 ──┤IN   OUT1├──── "Tag_9"
                  │          │     %QB0
                  │     ✻OUT2├──── "Tag_11"
                  └──────────┘
```

a) PLC_1程序

图 5-36 两台 S7-1200 PLC 之间的 PROFINET I/O 通信程序

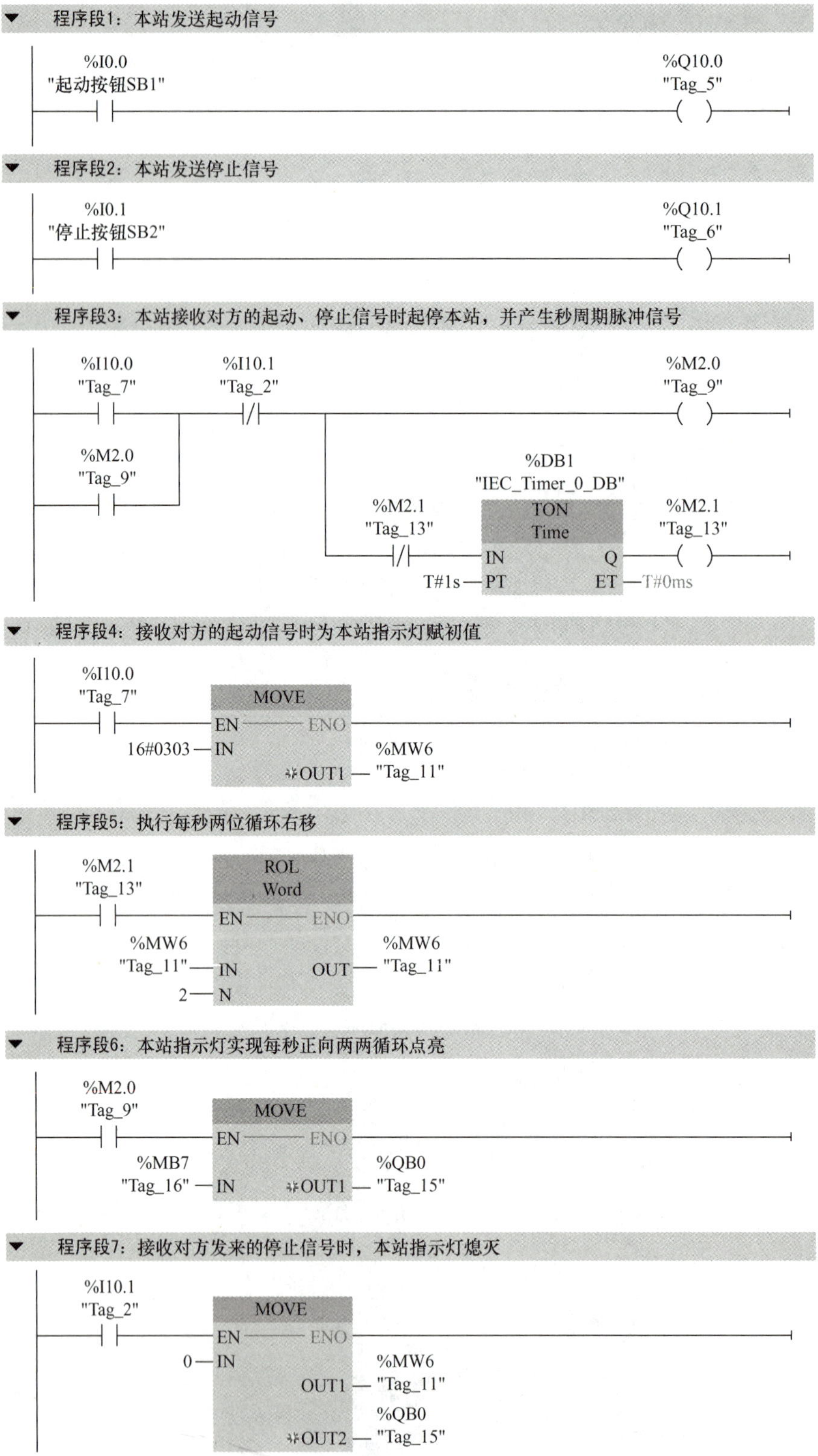

程序段1：本站发送起动信号

```
%I0.0                                    %Q10.0
"起动按钮SB1"                              "Tag_5"
——| |————————————————————————————————————( )——
```

程序段2：本站发送停止信号

```
%I0.1                                    %Q10.1
"停止按钮SB2"                              "Tag_6"
——| |————————————————————————————————————( )——
```

程序段3：本站接收对方的起动、停止信号时起停本站，并产生秒周期脉冲信号

```
  %I10.0       %I10.1                                      %M2.0
  "Tag_7"      "Tag_2"                                     "Tag_9"
——| |————————|/|————————————————————————————————————————————( )——
   |                              %DB1
   |                         "IEC_Timer_0_DB"
  %M2.0                           TON
  "Tag_9"        %M2.1            Time                      %M2.1
——| |——————————"Tag_13"————IN              Q————————————   "Tag_13"
              ——|/|——                                       ( )
                          T#1s——PT             ET——T#0ms
```

程序段4：接收对方的起动信号时为本站指示灯赋初值

```
%I10.0              MOVE
"Tag_7"           EN    ENO
——| |————————————                              
       16#0303 ——IN                   %MW6
                     ✱OUT1 ——————————"Tag_11"
```

程序段5：执行每秒两位循环右移

```
%M2.1              ROL
"Tag_13"           Word
——| |————————————EN    ENO————————
       %MW6
      "Tag_11"——IN      OUT———— %MW6
                                "Tag_11"
            2 ——N
```

程序段6：本站指示灯实现每秒正向两两循环点亮

```
%M2.0              MOVE
"Tag_9"          EN    ENO
——| |————————————
       %MB7                    %QB0
      "Tag_16"——IN  ✱OUT1——————"Tag_15"
```

程序段7：接收对方发来的停止信号时，本站指示灯熄灭

```
%I10.1              MOVE
"Tag_2"            EN    ENO
——| |————————————
           0 ——IN                %MW6
                      OUT1——————"Tag_11"
                                 %QB0
                      ✱OUT2——————"Tag_15"
```

b) PLC_2程序

图 5-36 两台 S7-1200 PLC 之间的 PROFINET I/O 通信程序（续）

六、任务总结

本任务主要介绍了 S7-1200 PLC S7 通信的组态连接、通信指令及编程应用。在此基础上以两台三相异步电动机 PLC 控制的 S7 通信为载体，进行了设备组态、组态 S7 通信连接、程序编制、程序下载及调试运行的任务实施，达到会使用 S7 通信的目标。最后以两台 S7-1200 PLC 之间的 PROFINET I/O 通信为例，介绍了 PROFINET I/O 通信的网络组态及编程应用。

◆ 任务三 / 两台三相异步电动机反向运行 PLC 控制的 TCP 通信

一、任务导入

S7-1200 PLC 基于以太网的通信，除了适用于西门子非开放的 S7 通信外，还适用于开放式用户通信。本任务以两台三相异步电动机反向运行 PLC 控制的 TCP 通信为例，介绍 S7-1200 PLC TCP 通信的相关知识及编程应用。

二、知识链接

（一）开放式用户通信简介

开放式用户通信（OUC 通信）是基于以太网进行数据交换的协议，适用于 PLC 之间、PLC 与第三方设备之间、PLC 与高级语言之间等进行数据交换。开放式用户通信有以下通信连接方式：

1）TCP 通信方式。该通信方式支持 TCP/IP 的开放式数据通信。TCP/IP 采用面向数据流的数据传送，发送的长度最好是固定的。如果长度发生变化，在接收区需要判断数据流的开始和结束位置，比较繁琐，并且需要考虑到发送和接收的时序问题。

2）ISO-on-TCP 通信方式。由于 ISO 不支持以太网路由，因而西门子应用 RFC1006 将 ISO 映射到 TCP 上，实现网络路由。

3）UDP 通信方式。该通信连接属于 OSI 模型第四层协议，支持简单数据传输，数据无须确认，与 TCP 通信相比，UDP 没有连接。

S7-1200 CPU 通过集成的以太网接口用于开放式用户通信连接，通过调用发送指令（TSEND_C）和接收指令（TRCV_C）进行数据交换。通信方式为双边通信，因此，两台 S7-1200 PLC 之间进行开放式以太网通信，TSEND_C 和 TRCV_C 指令必须成对出现。

（二）开放式用户通信指令

S7-1200 PLC 的以太网通信都是用开放式以太网通信指令块 T-block 来实现，所有 T-block 通信指令必须在 OB1 中调用。通信时调用 T-block 通信指令并配置两个 CPU 之间的连接参数，定义数据发送或接收信息的参数。S7-1200 PLC 有两套通信指令：不带连接管理的通信指令和带连接管理的通信指令。

不带连接管理的通信指令和带连接管理的通信指令分别见表 5-24、表 5-25。

实际上 TSEND_C 指令实现的是 TCON、TDISON 和

表 5-24 不带连接管理的通信指令

指令	功能
TCON	建立以太网连接
TDISON	断开以太网连接
TSEND	发送数据
TRCV	接收数据

TSEND 3 条指令综合的功能，而 TRCV_C 指令实现的是 TCON、TDISON 和 TRCV3 条指令综合的功能。

在指令窗格选择"通信"→"开放式用户通信"，开放式用户通信指令列表如图 5-37 所示。

开放式用户通信指令主要包括 3 条通信指令：TSEND_C（建立以太网连接并发送数据指令）、TRCV_C（建立以太网连接并接收数据指令）和 TMAIL_C（发送电子邮件指令），还包括一个"其他"指令文件夹（有 6 条指令）。其中，TSEND_C、TRCV_C、TSEND（通过通信连接发送数据指令）和 TRCV（通过通信连接接收数据指令）是常用指令，下面进行详细说明。

表 5-25 带连接管理的通信指令

指令	功能
TSEND_C	建立以太网连接并发送数据
TRCV_C	建立以太网连接并接收数据

图 5-37 开放式用户通信指令

1. TSEND_C 指令

使用 TSEND_C 指令设置并建立通信连接，CPU 会自动保持和监视该连接。该指令异步执行，先设置并建立通信连接，然后通过现有的通信连接发送数据，最后终止或重置通信连接。TSEND_C 指令的格式及端子参数的说明见表 5-26。

表 5-26 TSEND_C 指令的格式及端子参数的说明

LAD/FBD	参数	数据类型	说明
%DB1 "TSEND_C_DB" TSEND_C — EN ENO — — REQ DONE — — CONT BUSY — — LEN ERROR — — CONNECT STATUS — — DATA — ADDR — COM_RST	REQ	Bool	在上升沿时执行该指令
	CONT	Bool	控制通信连接：为 0 时，断开通信连接；为 1 时，建立并保持通信连接
	LEN	UDInt	可选参数（隐藏）：要通过作业发送的最大字节数。如果在 DATA 参数中使用具有优化访问权限的发送区，LEN 参数值必须为"0"
	CONNECT	Variant	指向连接描述结构的指针：对于 TCP 或 UDP，使用 TCON_IP_v4 系统数据类型；对于 ISO-on-TCP，使用 TCON_IP_RFC 系统数据类型
	DATA	Variant	指向发送区的指针：该发送区包含要发送数据的地址和长度。传送结构时，发送端和接收端的结构必须相同
	ADDR	Variant	UDP 需使用的隐藏参数：此时，将包含指向系统数据类型 TADDR_Param 的指针。接收方的地址信息（IP 地址和端口号）将存储在系统数据类型为 TADDR_Param 的数据块中
	COM_RST	Bool	重置连接：可选参数（隐藏） 0—不相关 1—重置现有连接 COM_RST 参数通过"TSEND_C"指令求值后将被复位，因此不应静态互连
	DONE	Bool	状态参数：0—发送作业尚未启动或仍在进行；1—发送作业已成功执行。此状态将仅显示一个周期 如果在处理（连接建立、发送、连接终止）期间成功完成中间步骤且"TSEND_C"的执行成功完成，将置位输出参数 DONE
	BUSY	Bool	作业状态位：0—无正在处理的作业；1—作业正在处理
	ERROR	Bool	错误位：0—无错误；1—出现错误，错误原因查看 STATUS
	STATUS	Word	错误代码

2. TRCV_C 指令

使用 TRCV_C 指令设置并建立通信连接，CPU 会自动保持和监视该连接。该指令异步执行，先设置并建立通信连接，然后通过现有的通信连接接收数据。TRCV_C 指令的格式及端子参数的说明见表 5-27。

表 5-27　TRCV_C 指令的格式及端子参数的说明

LAD/FBD	参数	数据类型	说明
%DB1 "TRCV_C_DB" TRCV_C —EN ENO— —EN_R DONE— —CONT BUSY— —LEN —ADHOC ERROR— —CONNECT STATUS— —DATA —ADDR RCVD_LEN— —COM_RST	EN_R	Bool	启用接收的控制参数：EN_R = 1 时，准备接收，处理接收作业
	CONT	Bool	控制通信连接：0—断开通信连接；1—建立并保持通信连接
	LEN	UDInt	要接收数据的最大长度。如果在 DATA 参数中使用具有优化访问权限的接收区，LEN 参数值必须为"0"
	ADHOC	Bool	可选参数（隐藏），TCP 协议选项使用 Ad-hoc 模式
	CONNECT	Variant	指向连接描述结构的指针：对于 TCP 或 UDP，使用结构 TCON_IP_v4；对于 ISO-on-TCP，使用结构 TCON_IP_RFC
	DATA	Variant	指向接收区的指针：传送结构时，发送端和接收端的结构必须相同
	ADDR	Variant	UDP 需使用的隐藏参数：此时，将包含指向系统数据类型 TADDR_Param 的指针。发送方的地址信息（IP 地址和端口号）将存储在系统数据类型为 TADDR_Param 的数据块中
	COM_RST	Bool	重置连接：可选参数（隐藏） 0—不相关 1—重置现有连接。 COM_RST 参数通过"TRCV_C"指令求值后将被复位，因此不应静态互连
	DONE	Bool	最后一个作业成功完成，立即将输出参数 DONE 置位为"1"
	BUSY	Bool	作业状态位：0—无正在处理的作业；1—作业正在处理
	ERROR	Bool	错误位：0—无错误；1—出现错误，错误原因查看 STATUS
	STATUS	Word	错误代码
	RCVD_LEN	UDInt	实际接收到的数据量（以字节为单位）

3. TSEND 指令

使用 TSEND 指令，可以通过现有通信连接发送数据。TSEND 为异步执行指令，用户使用参数 DATA 指定发送区，包括要发送数据的地址和长度。待发送的数据可以使用除 Bool 和 Array of Bool 外的所有数据类型。在参数 REQ 中检测到上升沿时执行发送作业。使用参数 LEN 可指定通过一个发送作业发送的最大字节数。TSEND 指令的格式及端子参数的说明见表 5-28。

表 5-28　TSEND 指令的格式及端子参数的说明

LAD/FBD	参数	数据类型	说明
%DB3 "TSEND_DB" TSEND —EN　　ENO— —REQ　　DONE— —ID　　　BUSY— —LEN　　ERROR— —DATA　　STATUS—	REQ	Bool	在上升沿时执行该指令
	ID	CONN_OUC（Word）	引用相关的连接，ID 必须与本地连接描述中的相关参数 ID 相同。值范围：W#16#0001 ～ W#16#0FFF
	LEN	UDInt	要通过作业发送的最大字节数
	DATA	Variant	指向发送区的指针：该发送区包含要发送数据的地址和长度。该地址引用过程映像输入 I、过程映像输出 Q、位存储器 M 及数据块 DB。传送结构时，发送端和接收端的结构必须相同
	DONE	Bool	状态参数：0—作业尚未启动，或仍在执行过程中；1—作业已经成功完成
	BUSY	Bool	状态参数：0—作业尚未启动或已完成；1—作业尚未完成，无法启动新作业
	ERROR	Bool	错误位：0—无错误；1—出现错误，错误原因查看 STATUS
	STATUS	Word	错误代码

4. TRCV 指令

使用 TRCV 指令，可以通过现有通信连接接收数据。TRCV 为异步执行指令，参数 EN_R 设置为值 "1" 时，启用数据接收。接收到的数据将输入到接收区中。根据所用的协议选项，接收区长度通过参数 LEN 指定（如果 LEN 不等于 0），或者通过参数 DATA 的长度信息来指定（如果 LEN 等于 0）。接收数据时，不能更改 DATA 参数或定义的接收区以确保接收到的数据一致。成功接收数据后，参数 NDR 设置为值 "1"。可在参数 RCVD_LEN 中查询实际接收的数据量。TRCV 指令的格式及端子参数的说明见表 5-29。

表 5-29　TRCV 指令的格式及端子参数的说明

LAD/FBD	参数	数据类型	说明
%DB3 "TRCV_DB" TRCV —EN　　　ENO— —EN_R　　NDR— —ID　　　BUSY— —LEN　　ERROR— —ADHOC　STATUS— —DATA　　RCVD_LEN—	EN_R	Bool	允许 CPU 进行接收。EN_R=1 时，准备接收，处理接收作业
	ID	CONN_OUC	引用相关的连接，ID 必须与本地连接描述中的相关参数 ID 相同。值范围：W#16#0001 ～ W#16#0FFF
	LEN	UDInt	接收区长度（以字节为单位，隐藏）。如果在 DATA 参数中使用具有优化访问权限的存储区，LEN 参数值必须为 "0"
	ADHOC	Bool	可选参数（隐藏），TCP 协议选项使用 Ad-hoc 模式
	DATA	Variant	指向接收区的指针：传送结构时，发送端和接收端的结构必须相同
	NDR	Variant	状态参数 (New Data Received)：0—作业尚未启动，或仍在执行过程中；1—作业已经成功完成
	BUSY	Bool	状态参数：0—作业尚未启动或已完成；1—作业尚未完成，无法启动新作业
	ERROR	Bool	错误位：0—无错误；1—出现错误，错误原因查看 STATUS
	STATUS	Word	状态参数：输出状态和错误信息
	RCVD_LEN	UInt	实际接收到的数据量（以字节为单位）

三、任务实施

(一)任务目标

1) 会 S7-1200 PLC I/O 接线。
2) 会组态两台 S7-1200 PLC 之间的 TCP 通信网络连接。
3) 能根据控制要求编写两台 PLC TCP 通信的梯形图程序。
4) 熟练使用博途编程软件进行设备组态、梯形图程序编制并下载至 CPU 进行调试运行,查看运行结果。

(二)设备与器材

本任务所需设备与器材见表 5-30。

表 5-30　所需设备与器材

序号	名称	符号	型号规格	数量	备注
1	常用电工工具		十字螺钉旋具、一字螺钉旋具、尖嘴钳、剥线钳等	2 套	表中所列设备、器材的型号规格仅供参考
2	计算机(安装博途编程软件)			2 台	
3	西门子 S7-1200 PLC	CPU	CPU1214C AC/DC/Rly,订货号:6ES7 214-1AG40-0XB0	2 台	
4	三相异步电动机	M	WDJ26,P_N=40W,U_N=380V,I_N=0.3A,n_N=1430r/min,f=50Hz	2 台	
5	以太网通信电缆			2 根	
6	连接导线			若干	

(三)内容与步骤

1. 任务要求

两台 S7-1200 PLC 进行 TCP 通信,一台作为客户端,另一台作为服务器端。控制要求:客户端和服务器端控制按钮分别控制其三相异步电动机的起动和停止,但两者的运行方向必须相反。若客户端电动机正向起动运行,则服务器端三相异步电动机只能反向起动运行;若客户端电动机反向起动运行,则服务器端三相异步电动机只能正向起动运行。同样,若先起动服务器端三相异步电动机,则客户端三相异步电动机也必须与服务器端三相异步电动机反向。

2. I/O 地址分配与接线图

根据控制要求确定 I/O 点数,两台 PLC I/O 地址分配(两台相同)见表 5-31。

表 5-31　I/O 地址分配表

输入			输出		
设备名称	符号	I 元件地址	设备名称	符号	Q 元件地址
正向起动按钮	SB1	I0.0	正向接触器	KM1	Q0.0
反向起动按钮	SB2	I0.1	反向接触器	KM2	Q0.1
停止按钮	SB3	I0.2			
热继电器	FR	I0.3			

根据 I/O 地址分配表,绘制 I/O 接线图,如图 5-38 所示,两台 PLC 通过带水晶头的网

线连接。

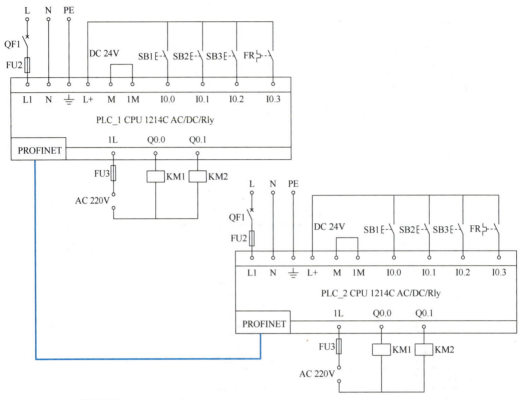

图 5-38　两台三相异步电动机反向运行 PLC 控制的 TCP 通信 I/O 接线图

3. 创建工程项目

打开博途编程软件，在 Portal 视图中选择"创建新项目"，输入项目名称"5RW_3"，选择项目保存路径，然后单击"创建"按钮，创建项目完成。

4. 硬件组态

在项目树中，用鼠标双击"添加新设备"选项，添加两台设备，名称分别为"PLC_1"和"PLC_2"，型号均为 CPU1214C AC/DC/Rly（订货号：6ES7 214-1AG40-0XB0）。

双击"PLC_1[CPU1214C AC/DC/Rly]"下"设备组态"选项，在工作区打开"设备视图"，选中 PLC_1，依次单击其巡视窗口中的"属性"→"常规"→"PROFINET 接口 [X1]"→"以太网地址"选项，修改 PLC_1 的以太网 IP 地址为"192.168.0.1"，如图 5-39 所示。

依次单击其巡视窗口的"属性"→"常规"→"系统和时钟存储器"选项，在右侧窗口中勾选"启用时钟存储器字节"复选框，在此采用默认的字节 MB0，将 M0.3 设置为 2Hz 的脉冲。

用同样的方法设置 PLC_2 的 IP 地址为"192.168.0.2"，如图 5-40 所示，并启用时钟存储器字节。

图 5-39　PLC_1 以太网 IP 地址

5. 创建网络连接

在项目树中，双击"设备和网络"选项，进入网络视图，首先用鼠标单击 PLC_1 的 PROFINET 通信口的绿色小方框，按住鼠标拖拽出一条线到 PLC_2 的 PROFINET 通信口的绿色小方框上，然后松开鼠标，则网络连接建立，创建完成的网络连接如图 5-41 所示。

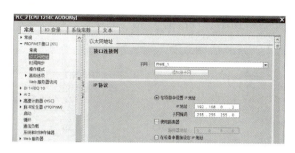

图 5-40　PLC_2 以太网 IP 地址

6. 编辑变量表

在项目树中，单击"PLC_1[CPU1214C AC/DC/Rly]"下"PLC 变量"文件夹前下拉按钮▶，在打开的"PLC 变量"文件夹中用鼠标双击"添加新变量表"选项，在生成的"变量表_1[0]"中，根据控制要求编辑 PLC_1 变量表，如图 5-42 所示。用同样的方法添加并编辑 PLC_2 变量表，PLC_2 变量表与 PLC_1 相同。

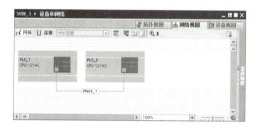

图 5-41　创建完成的网络连接

图 5-42　PLC_1 变量表

7. 编写程序

（1）编写 PLC_1 程序

1）在项目树中，单击"PLC_1[CPU1214C AC/DC/Rly]"下"程序块"文件夹前面的下拉按钮▶，然后双击"Main [OB1]"选项，进入 PLC_1 主程序 OB1 的程序编辑区，在右侧指令窗格中选择"通信"选项，分别打开"开放式用户通信"及"开放式用户通信→其他"文件夹，双击或拖拽"TSEND_C""TRCV"指令至编辑区程序段中，自动生成名称为"TSEND_C_DB"和"TRCV_DB"的背景数据块，在此使用 TCP 协议。

2）组态 TSEND_C 指令的连接参数。在程序编辑区选中 TSEND_C 指令的任意部分，在其巡视窗口中，选择"属性"→"组态"选项卡，单击其中的"参数连接"选项，进入参数连接窗口，在该窗口伙伴的"端点"栏选择"PLC_2"，则其接口、子网及地址自动更新。在本地下方的数据连接栏，单击该栏右侧的倒实三角形，单击"＜新建＞"生成新的数据块"PLC_1_SEND_DB"，在伙伴下方的数据连接栏，单击该栏右边的倒实三角形，单击"＜新建＞"生成新的数据块"PLC_2_Receive_DB"，连接参数如图 5-43 所示。

3）编写 TSEND_C 指令的块参数，如

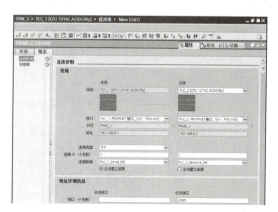

图 5-43　TSEND_C 指令的连接参数

图 5-44 所示。TSEND_C 指令的块参数也可以采用与上述连接参数相类似的组态方法进行设置。

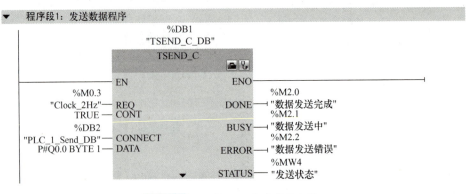

图 5-44 TSEND_C 指令的块参数

4）在 OB1 中调用 TRCV 指令并组态参数。为了使 PLC_1 能接收到来自 PLC_2 的数据，在 PLC_1 调用 TRCV 指令并组态参数。接收数据与发送数据使用同一连接，所以使用不带连接管理的 TRCV 指令。在 PLC_1 主程序 OB1 的程序编辑区右侧指令窗格中，选择"通信"选项，打开"开放式用户通信→其他"文件夹，双击或拖拽 TRCV 指令至程序段中，自动生成名称为"TRCV_DB"的背景数据块，在此使用 TCP 协议。其块参数设置直接在指令引脚端进行，PLC_1 程序如图 5-45 所示。

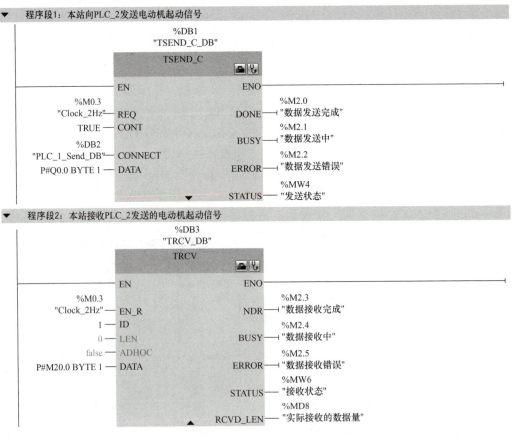

图 5-45 两台三相异步电动机反方向运行 PLC 控制的 TCP 通信 PLC_1 程序

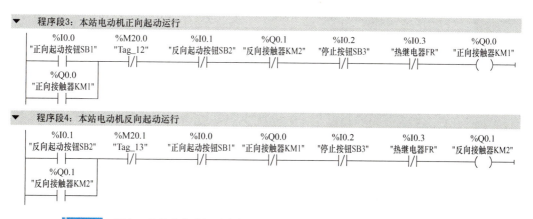

图 5-45 两台三相异步电动机反方向运行 PLC 控制的 TCP 通信 PLC_1 程序（续）

（2）编写 PLC_2 程序 PLC_2 使用的通信指令为 TRCV_C、TSEND，这里主要设置 TRCV_C 指令的通信参数，方法与 PLC_1 类似，但注意本地应为 PLC_2，通信伙伴为 PLC_1，通信伙伴为主动连接，TRCV_C 指令的连接参数设置如图 5-46 所示，TRCV_C、TSEND 指令的块参数在指令引脚端直接设置。

PLC_2 的程序如图 5-47 所示。

图 5-46 TRCV_C 指令的连接参数设置

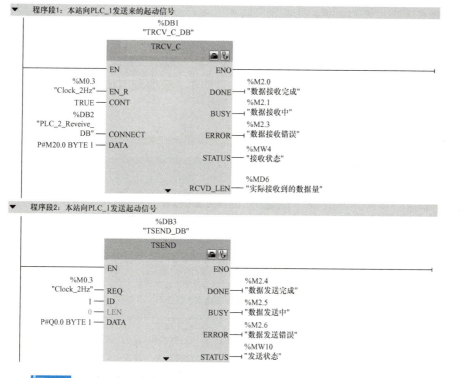

图 5-47 两台三相异步电动机反方向运行 PLC 控制的 TCP 通信 PLC_2 程序

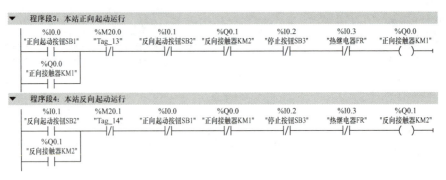

图 5-47 两台三相异步电动机反方向运行 PLC 控制的 TCP 通信 PLC_2 程序（续）

8. 调试运行

将设备组态及调试好的两单元程序分别下载到 PLC_1、PLC_2 的 CPU 中，按图 5-38 进行两台 PLC 的 I/O 接线，并将两台 PLC 的 PROFINET 通信口用带水晶头的网线连接起来。启动 CPU，将 CPU 切换至 RUN 模式，按下 PLC_1 的正向起动按钮，PLC_1 控制的三相异步电动机正向起动运行，观察 PLC_2 控制的三相异步电动机，按下正向起动按钮，应不能正向起动，只能按下反向起动按钮反向起动运行，然后分别按下 PLC_1、PLC_2 上的停止按钮，两台电动机停止运行；再按下 PLC_1 的反向起动按钮，PLC_1 控制的三相异步电动机反向起动运行，观察 PLC_2 控制的三相异步电动机，按下反向起动按钮，应不能反向起动，只能按下正向起动按钮正向起动运行，然后分别按下 PLC_1、PLC_2 上的停止按钮，两台电动机停止运行。在 PLC_2 上分别按下正向、反向起动按钮，观察 PLC_1 控制的电动机是否只能与 PLC_2 控制的电动机反向起动运行。若上述运行现象与控制要求完全相同，则说明本任务实现。否则需进一步调试，直至实现控制要求。

（四）分析与思考

1）本任务正反转运行能否直接切换？如果不能，程序应如何修改？

2）如果两台 PLC 之间采用 PROFINET I/O 通信，要实现本任务的功能，其梯形图程序如何编制？

四、任务考核

任务考核见表 5-32。

表 5-32 任务实施考核表

序号	考核内容	考核要求	评分标准	配分	得分
1	电路及程序设计	（1）能正确分配 I/O 地址，并绘制 I/O 接线图 （2）设备组态 （3）根据控制要求，正确编制梯形图	（1）I/O 地址分配错误或缺少，每个扣 5 分 （2）I/O 接线图设计不全或有错，每处扣 5 分 （3）CPU 组态与现场设备型号不匹配，扣 10 分 （4）梯形图表达不正确或画法不规范，每处扣 5 分	40 分	
2	安装与连线	根据 I/O 接线图，正确连接电路	（1）连线错一处，扣 5 分 （2）损坏元器件，每只扣 5～10 分 （3）损坏连接线，每根扣 5～10 分	20 分	

(续)

序号	考核内容	考核要求	评分标准	配分	得分
3	调试与运行	能熟练使用编程软件编制程序下载至CPU，并按要求调试运行	（1）不能熟练使用编程软件进行梯形图的编辑、修改、编译、下载及监视，每项扣2分 （2）不能按照控制要求完成相应的功能，每少一项扣5分	20分	
4	安全操作	确保人身和设备安全	违反安全文明操作规程，扣10～20分	20分	
5			合计		

五、知识拓展

（一）Modbus TCP 通信

1. 概述

Modbus TCP 通信协议是施耐德公司于 1996 年推出的基于以太网 TCP/IP 的 Modbus 协议，即 Modbus TCP。Modbus TCP 通信协议是开放式协议，很多设备都集成此协议，比如 PLC、机器人、智能工业相机和其他智能设备等。

Modbus TCP 通信结合了以太网物理网络和 TCP/IP 网络标准，采用包含有 Modbus 应用协议数据的报文传输方式。Modbus 设备间的数据交换是通过功能码实现的，有些功能码是对位操作，有些功能码是对字操作。

S7-1200 CPU 集成的以太网接口支持 Modbus TCP 通信，可作为 Modbus TCP 客户端或者服务端。Modbus TCP 通信使用 TCP 通信作为通信路径，其通信时将占用 S7-1200 CPU 的开放式用户通信连接资源，通过调用 Modbus TCP 客户端"MB_CLIENT"指令和服务端"MB_SERVER"指令进行数据交换。

2. 通信指令

在指令窗格中选择"通信"→"其他"→"MODBUS TCP"，Modbus TCP 通信指令列表如图 5-48 所示。

图 5-48 Modbus TCP 通信指令列表

Modbus TCP 通信包括 4 条指令，其中"MB_CLIENT"指令和"MB_SERVER"指令是常用指令。将指令列表中的"MB_CLIENT"指令和"MB_SERVER"指令的指令块拖拽到程序工作区中，将自动分配背景数据块，背景数据块的名称可自行修改，背景数据块的编号可以手动或自动分配。下面进行详细说明。

（1）MB_CLIENT 指令 MB_CLIENT 指令为 Modbus TCP 客户端指令，可以在客户端和服务器之间建立连接、发送 Modbus 请求、接收响应和控制服务器断开。MB_CLIENT 指令的格式及端子参数的说明见表 5-33。

表 5-33　MB_CLIENT 指令的格式及端子参数的说明

LAD/FBD	参数	数据类型	说明
%DB1 "MB_CLIENT_DB" MB_CLIENT —EN　　　　ENO— —REQ　　　DONE— —DISCONNECT　BUSY— —MB_MODE　　ERROR— —MB_DATA_ADDR　STATUS— —MB_DATA_LEN —MB_DATA_PTR —CONNECT	REQ	Bool	与服务器之间的通信请求，上升沿有效
	DISCONNECT	Bool	通过该参数，可以控制与 Modbus TCP 服务器建立和终止连接。0—建立连接；1—断开连接
	MB_MODE	USInt	选择 Modbus 请求模式（读取、写入或诊断）。0—读；1—写
	MB_DATA_ADDR	UDInt	由 MB_CLIENT 指令所访问数据的起始地址
	MB_DATA_LEN	UInt	数据长度：数据访问的位或字的个数
	MB_DATA_PTR	Variant	指向 Modbus 数据寄存器的指针：寄存器缓冲数据进入 Modbus 服务器或来自 Modbus 服务器。指针必须分配一个未进行优化的全局 DB 或 M 存储器地址
	CONNECT	Variant	引用包含系统数据类型为"TCON_IP_v4"的连接参数的数据块结构
	DONE	Bool	最后一个作业成功完成，立即将输出参数 DONE 置位为"1"
	BUSY	Bool	作业状态位：0—无正在处理的作业；1—作业正在处理
	ERROR	Bool	错误位：0—无错误；1—出现错误，错误原因查看 STATUS
	STATUS	Word	错误代码

使用客户端连接时，需遵循以下规则：

1）每个"MB_CLIENT"连接都必须使用唯一的背景数据块。

2）对于每个"MB_CLIENT"连接，必须指定唯一的服务器 IP 地址。

3）每个"MB_CLIENT"连接都需要一个唯一的连接 ID。

4）该指令的背景数据块都必须使用各自相应的连接 ID。连接 ID 与背景数据块组合成对，对每个连接，组合对都必须唯一。根据服务器组态，可能需要或不需要 IP 端口的唯一编号。

（2）MB_SERVER 指令　MB_SERVER 指令作为 Modbus TCP 服务器指令，用于处理 Modbus TCP 客户端的连接请求，并接收处理 Modbus 请求和发送响应。MB_SERVER 指令的格式及端子参数的说明见表 5-34。

表 5-34　MB_SERVER 指令的格式及端子参数的说明

LAD/FBD	参数	数据类型	说明
%DB2 "MB_SERVER_DB" MB_SERVER —EN　　　　ENO— —DISCONNECT　NDR— —MB_HOLD_REG　DR— —CONNECT　　ERROR— 　　　　　　STATUS—	DISCONNECT	Bool	尝试与伙伴设备进行"被动"连接。也就是说，服务器被动地侦听来自任何请求 IP 地址的 TCP 连接请求。如果 DISCONNECT = 0 且不存在连接，则可以启动被动连接；如果 DISCONNECT = 1 且存在连接，则启动断开操作。该参数允许程序控制何时接受连接。每当启用此输入时，无法尝试其他操作
	MB_HOLD_REG	Variant	指向 MB_SERVER 指令中 Modbus 保持性寄存器的指针。MB_HOLD_REG 引用的存储区必须大于两个字节。保持性寄存器中包含 Modbus 客户端通过 Modbus 功能 3（读取）、6（写入）、16（多次写入）和 23（在一个作业中读写）可访问的值。作为保持性寄存器，可以使用具有优化访问权限的全局数据块，也可以使用位存储器的存储区

(续)

LAD/FBD	参数	数据类型	说明
%DB2 "MB_SERVER_DB" MB_SERVER —EN ENO— —DISCONNECT NDR— —MB_HOLD_REG DR— —CONNECT ERROR— STATUS—	CONNECT	Variant	引用包含系统数据类型为"TCON_IP_v4"的连接参数的数据块结构
	NDR	Bool	"New Data Ready": 0—无新数据; 1—从 Modbus 客户端写入的新数据
	DR	Bool	"Data Read": 0—未读取数据 1—从 Modbus 客户端读取的数据
	ERROR	Bool	如果上一个请求有错完成,将变为 TRUE 并保持一个周期
	STATUS	Word	错误代码

使用服务器连接时,需遵循以下规则:

1)每个"MB_SERVER"连接都必须使用唯一的背景数据块。

2)每个"MB_SERVER"连接都需要一个唯一的连接 ID。

3)该指令的背景数据块都必须使用各自相应的连接 ID。连接 ID 与背景数据块组合成对,对每个连接,组合对都必须唯一。根据每个连接,都必须单独调用"MB_SERVER"指令。

(3)使用 Modbus TCP 通信指令注意事项 在使用 Modbus TCP 通信指令时,应注意以下几点:

1)Modbus TCP 客户端可以支持多个 TCP 连接,连接的最大数目取决于所使用的 CPU。

2)Modbus TCP 客户端如果需要连接多个 Modbus TCP 服务器,需要调用多个 MB_CLIENT 指令,每个 MB_CLIENT 指令需要分配不同的背景数据块和不同的连接 ID。

3)Modbus TCP 客户端对同一个 Modbus TCP 服务器进行多次读写操作时,需要调用多个 MB_CLIENT 指令,每个 MB_CLIENT 指令需要分配相同的背景数据块和相同的连接 ID,且同一时刻只能有一个 MB_CLIENT 指令被触发。

(二)应用举例

两台 S7-1200 PLC 之间采用 Modbus TCP 通信,一台作为客户端,一台作为服务器端。控制要求:在客户端按下起动按钮,服务器端控制的 8 盏指示灯按 HL1、HL8→HL2、HL7→HL3、HL6→HL4、HL5→HL1、HL8 顺序每隔 1s 循环点亮,指示灯在循环点亮过程中,按下停止按钮,指示灯熄灭;在服务器端按下起动按钮,客户端控制的 8 盏指示灯按 HL4、HL5→HL3、HL6→HL2、HL7→HL1、HL8→HL4、HL5 顺序每隔 1s 循环点亮,指示灯在循环点亮过程中,按下停止按钮,指示灯熄灭。

1. I/O 地址分配

根据控制要求确定 I/O 点数,I/O 地址分配(两台相同)见表 5-35。

表 5-35 I/O 地址分配表

输入			输出		
设备名称	符号	I 元件地址	设备名称	符号	Q 元件地址
起动按钮	SB1	I0.0	第一盏指示灯	HL1	Q0.0
停止按钮	SB2	I0.1	第二盏指示灯	HL2	Q0.1
			…	…	…
			第八盏指示灯	HL8	Q0.7

2. 创建工程项目

打开博途编程软件，在 Portal 视图中选择"创建新项目"，输入项目名称"Modbus TCP 通信"，选择项目保存路径，然后单击"创建"按钮，创建项目完成。

3. 硬件组态

按照上述介绍的方法，添加两台设备，名称分别为"PLC_1"和"PLC_2"，型号均为 CPU1214C AC/DC/Rly（订货号：6ES7 214-1AG40-0XB0）。

在项目树中，双击"PLC_1[CPU1214C AC/DC/Rly]"下"设备组态"选项，在工作区打开"设备视图"，选中 PLC_1，依次单击其巡视窗口中的"属性"→"常规"→"PROFINET 接口 [X1]"→"以太网地址"选项，修改 PLC_1 的以太网 IP 地址为"192.168.0.1"，如图 5-49 所示。并启动 PLC_1 时钟存储器字节 MB0，将 M0.3 设置为 2Hz 的脉冲。

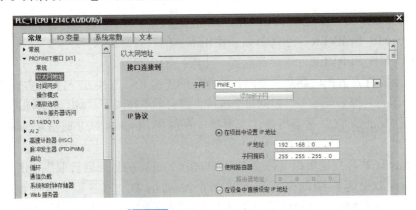

图 5-49　PLC_1 以太网 IP 地址

用同样的方法设置 PLC_2 的 IP 地址为"192.168.0.2"，如图 5-50 所示，并启用时钟存储器字节 MB0。

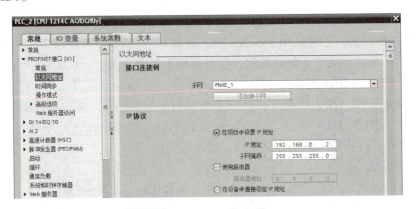

图 5-50　PLC_2 以太网 IP 地址

4. 添加数据块

添加通信指令的连接描述数据块。在项目树中，单击"PLC_1[CPU1214C AC/DC/Rly]"下"程序块"文件夹前面的下拉按钮，在打开的"程序块"文件夹中双击"添加新块"选项，在弹出的"添加新块"对话框中，单击"数据块"按钮，设置数据块名称为"DB1"，手动修改数据块编号为"10"，单击"确定"按钮，这样便在程序块中生成"DB1[DB10]"

数据块，在数据块中添加变量“通信设置”，数据类型为“TCON_IP_v4”。用相同的方法为 PLC_2 添加数据块 DB1，编号为“30”，两台 S7–1200 PLC Modbus TCP 通信数据设置如图 5-51 所示。

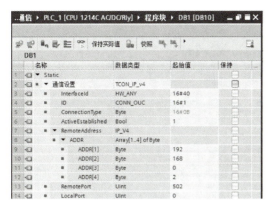

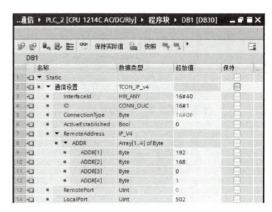

...通信 ▸ PLC_1 [CPU 1214C AC/DC/Rly] ▸ 程序块 ▸ DB1 [DB10]

DB1

	名称	数据类型	起始值	保持
1	Static			
2	通信设置	TCON_IP_v4		
3	InterfaceId	HW_ANY	16#40	
4	ID	CONN_OUC	16#1	
5	ConnectionType	Byte	16#0B	
6	ActiveEstablished	Bool	1	
7	RemoteAddress	IP_V4		
8	ADDR	Array[1..4] of Byte		
9	ADDR[1]	Byte	192	
10	ADDR[2]	Byte	168	
11	ADDR[3]	Byte	0	
12	ADDR[4]	Byte	2	
13	RemotePort	UInt	502	
14	LocalPort	UInt	0	

a) PLC_1通信数据设置

...通信 ▸ PLC_2 [CPU 1214C AC/DC/Rly] ▸ 程序块 ▸ DB1 [DB30]

DB1

	名称	数据类型	起始值	保持
1	Static			
2	通信设置	TCON_IP_v4		
3	InterfaceId	HW_ANY	16#40	
4	ID	CONN_OUC	16#1	
5	ConnectionType	Byte	16#0B	
6	ActiveEstablished	Bool	0	
7	RemoteAddress	IP_V4		
8	ADDR	Array[1..4] of Byte		
9	ADDR[1]	Byte	192	
10	ADDR[2]	Byte	168	
11	ADDR[3]	Byte	0	
12	ADDR[4]	Byte	1	
13	RemotePort	UInt	0	
14	LocalPort	UInt	502	

b) PLC_2通信数据设置

图 5-51　两台 S7–1200 PLC Modbus TCP 通信数据设置

图 5-51 中的主要参数说明如下：

图 5-51a 中：

① InterfaceId：在默认变量表中可以找到 PROFINET 接口的硬件标识符。

② ID：输入一个 1 ～ 4095 的连接 ID 编号。

③ ConnectionType：对于 TCP/IP，使用默认值 16#0B（十进制数 =11）。

④ ActiveEstablished：该值必须为 1 或 TRUE。主动连接，由 MB_CLIENT 启动 Modbus TCP 通信。

⑤ RemoteAddress：目标 Modbus TCP 服务器的 IP 地址。

⑥ RemotePort：默认值为 502。该编号为 MB_CLIENT 试图连接和通信的 Modbus 服务器的 IP 端口号。

⑦ LocalPort：对于 MB_CLIENT 连接，该值必须为 0。

图 5-51b 中：

① InterfaceId：在默认变量表中可以找到 PROFINET 接口的硬件标识符。

② ID：输入一个 1 ～ 4095 的连接 ID 编号。

③ ConnectionType：对于 TCP/IP，使用默认值 16#0B（十进制数 =11）。

④ ActiveEstablished：该值必须为 0 或 FALSE。被动连接，MB_SERVER 正在等待 Modbus 客户端的通信请求。

⑤ RemoteAddress：目标 Modbus TCP 客户端的 IP 地址。

⑥ RemotePort：对于 MB_SERVER 连接，该值必须为 0。

⑦ LocalPort：默认值为 502。该编号为 MB_SERVER 试图连接和通信的 Modbus 客户端的 IP 端口号。

5. 编写程序

在项目树中，分别打开 PLC_1 和 PLC_2 下的“程序块”文件夹，双击“Main[OB1]”，在程序编辑区分别编写客户端和服务器端的程序，如图 5-52 所示。

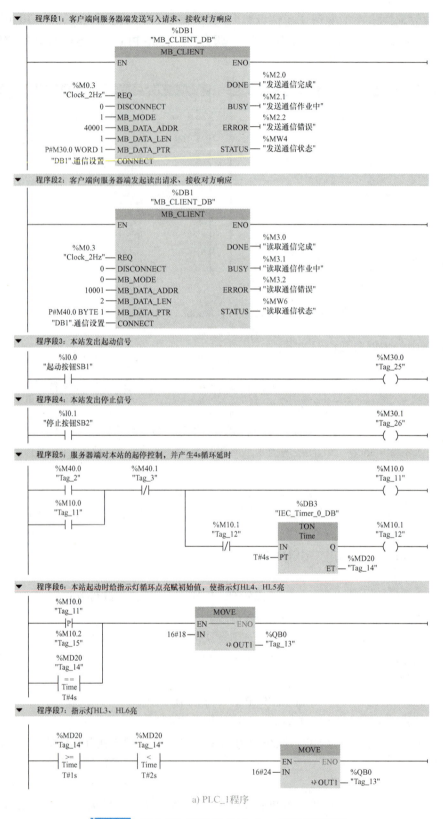

图 5-52 两台 S7-1200 PLC Modbus TCP 通信程序

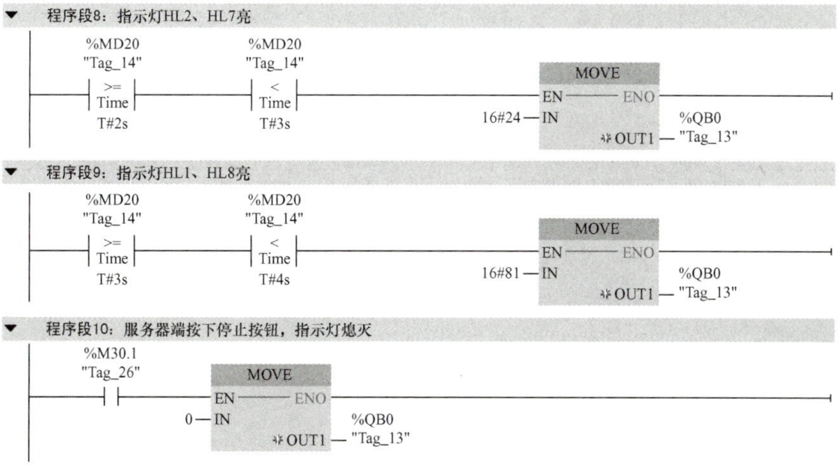

程序段8：指示灯HL2、HL7亮

```
    %MD20           %MD20
    "Tag_14"        "Tag_14"                        MOVE
    |  >=  |        |   <   |                    EN --- ENO
    |  Time |       |  Time |           16#24 -- IN            %QB0
    |  T#2s |       |  T#3s |                       OUT1 -- "Tag_13"
```

程序段9：指示灯HL1、HL8亮

```
    %MD20           %MD20
    "Tag_14"        "Tag_14"                        MOVE
    |  >=  |        |   <   |                    EN --- ENO
    |  Time |       |  Time |           16#81 -- IN            %QB0
    |  T#3s |       |  T#4s |                       OUT1 -- "Tag_13"
```

程序段10：服务器端按下停止按钮，指示灯熄灭

```
    %M30.1               MOVE
    "Tag_26"          EN --- ENO
    |   |        0 -- IN            %QB0
                        OUT1 -- "Tag_13"
```

a) PLC_1程序(续)

程序段1：本站接收数据

```
                             %DB1
                         "MB_SERVER_DB"
                            MB_SERVER
                         EN           ENO
              0 -- DISCONNECT
    P#M30.0 WORD 1 -- MB_HOLD_REG      NDR -- %M2.0 "数据写入完成"
    "DB1".通信设置 -- CONNECT            DR -- %M2.1 "数据读取完成"
                                     ERROR -- %M2.2 "通信错误"
                                    STATUS -- %MW4 "通信状态"
```

程序段2：客户端对本站的起停控制，起动后产生4s循环延时

```
    %M30.0       %M30.1                                                    %M10.0
    "Tag_7"      "Tag_10"                                                  "Tag_14"
    |   |        | / |                                                     ( )
    %M10.0
    "Tag_14"
    |   |                                  %DB3
                                     "IEC_Timer_0_DB"
                         %M10.1          TON                %M10.1
                         "Tag_17"        Time               "Tag_17"
                         | / |        IN        Q           ( )
                                 T#4s -- PT     ET -- %MD20 "Tag_16"
```

程序段3：本站起动时赋循环初始值，使指示灯HL1、HL8亮

```
    %M10.0
    "Tag_14"
    |P|                              MOVE
    %M10.2                        EN --- ENO
    "Tag_18"              16#81 -- IN            %QB0
    |   |                            OUT1 -- "Tag_19"
    %MD20
    "Tag_16"
    |  ==  |
    |  Time |
    |  T#4s |
```

程序段4：指示灯HL2、HL7亮

```
    %MD20           %MD20
    "Tag_16"        "Tag_16"                        MOVE
    |  >=  |        |   <   |                    EN --- ENO
    |  Time |       |  Time |           16#42 -- IN            %QB0
    |  T#1s |       |  T#2s |                       OUT1 -- "Tag_19"
```

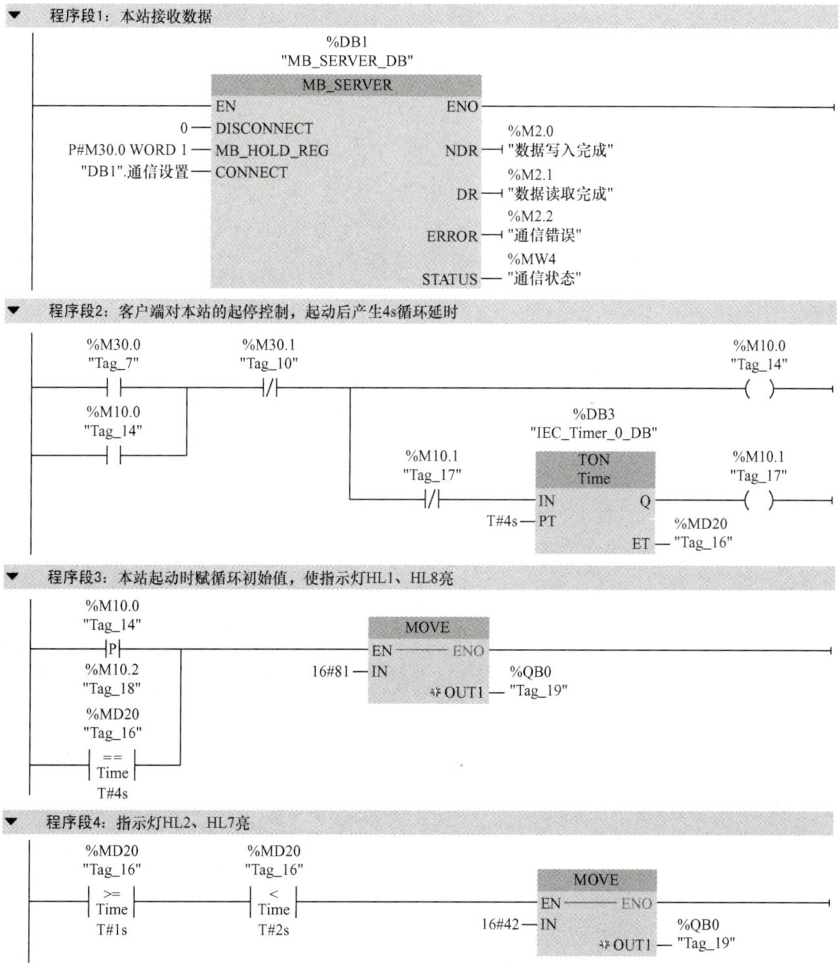

b) PLC_2程序

图 5-52　两台 S7-1200 PLC Modbus TCP 通信程序（续）

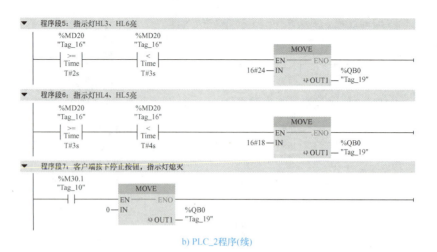

b) PLC_2程序(续)

图 5-52　两台 S7-1200 PLC Modbus TCP 通信程序（续）

六、任务总结

本任务主要介绍了 S7-1200 PLC TCP 通信的组态连接、通信指令及编程应用。在此基础上以两台三相异步电动机反向运行 PLC 控制的 TCP 通信为载体，进行了设备组态、TCP 通信组态连接、程序编制、程序下载及调试运行的任务实施，达到会使用 TCP 通信的目标。最后以两台 S7-1200 PLC 之间的 Modbus TCP 通信为例，介绍了 Modbus TCP 通信的通信数据设置及编程应用。

梳理与总结

本项目通过两组流水灯正反向运行 PLC 控制的 Modbus RTU 通信、两台三相异步电动机 PLC 控制的 S7 通信及两台三相异步电动机反向运行 PLC 控制的 TCP 通信 3 个任务的学习与实践，达成掌握 S7-1200 PLC 通信功能实现的目标。

（1）S7-1200 PLC 的串行通信　S7-1200 PLC 支持 RS485 串行通信，其 CPU 本体没有集成 RS485 串口，在进行串行通信时需要在 CPU 左侧连接最多 3 块 CM1241 RS232、CM1241 RS422/485 通信模块或在面板上扩展 1 块 CB1241 RS485 通信板。

1）Modbus RTU 通信。两台 S7-1200 PLC 在进行 Modbus RTU 通信时，使用的指令是 Modbus_Comm_Load（通信参数装置）、Modbus_Master（主站通信）、Modbus_Slave（从站通信）。对于 Modbus RTU 通信，主站在同一时刻只能发起一个 Modbus_Master 指令请求。当需要调用多个 Modbus_Master 指令时，Modbus_Master 指令之间需要采用轮询方式调用，并且多个 Modbus_Master 指令需要使用同一个背景数据块。

2）点对点通信。两台 S7-1200 PLC 在进行点对点通信时，通信组态主要是对主站串行通信模块端口组态，主要的通信指令是 SEND_PTP（发送报文）、RCV_PTP（接收报文），点对点通信是主 - 从协议，发送和接收之间一定要采用轮询方式。

（2）S7-1200 PLC 的以太网通信

1）S7 通信。S7 通信是西门子 S7 系列 PLC 面向连接的协议，属于西门子私有协议，在进行数据交换前，必须在客户端组态 S7 连接（即与通信伙伴建立连接）。通信指令是 GET（读取数据）、PUT（写入数据）。

S7-1200 PLC 通过集成的 PROFINET 接口进行 S7 通信，使用单边通信方式，只要在客户端调用 PUT/GET 通信指令即可。

2）PROFINET I/O 通信。PROFINET I/O 通信是基于以太网的 I/O 控制器和 I/O 设备之间的通信，通信时只需要对 PROFINET I/O 通信网络组态，不需要编写通信程序，通信是通过 PROFINET 通信数据交换实现的，通信数据交换区只需在 I/O 设备中设置。调试运行时两台 CPU 均需要下载网络组态。

3）TCP 通信。基于以太网通信通过 TCP 协议实现时，使用的通信指令是由双方 CPU 调用 T-block 指令来实现，通信方式为双边通信，主要指令为 TSEND_C/TSEND（发送数据）、TRCV_C/TRCV（接收数据），因此 TSEND_C 和 TRCV_C 或 TRCV 和 TSEND 必须成对出现。

4）Modbus TCP 通信。Modbus TCP（传输控制协议）是一个标准的网络通信协议，通过编程实现网络通信，通过 CPU 本体集成的本地接口建立连接，不需要扩展通信模块。常用指令有 MB_CLIENT 指令和 MB_SERVER 指令，通信时客户端使用 MB_CLIENT 指令，服务器使用 MB_SERVER 指令。

复习与提高

一、填空题

1. 串行通信是以_____为单位的数据传输方式，并行通信是指以_____或_____为单位的数据传输方式。
2. 串行通信按其传输的信息格式可分为_____和_____两种方式。
3. 在串行通信中，根据数据的传输通方向不同，可分为_____、_____和_____三种通信方式。
4. RS485 接口是 PLC 与仪器和仪表等设备的一种_____通信接口方式，采用_____方式，组成_____通信网络。
5. RS485 是多点双向通信，RS485 接口一般采用_____连接器。
6. S7-1200 PLC 点对点通信使用的主要指令是_____和_____。
7. S7-1200 PLC 进行串行通信时需要增加通信模块或者通信板来扩展 RS232 或 RS485 电气接口。S7-1200 PLC 有_____个串口通信模块和_____个通信板，串口通信模块安装在 S7-1200 CPU 的_____，最多扩展_____个通信模块。通信板安装在 S7-1200 CPU 的_____插槽中，最多扩展_____个通信板。S7-1200 CPU 同时最多扩展_____个串行通信接口。
8. S7-1200 PLC 本体集成了一个或两个以太网接口，其中_____、_____和_____集成了一个以太网接口，_____和_____集成了两个以太网接口，两个以太网接口_____IP 地址。
9. Modbus 串行通信协议有_____和_____两种模式。
10. Modbus RTU 协议是基于_____或_____串行通信的一种协议，数据通信采用主、从方式进行传送，主站_____具有从站地址的数据报文，从站_____到报文后发送相应报文到主站进行应答。

11. S7-1200 PLC 支持的串行通信协议有_____、_____以及_____。

12. 开放式用户通信（OUC 通信）是基于以太网进行数据交换的协议，S7-1200 PLC 支持的开放式用户通信方式主要有_____、_____和_____。

13. S7 通信是 S7 系列 PLC 基于 MPI、PROFIBUS 和以太网的一种优化的通信协议，它是面向_____的协议，在进行数据交换前，必须与_____建立连接。

14. S7-1200 PLC 通过集成的 PROFINET 接口支持 S7 通信，使用_____方式，只要_____调用_____通信指令即可。

15. S7-1200 CPU 通过集成的以太网接口用于开放式用户通信连接，通过调用_____和_____进行数据交换。通信方式为双边通信，因此，两台 S7-1200 PLC 之间进行开放式以太网通信，"_____"和"_____"指令必须_____出现。

16. Modbus 设备间的数据交换是通过功能码实现的，有些功能码是对_____操作，有些功能码是对_____操作。

17. Modbus TCP 通信使用 TCP 通信作为通信路径，其通信时将占用 S7-1200 CPU 的开放式用户通信连接资源，通过调用 Modbus TCP 客户端"_____"指令和服务端"_____"指令进行数据交换。

18. PROFINET 有三种传输方式：_____；_____；_____。

19. S7-1200 CPU PROFINET 通信口的通信能力取决于 CPU 的固件版本，对于 CPU 固件版本为 V2.0 的，可带 I/O 设备最大数量为_____；对于 CPU 固件版本为 V3.0 及以上的，可带 I/O 设备最大数量为_____。

二、判断题

1. S7-1200 PLC 在进行串行通信时只能使用 RS485 接口进行。（   ）
2. S7-1200 PLC 本体上集成了一个 RS485 接口。（   ）
3. S7-1200 PLC 本体上集成了至少一个 PROFINET 以太网接口。（   ）
4. S7-1200 PLC 的 S7 通信是双边通信方式。（   ）
5. S7-1200 PLC 扩展通信模块时，通信模块连接在 CPU 的右侧。（   ）
6. S7-1200 PLC 如果要实现串行通信，只能通过扩展通信模块实现。（   ）
7. S7-1200 PLC 在实现 TCP 通信时，在完成通信连接组态后，通信程序主要是由 TSEND、TRCV 两条指令实现的。（   ）
8. S7-1200 PLC 在实现点对点通信时，通信程序主要是由 SEND_PTP、RCV_PTP 两条指令实现的。（   ）
9. 数组（Array）是由固定数目的同一种数据类型元素组成的数据结构。（   ）
10. 通信的基本方式可分为并行通信与串行通信两种。（   ）
11. 串行通信的连接方式有单工方式、全双工方式两种。（   ）
12. S7-1200 PLC 最多可以同时扩展 4 个串行通信接口。（   ）
13. S7-1200 PLC 串行通信接口模块只有 CM1241 RS232、CM1241 RS485 两种。（   ）
14. 组成数组中的各元素只要求是同一种数据类型，对数据类型没有要求。（   ）
15. S7-1200 PLC 的 Modbus RTU 通信、Modbus TCP 通信都是基于 RS485 串口的通信。（   ）
16. S7-1200 PLC 在进行 Modbus TCP 通信时需要扩展通信模块，否则不能实现。（   ）
17. S7 通信是西门子 S7 系列 PLC 面向连接的协议，属于西门子私有协议，在进行数据

交换前，必须在客户端组态 S7 连接（即与通信伙伴建立连接）。（　　）

18. PROFINET I/O 通信是基于以太网的 I/O 控制器和 I/O 设备之间的通信，通信时只需要对 PROFINET I/O 通信网络组态，不需要编写通行程序。（　　）

19. 基于以太网通信通过 TCP 协议实现时，使用的通信指令是由双方 CPU 调用 T-block 指令来实现，通信方式为双边通信。（　　）

20. S7-1200 PLC 在进行 TCP 通信时，程序中"TSEND_C"和"TRCV_C"或"TRCV"和"TSEND"必须成对出现。（　　）

三、单项选择题

1. 下列不属于串行通信连接方式的是（　　）。
A. 单工　　　　　　B. 双向　　　　　　C. 半双工　　　　　　D. 全双工

2. 下列属于 S7-1200 PLC 串行通信板的是（　　）。
A. CB1241 RS232　　B. CM1241 RS485　　C. CB1241 RS485　　D. CB1241 RS422

3. S7-1200 PLC 最多可以同时扩展串行通信接口的个数是（　　）。
A. 4　　　　　　　　B. 3　　　　　　　　C. 1　　　　　　　　D. 8

4. 下列不属于 S7-1200 PLC 以太网通信的是（　　）。
A. TCP 通信　　　　B. 点对点通信　　　C. S7 通信　　　　　D. Modbus TCP 通信

四、简答题

1. S7-1200 PLC 与其他设备通信的传输介质有哪些？
2. S7-1200 PLC 常用的串口通信协议有哪些？
3. S7-1200 PLC 常用的以太网通信协议有哪些？
4. S7-1200 PLC S7 单边通信时何为客户端，何为服务器？
5. 如何组态两台 S7-1200 PLC 之间 PROFINET I/O 通信网络？
6. 如何组态两台 S7-1200 PLC 之间的 S7 通信连接？
7. 如何建立两台 S7-1200 PLC 之间的 Modbus TCP 通信？
8. 如何组态两台 S7-1200 PLC 之间的 TCP 通信网络连接？

五、程序设计题

1. 两台 S7-1200 PLC 之间进行 Modbus RTU 通信。控制要求：在 PLC_1 上按下起动按钮，PLC_2 控制的 8 盏灯按正序每隔 1s 两两轮流点亮（HL1、HL2→HL3、HL4→HL5、HL6→HL7、HL8），并不断循环，若按下停止按钮灯立即熄灭；在 PLC_2 上按下起动按钮，PLC_1 控制的 8 盏灯按反序每隔 1s 两两轮流点亮（HL8、HL7→HL6、HL5→HL4、HL3→HL2、HL1），并不断循环，若按下停止按钮灯立即熄灭。试绘制 I/O 接线图并编写程序。

2. 两台 S7-1200 PLC 进行 S7 通信，一台作为客户端，一台作为服务器端。客户端将服务器端的 MW100～MW106 中的数据（16#1211～16#1214）读取到客户端的 DB10.DBW0～DB10.DBW6 中；客户端将 DB10.DBW8～DB10.DBW14（16#2211～16#2214）的数据写到服务器端的 MW200～MW206 中。试编写程序。

3. 两台 S7-1200 PLC 进行 TCP 通信，一台作为客户端，另一台作为服务器端。控制要求：客户端的起动、停止按钮控制服务器端电动机的起动运行与停止；客户端三相异步电动机受服务器端按钮的控制。试绘制 I/O 接线图并编写程序。

参考文献

[1] 廖常初.S7-1200 PLC 编程及应用[M].4 版.北京：机械工业出版社，2021.

[2] 廖常初.S7-1200 PLC 应用教程[M].2 版.北京：机械工业出版社，2020.

[3] 刘华波，马燕，何文雪，等.西门子 S7-1200 PLC 编程与应用[M].2 版.北京：机械工业出版社，2020.

[4] 芮庆忠，黄诚.西门子 S7-1200PLC 编程及应用[M].北京：电子工业出版社，2020.

[5] 赵丽君，路泽永.S7-1200 PLC 应用基础[M].北京：机械工业出版社，2021.

[6] 廖常初.S7-1200/1500 PLC 应用技术[M].2 版.北京：机械工业出版社，2021.

[7] 陈丽，程德芳.PLC 应用技术（S7-1200）[M].北京：机械工业出版社，2020.

[8] 侍寿永.西门子 S7-1200 PLC 编程及应用教程[M].2 版.北京：机械工业出版社，2021.

[9] 吴繁红.西门子 S7-1200 PLC 应用技术项目教程[M].2 版.北京：电子工业出版社，2021.

[10] 向晓汉，李润梅.西门子 S7-1200 PLC 学习手册——基于 LAD 和 SCL 编程.北京：化学工业出版社，2018.